조선의 서운관

조선의 천문의기와 시계에 관한 기록

조지프 니덤

조선의 서운관

조지프 니덤 등 지음 · 이성규 옮김

살림

李約瑟　康必知

魯桂珍　馬繪　著

朝鮮「書雲觀」天文儀器與計時機

周士一書

차 례

도표 설명

1.1 첨성대. 신라 시대 천문대. 경주(사진 전상운 제공).

1.2 고려 중기의 청동거울(사진 전상운 제공).

1.3 곽수경(郭守敬)의 북경천문대. c.1280: 복원도; 남동쪽 전경[야마다 게이지, 『수시력 (授時曆)의 길』(동경: 미주수 서방, 1980), 218쪽].

2.1 자격루: 남쪽 윗부분의 상상도.

2.2 자격루: 1536년 복제품에 남아 있는 그릇들. 일부는 재생되었음(JSM 원본 사진, 1974).

2.3 자격루: 동력 전달로와 작동 순서를 보여 주는 시보 장치 개략도.

2.4 자격루: 경점을 알리는 시스템. 힘의 전달 경로와 작동 순서를 보여 주는 개략도.

2.5 알자자리의 네 번째 물시계: 자격루와 비교한 구슬 추진력의 개략도.

2.6 일성정시의: 성반극관측환(星盤極觀測環) 복원도.

2.7 일성정시의: 성구극관측환(star-dial polar-sighting rings)의 세부(복원도).

2.8 일성정시의: 성구극관측환과 중국의 15세기 극 주변의 별자리들 사이의 관계.

2.9 일성정시의: 눈금 환(scale-rings)과 관측실(sighting-threads)을 가진 계형의 세부(복원도).

2.10 한 쌍의 해시계와 별시계. 둘이 합쳐지면 일성정시의와 유사한 것이 됨(From Rufus, 'Astronomy in Korea', Fig.33).

2.11 또 다른 조선 시대의 '백각환'일구의 세부. 그림 2.10의 왼쪽 것과 유사함(사진 전상운 제공).

2.12 페르디난트 페르비스트(Ferdinand Verbiest)의 17세기 중엽의 지평경의(地平經儀, Azimuthalem Horizontem).

2.13 이중의 끝을 가진 계형과 삼각형 모양의 실로 된 표(表)를 구비한 적도일구. 17세기 혹은 그 이후.

2.14 곽수경의 간의(Simplified Instrument): 북서쪽에서 본 전경. 1958년에 남경(南京) 자금산(紫金山) 천문대에서 찍음.

2.15 곽수경의 간의: 북서쪽부터 확대한 전망.

2.16 40척(9.8m) 높이의 표를 가진 규(圭, Measuring-Scale)와 영부(Shadow-Definer): 복원도.

2.17 17세기 한국의 앙부일구(사진 전상운 제공).

2.18 현주(懸珠)일구: 복원도.

2.20 정남일구(定南日晷, South-Fixing Sundial): 복원도.

4.16 혼의의 일운(日運, sun-carriage) 장치: 도식적 복원도.

4.17 혼의의 남극의 달-운동 장치(work): 설명 스케치.

4.18 남남서쪽에서 조망한 혼의의 세부.

4.19 혼의의 달의 삭망(을 보여 주는) 장치: 도식적 복원도.

4.20 북서쪽부터 조망한 지구의(地球儀)의 세부.

4.21 두 평면천체도로 다시 그려진 지구의의 세계지도.

5.1 한국 병풍천문도의 전체 모습. 서울에서 찍음.

5.2 1395년의 한국의 평면천체도. 병풍의 바른쪽 폭들을 점유.

5.3 병풍 중앙의 폭들. 위쪽과 아래쪽의 예수회 명문과, 북반구와 함께 남반구의 일부분을
보여 줌.

5.4 남반구의 세부.

5.5 병풍천문도의 왼쪽의 세 폭. 남반구와 해, 달, 오행성의 도해를 보여 줌.

5.6 이그나티우스(Ignatius Kögler)와 페르난도 보나벤투라(Fernando Bonaventura
Moggi)가 1723년에 발행한 것으로 태양, 달, 오행성의 그림이 함께 들어 있는 황도
평면천체도의 목판인쇄 성도(星圖). 한국의 병풍천문도에 예수회가 크게 기여한 부
분의 원본(사진 Philop Robinson 제공).

서문 및 감사의 말

이 책에서 우리는 조선왕조에서 커다란 부분을 차지하고 있는 대략 1392년부터 1776년 동안의 한국의 천문의기와 성도(星圖)에 대한 연구 성과를 제시하고자 한다. 이 연구는 조선의 왕립 천문기상대와 천문관서인 서운관(書雲觀, 직영역은 'The Watch-tower for Recording Celestial Ephemera'이지만, 우리는 'The Hall of Heavenly Records'라 멋을 부려 표현했다)에 대한 것이다.[*1]

조사 대상은 서운관의 천문의기, 계시의기(horological instruments), 평면천체도(Planispheres) 및 그 밖의 물리적 도구류로 한정했다. 이 책은 위에 설정한 조선왕조 기간 동안의 관측천문기상학의 역사를 복원하려 시도한 것이 아니며, 또한 정치적이고 제도적인 관심을 광범위하게 추구한 것도 아니다.

연구 사료는 크게 두 종류의 증거에 의거했다. 하나는 작지만 중요한 일련의 물리적 대상으로서, 몇 개의 의기들과 천문도의 형태로 현재에 이르기까지 전쟁의 격랑을 뚫고 보존되어 온 것들이다. 또 하나는 기록의 증거인데, 주로 조선왕조 역대 왕들의 실록(Veritable Records)[*2]에 나타나 있는 것들과 또 조선의 위대한 역사서인『증보문헌비고(增補文獻備考)』[*3]가 그것이다. 이어서 이 책에는 천문의기 등과 관련 있는 기록에 대한 긴 글을 번역하여 제시했다. 또한 제5장에서는 현재까지 보존되어 온 18세기 중엽의 한국의 성도에 새겨져 있는 명문(銘文)의 번역도 제시한다. 이들 증거를 제시하고 분석함으로써 가능한 한 정확하게 조선 왕립 천문기상대의 의기를 특정(特定)하고 서술하려 했다. 즉, 이들 의기의 기능을 설명하고 또 이들 의기가 어떻게 동아시아 천문학의 커다란 틀 속에 들어맞는지를 보여 주려는 것이다.

틀의 문제는 중요하다. 왜냐하면 조선의 천문학은 이웃 중국 천문학의 영향을 끊임없이 받아 왔기 때문이다. 뒤에서 논의하고 있는 대부분의 의기와 유물은 직접적 혹은 간접적으로 중국에 그 계통을 두고 있다. 이에 따라서 우리는 가능한 한 모든 곳에서 그 계통의 연관성을 추적하려고 노력했다. 특히 중국 원(元) 왕조의 위대한 궁정 천문학자 곽수경(郭守敬)이 만든 의기와, 중국 북경에 파견되어 온 예수회 선교사 천문학자들의 작품 및 저서들이 한중(韓中) 천문학의 이론적 바탕에 미친 중요한 변화에 주목했다. [예수회 선교사의 시헌력(時憲曆)은 1645년에 청(淸) 왕조에 의해서 채택되었고, 조선 조정에서는 1651년에 채택되었다.] 틀의 문제는 또한 조선 왕립 천문기상대의 활동상과 그 시기와도 관련이 있다. 중국에 대한 조선의 사대적인 정치적 입장에 따라 조선 시대의 천문학 의기 제작에 있어서 가장 위대했던 두 시기(15세기 초와 17세기 중엽)는 크게 보았을 때 기존 왕조의 멸망과 신왕조의 탄생과 맞물려 있다. 또한 그것은 조선 자체에 한정된 상황 변화에 따른 것이기도 하다.

이 저서의 계획은 다음과 같다.

제1장에서는 중국 천문학과 조중 천문학에 대한 간단한 이론적 배경을 제시한다. 우주론, 역법, 계시학(horology), 기계장치 등의 주제에 대한 논의 는 그 뒤에 이어지는 장들을 이해하는 데 아주 긴요할 것이다. 그런 다음 에 조선왕조 초기, 즉 천문의기가 제작된 첫 번째 위대한 시기에 대한 역사적 배경을 간단히 논하겠다. 여기서는 중국에 있어서 몽골 원 제국의 멸망, 뒤를 이어 한반도에서의 고려의 멸망, 조선조 초기의 위대한 왕인 태조, 태종 및 세종[*4]이 거론될 것이다.

제2장에서는 1430년대에 세종이 일으킨 왕립 천문기상대의 혁신과 그의 명령으로 만들어진 의기들을 서술하고 논의할 것이다. 이 의기에는 곽수경의 간의(簡儀, equatorial torquetum)를 복사한 혼천의[*5], 다양한 종류의 해시계 및 복잡하고 정교한 물시계 두 개[*6] 포함되어 있다. 그리고 『세종실록(世宗實錄)』과 『증보문헌비고』에 있는 의기들에 대한 서술을 번 역하여 제시하고 해설을 덧붙일 것이다. 또한 의기들의 작동 원리를 논하고, 가능한 경우에는 현존하는 의기들의 사진을 제공하며, 문어적 서술에

바탕을 둔 복원도를 제시할 것이다.

제3장에서는 세종대왕의 의기들이 후대 왕들의 통치하에서 어떻게 수리되고 대치되고 보강되었는지, 그리고 궁극적으로 의기들이 어떻게 되었는지를 논의할 것이다. 의기들은 대부분 1592년에 도요토미 히데요시가 이끄는 왜군의 침략으로 파괴되었다. 그리고 그 복원 사업은 이번에는 17세기 초부터 이어진 만주족의 침략으로 더욱 지연되었다. 그러나 조선이 1651년에 예수회 선교사가 주축이 되어 완성한 청나라의 시헌력을 채용한 후에는 새로운 의기 제작 활동이 봇물 쏟아지듯 일어났다. 이 장의 뒷부분에서는 1660년대에 만들어진 몇 개의 중요한 계시의기를 논의하는 한편, 영조 재위 기간과 그 이후 1776년까지 이 활동이 어떻게 결말을 맺게 되는지를 추적할 것이다.

제4장에서는 제3장에서 서술한 것 가운데 이민철(李敏哲)의 혼천의를 합체하고 있는 송이영(宋以穎)의 소위 '1669년의 혼천(渾天)시계' 작동의 자세한 기술적 내용을 제시할 것이다. 이는 현종 재위 기간에 만들어진 여러 계시의기 중에서 가장 중요한 것으로 오직 하나만 남아 있다.

제5장(니덤과 노계진이 이미 출판한 논문의 수정판)에서는 18세기 중엽 조선의 한 병풍천문도에 대해 자세히 서술할 것이다. 이 장은 중국의 예수회 천문학의 배경과 조선에 대한 영향을 다시 한 번 논의할 수 있는 기회를 제공할 것이다.

그리고 책의 후기에 조선왕조 말기에 일어난 일에 대하여 간단히 언급하는 것으로 끝을 맺을 것이다.

조선 천문학 분야에는 아직도 수많은 관측 기록[*7)]의 역사와 미해결 문제들이 남아 있다. 조선 왕립 천문기상대의 의기에 대한 본 연구가 다른 학자들을 인도할 수 있기를 희망한다. 참고문헌은 이 흥미롭고 가치 있는 과제를 추구하는 일을 원할지도 모를 분들에게 도움이 되고자 하는 의도에서 작성되었다. 따라서 이 책의 본문이나 각주에서 직접적으로 언급하지 않은 항목도 일부 포함되어 있다.

1905년에 출판된 어느 책에서 한국인의 열렬한 친구였던 저자는 다음과 같은 관찰 의견을 남겼다. "1550년…… 천문의기가 하나 만들어졌고…… '측천(測天)'이라 불렸다. 우리는 그 의기의 정확한 정체를 모르지만, 그것은 한국에서는 보기 드문 것으로, 과학적 탐구를 향한 상당한 정도의 지적 활동 및 경향을 의미하는 것이다."[*8)] 이 주장은 분명히 잘못된 것이다. 거기에는 오늘날 수준 있는 학자라면 지지할 수 없는 편견이 스며 있다. 바로 동아시아는 과학이라는 이름에 걸맞은 업적을 생산한 적이 거의 없으며, 한국의 과학은 중국 과학의 빈약한 반영이었을 뿐이라는 편견 말이다. 이는 참으로 오랫동안 끈질기게 버티다 사라진 편견이다. 최근 수십 년 동안 중국 과학에 대한 역사적 연구가 눈부시게 개화하면서 첫 번째 편견을 제거하는 데 크게 기여했다. 한편 한국 전통 과학의 위대한 개척자인 루퍼스(W. Carl Rufus)와 그의

동료들 그리고 한 세대 후의 전상운(全相運)은 두 번째 편견을 없애는 큰일을 해냈다.[*9)]

루퍼스와 전상운의 노력에 크게 의지하여 조선 왕립 천문기상대의 의기들에 대한 조사를 진행해 온 우리는 한국의 천문학이 중국의 천문학에 단단한 기초를 두고 있지만, 한편으로 의미 있는 한국 특유의 특성을 가지고 있다는 확신을 얻었다. 한국의 천문학은 중국의 사상과 기술에 커다란 변형을 가했다. 또 때때로 북경 주재 예수회 선교사에게서(그리고 약간은 일본에게서) 받은 영향을 중국과는 다른 방식으로 소화했다. 다르게 표현하면 한국 천문학은 동아시아 천문학 전통의 독창적인 민족적 변형이었다. 한국 천문학이 만들어 낸 각종 의기와 문서 기록은 세계 과학사의 귀중한 유산이다.

따라서 우리는 헐버트(Homer B. Hulbert)의 "과학적 탐구를 향한 경향이…… 한국에서는 드물다."라는 진술의 의미를 음미해 봄이 타당하다고 생각한다. 그는 자신이 처한 시대에서 현재적인 상황을 생각했을지 모른다. 그렇지만 동아시아 과학을 탐구하는 현대의 역사학자들은 정확히 그 정반대의 결론에 도달했다는 이야기도 해야 공평할 것이다. 『중국의 과학과 문명(Sci- ence and Civilization in China)』에서 필자들은 두 번이나 다음과 같이 역설했다. "중국 문화권 주변의 모든 민족 중에서 한국인은 과학, 기계기술 및 의학에 가장 관심이 컸을 것이다."[*10)] 이 책이 다루고 있는 시기에 북경을 방문했던 조선사행은 매 방문 시마다 천문학, 수학, 지리학 및 의학에 관한 최근의 저서를 조사했다. 조선의 사신들은 각종 의기의 견본도 요구했고, 또한 앞으로 제5장에서도 보겠지만 예수회 시절에는 그런 의기들을 자유로이 손에 넣을 수 있었다.

조선왕조에 대해 가장 널리 퍼져 있는 진부한 인식이 있다. 그것은 왕조가 성립되고 몇 명의 위대한 왕들의 시대가 지난 뒤, 조선이 언제나 무미건조한 신유교주의와 관료적 파벌주의가 초래한 정체 상태에 빠져 있었다는 것이다. 그러나 이러한 인식은 사실상 잘못된 것이며, 서양 선교사와 일본 식민주의자의 이기적인 서술에 나타나는 제국주의적 사고방식의 산물일 뿐이다.[11] 조선왕조는 분명히 신유교적 이념에 헌신했다. 또한 유교는 때때로 중국과 그의 문화적 궤도에 있는 주변 국가들이 과학혁명을 경험하는 데 있어서 '실패'의 원인을 제공한 것으로 간주되었다. 그렇지만 우리가 이 책에서 서술한 과학 활동을 보면 조선에 신유교주의로 말미암은 '지적 정체'가 있었다는 생각과는 상반된다. 나아가 세종대왕의 의기 제작자들과 현종의 시계 제작자들이 그들이 섬긴 왕들보다 유교적 정통주의에 있어서 덜 완고했다고 볼 만한 어떤 증거도 없다. 더욱이 신유교를 필연적으로 과학의 적이라 보는 것은 그 자체가 황당한 생각이다. 왜냐하면 많은 사람이 이미 유교의 세계관이 근대과학의 세계관과 매우 흡사하다고 결론을 내렸기 때문이다. 오히려 그것은 전통적인 서구의 신학과 철학보다 훨씬 근대적이다.[12] 희미하게나마 진화 사상을 가지고 있었다든가,

인간의 전체적 우주상을 물질 에너지인 기(氣)와 모든 레벨에서 작용하는 유형 원리인 이(理)로 구축하려는 사고도 대단히 선구적이고 개화된 것이었다.[*13]

비록 그 의도는 정반대이나, 헐버트의 반유교적 편견과 흡사한 것으로 유교 사상과 과학이 또 다른 의미에서 대립한다는 견해가 있다. 즉 우리가 여기서 서술하는 의기와 같은 것들이 유교 사회의 승리를 의미할 수는 있지만 그것이 과학은 아니라는 것이다. 이 견해에 따르면 세종대왕이 새로운 천문학적 의기들을 제작하기 위하여 엄청난 국고를 썼고 또 개인적으로도 강한 관심을 보였지만 그를 과학의 후원자라고 서술할 수는 없다. 다만 세종은 자신의 임무를 수행함에 있어서 평균적인 유능한 군주를 약간 상회할 뿐이다. 그리고 그 임무 중의 하나가 천문대 건설이었고, 그래서 세종이 그것을 건설했을 뿐이라는 것이다. 다시 말하자면, 세종의 측우기는 과학과는 전혀 상관이 없는 것인바, 왜냐하면 측우기는 지세(地稅) 평가의 근거를 개혁하기 위한 더 큰 계획의 일부일 뿐이기 때문이라는 것이다. 강우량을 측정하면 농지마다 다른 차별적 생산성에 대한 가치 있는 정보를 얻을 수 있을 것이라는 날카로운 착안은 그래서 '과학'이 아니고 단지 행정상의 지혜가 드러난 예일 뿐이라는 주장이 성립한다.

우리가 여기서 이 견해를 언급하는 것은 이를 철저히 부정하기 위해서이다. 우리가 보기에 그것은 근본적으로 잘못된 역사적 관점에서 기인한다. 그렇지만 과학의 역사에서는 올바른 역사적 관점이 진정으로 불가결하다. 고대와 중세의 유럽이 그러했던 것처럼 중국, 한국, 인도 및 아랍 제국 모두가 과학을 소유하고 있었다는 것이 우리의 견해이다. 이 모든 국가나 문화권이 과학의 발전에 기여했다. 그러나 전반적이고 보편적인 근대과학, 즉 과학혁명 이후의 과학은 후기 문예부흥 때 오직 유럽에서만 발생했다. 유체동력학, 전자공학 혹은 유기화학을 고대와 중세의 문명에서 찾거나 혹은 그것이 거기에 없었다는 것을 불평하는 것은 무의미하다. 이들은 근대과학의 특성으로서만 존재하기 때문이다. 지난 3세기 동안에 근대과학은 전 세계로 퍼졌다. 그래서 오늘날에는 인종, 성(性), 얼굴색, 신조를 막론하고 근대과학을 이용할 수 없는 사람이 없고 또 일단 훈련을 받으면 그것에 기여할 수 없는 사람도 없다. 근대과학은 자연에 대한 가설의 수학화에 기초를 두고 철저한 실험에 의거하면서 인종적 한계를 떨쳐 버렸다. 인종적 한계야말로 다양한 문화권의 고대와 중세 과학을 특징지었다. 그러나 이들 과학은 어떤 사람들이 믿었던 대로 예술적 창조물의 형태처럼 공존 불가능한 것도 아니고 또 영원히 맞지 않는 것도 아니다. 그리고 모두가 인간 지식의 진보를 위해 기여했으며 또한 모두가 사회 진화라고 하는 단 하나의 위대한 운동에 참여했다. 인간이 자연을 관찰하고 추론하고 기록하기 시작한 이래로 자연은 항상 똑같았다. 그래서 자연에 관한 지식의 모든 진전은, 아무리 자연에 관한 가설이 서투르게 표현되었다 하더라도 실재했고 지속했다. 과학적 발견을 위한 최상의 방법 그 자체가 발견된 것은 다만 갈릴레오의 시대였다. 다른 말로 하면, 우리는 모든 전통적 고대 및 중세 문명권의 과학은 마치 강물이 바다로 흘러들어 가듯이 근대과학이라는 대양으로 흘러들어 간 것이라고 생각한다.

따라서 문예부흥 이후에 탄생한 서구의 근대과학 이전에 존재했던 수많은 과학적 전통에 과학이라는 이름을 붙일 수 없다는 것은 특정 문화에 얽매인 대단히 공평치 못한 생각이다. 자연계에 대한 지식을 얻기 위해 인간의 지성이 조직적으로 응용된 것은 보편적인 인간 활동이었다. 그것이 지식 자체를 얻기 위한 것이었든 혹은 기술의 발전을 통해 일을 성취하기 위한 것이었든 모두 마찬가지다. 그리고 그것이 바로 과학이다. 조선왕조 시대의 한국은 매우 유교적이었고 문화적으로 긍지가 높았으며 역동적이었다. 또한 천문학과 계시학의 과학과 기술을 깊이 추구했던바, 당연히 자연계에 대한 인류의 끊임없는 발견의 역사에 관심이 있는 모든 사람들의 상상력을 자극하고 이목을 집중시켰다.

우리에게 도움을 주고 충고를 아끼지 않은 많은 친구들에게 감사를 표하기 위해서, 이 책이 저술되기까지의 과정을 간략하게 서술하겠다.

1950년대에 『천문시계제작(Heavenly Clockwork)』[*14)]이라는 저서를 탄생시킨 연구 과정에서 니덤, 왕 링(Wang Ling) 및 프라이스(D. J. Price)는 한국에 실연용 혼천시계(demonstrational armillary sphere)가 있다는 것을 알게 되었다. 그것은 1936년에 처음으로 루퍼스와 이원철(Lee Won-chul)이 서구어로 서술하여 소개한 것이었다.[*15] 루퍼스가 찍은 이 의기의 사진은 『천문시계제작』에 그림 59로 다시 게재되었으며 『중국의 과학과 문명』 제3권에 그림 179로 실렸다.

한국이 일제의 지배 아래 있을 때 이 의기는 김성수(金性洙) 선생의 소장품이었다. 김성수는 나중에 그것을 서울에 있는 고려대학교 박물관에 기증했다.[*16] 그 후 추가 조사 결과 그 의기가 다행스럽게도 1950~1953년에 걸친 한국전쟁 속에서 살아남았다는 것을 알게 되었다. 프라이스는 베디니(S. Bedini) 박사의 협력을 받아 한동안 그 의기를 스미스소니언 박물관으로 옮겨서 연구하기 위하여 한국 당국의 승인을 받으려 했다. 그 일은 결국 실패로 돌아갔다. 그러나 그러한 관심과 요청은 그 의기에 대한 한국 정부의 관심을 자극하는 긍정적인 효과를 낳았으며, 그 결과 그 의기가 곧 국보로 등록되기에 이르렀다.

1962년 초, 동아시아의 시계 제작 기술에 대한 추가 연구가 콤브리지(J. Combridge)와 니덤의 협력으로 이루어졌다. 그리고 니덤과 노계진(魯桂珍)이 『세종실록』과 『증보문헌비고』에 들어 있는 과학의기 관련 기사들을 초고 수준으로 번역하는 것으로 결실을 맺었다. 이 기사들에 대한 연구를 통해 고려대학교 박물관에 있는 그 의기가 이민철에 의해 만들어진 혼천의를 합체해서 송이영이 1669년에 만든 것이라는 중요한 확신을 얻게 되었다. 그 의기를 특정(特定)하는 중요성은 물론 그 가설이 맞는 것으로 증명되어야겠지만, 더 깊은 연구가 이루어져야 하리라는 필요성을 일깨웠다.

1963년에 당시 서울에 살고 있던 레드야드(G. K. Ledyard) 교수의 도움으로 실연용 혼천의와 그에 딸린 시계의 기계적 작동을 보여 주는 사진들을 확보할 수 있었다. 레드야드는 서울 성신여자사범대학교의 전상운 박사의 커다란 도움과 김정학 교수 겸 이사와 고려대학교 박물관 역사소장물 담당 윤세영 학예사의 친절한 협력을 얻어, 다음 해에 니덤과 그의 동료들에게 세부 사진 서른 장을 제공할 수 있었다. 그 뒤를 이어 비슷한 사진 몇 장이 1974년 전상운의 저서 『한국과학기술사(Science and Technology in Korea)』[17]에 실려 최초로 출판되었다.

이 사진들은 콤브리지가 그 의기를 자세히 조사하는 근거가 되었으며 조사 결과의 초고가 1964년에 완성되었다.[18] 이 연구는 그 의기가 정말로 송이영과 이민철의 것이라는 믿음을 더욱 확고하게 해 주었다. 이어서 이처럼 커다란 의미가 있는 연구를 초중기 조선 시대 천문의기에 관한 전문서적으로 출판할 것이며, 동시에 이전에 번역된 『세종실록』과 『증보문헌비고』의 과학기술 관련 기사도 이 저서에 함께 수록하기로 결정이 되었다.

작업이 정지된 채로 몇 년이 흘렀다. 1973년에 니덤은 메이저(J. Major)에게 이 전문서적의 완성 임무를 맡아 주겠는지 물었다. 그 후 메이저와 콤브리지는 몇 년간 같이 일하면서 송이영과 이민철의 의기에 대한 기술적 연구를 수정했다. 그러던 중 콤브리지가 1974년 7월에 서울을 방문했다. 그리고 다시 한 번 전상운 교수의 큰 도움을 받아 고려대학교 박물관 당국자의 허가를 얻어서 그 의기를 자세히 검사할 수 있었다. 이것으로 몇 가지 사진만을 보아서는 불가능했던 기계적 작동 원리의 문제를 해결할 수 있었다. 거의 같은 시기에 저자들은 연구에 필요한 사진들이 자세한 그림으로 보강된다면 이해가 더욱 쉬울 것이라는 데 의견을 모았다.

한편으로는 이미 초고 수준으로 번역된 『세종실록』과 『증보문헌비고』의 기사 원고를 수정하는 작업도 진행되었다. 그리고 현재까지 존재하는 세종 시대의 의기 및 다른 의기들의 부분을 찍은 사진이 수집되었다. 번역문에 들어 있는 기술적, 기계적인 세부 지식이 점점 더 명확히 이해되어 감에 따라 의기들의 그림 및 스케치가 추가되었다.

그리고 저널 「피시스(Physis)」에 실렸던 조지프 니덤과 노계진의 18세기 병풍천문도에 대한 1966년의 논문[19]과 우리의 연구를 합당한 역사적 틀 속에 정착시켜 줄 수 있는 장을 추가함으로써 이 책이 완성되었다.

이 오랜 시간 동안 레드야드는 큰 도움을 주었다. 번역 원고에 대하여 수많은 수정과 코멘트를 해 주었으며, 또 책 전체 원고에 대하여 자세한 비평을 해 주었다. 마찬가지로 전상운 역시 한국의 과학과 기술에 대한 질문에 대하여 자유로이 조언했고, 이 책에 쓰인 사진 몇 장도 제공했다.

우리는 깊은 감사의 뜻을 레드야드 박사와 전상운 박사 및 앞에서 언급한 그 밖의 다른 동료와 친구들에게 표하고 싶다. 그들의 도움 없이는 이 저서는 결코 완성될 수 없었다. 덧붙여서 시빈(Nathan Sivin) 박사는 이 작업의 후기 단계에서 많은 제언을 해 주었으며, 메이저 박사는 초고 전체를 통독하고 역시 많은 유익한 제언을 해 주었고, 테일러(W. Taylor) 선생은 그림에 대한 제언을 해 주었다. 이 세 사람에게도 감사의 마음을 전한다.

로우(K. Lowe) 부인, 알렉산더(E. Alexander) 부인, 패튼(G. Patten) 부인에게도 몇 단계에 걸친 초고들을 인내심을 가지고 읽고 직접 손으로 고쳐 준 데 대하여 감사한다.

또한 런던의 로빈슨(P. Robinson) 선생에게 가장 크게 감사를 드리고 싶다. 그는 설명 도표를 만들어 주었고 또 이 책의 출판을 위한 비용으로 1,000파운드를 연구비로 제공했다. 우리는 또한 페니(D. Penny) 선생에게도 뛰어난 그림들을 그려 준 데 대해서 깊이 감사한다. 마지막으로 다트머스 대학교 교수연구심사위원회와 런던의 웰컴 재단의 재정적 지원에 대하여 감사한 마음을 표한다. 웰컴 재단은 이 책이 쓰이는 기간 동안 노계진에게 기금을 마련해 주었다. 또한 끝으로 케임브리지 대학교의 동아시아과학사 신탁과 도서관의 시설 제공과 재정 지원에 대해서도 감사의 말씀을 드린다. 메이저는 이 책이 완성되었을 때 자신이 객원 연구원으로 있었던 케임브리지 대학교 클레어 홀(Clare Hall)의 의장과 회원들에게 감사의 마음을 표한다.

니덤(Joseph Needham)
노계진(Lu Gwei-djen)
콤브리지(John. H. Combridge)
메이저(John S. Major)

제1장 이론적·역사적 배경

Theoretical and historical background

최초의 사색: 왕권과 우주론

한국이 중국과 공유하고 있던 전통 속에서 천문학은 왕조의 의무이면서 동시에 특권이었다. 이것은 까마득한 옛날부터 사실이었으며, 중국인은 천문학의 발명을 전설적 성황(聖皇)인 요(堯)와 순(舜)에게 돌렸다. 고전적인 중국의 우주론에서 황제는 우주의 중추에 자리 잡고 있으며 하늘과 땅을 중재했다. 황제는 "자신의 왕좌에 앉아서 남쪽을 바라보았다." 실제는 아니라 하더라도 의식을 행할 때 황제의 왕좌는 북극성 바로 아래에 있었고 그래서 남쪽을 마주하면서 전 세계를 전망했다. 황제는 정확한 역법(曆法)을 보급할 신성한 의무가 있었다. 그리고 그렇게 함으로써 그의 행위가 천체의 움직임과 일치할 수 있었다. 그래서 황제는 국가적 길흉을 점치는 점성술사이기도 했던 천문학자들을 고용하여 황제의 대응이 필요할지도 모를 하늘의 이상(異常) 현상을 지켜보게 했다.

중국 주변에 있던 다른 왕조의 지배자들은 일반적으로 이 사상을 받아들였다. 때문에 그들은 조선의 왕들이 보통 그랬던 것처럼 하늘에서나 땅에서나 중국의 황제가 최고임을 인정하면서도 자신들 역시 그보다 작은 자신들의 지배 영역에서는 자신이 주축이라고 굳게 믿었다. 그래서 647년에 세워진 한국 신라 왕조의 왕립 천문대인 첨성대(瞻星臺, 그림 1.1)도 비두(比斗)라고 불렸다.[*1)] 이와 비슷하게 일본에서도 나라 시대(8세기)에 왕궁이 서 있던 대지(臺地)를 호쿠도다이(北斗臺)라고 불렀다 한다.[*2)] 이 이름들은 일찍이 한국과 일본의 왕들이 왕권과 하늘 북극의 중심적 위치 사이의 연관에 대한 중국의 우주론적 사상을 받아들였다는 것을 보여준다. 그러한 연관성을 이해한 이후, 중국적 전통 속에서 지배자의 지위에 있던 모든 왕들은 천문학과 역법 제작에 열중하는 일을 필수불가결한 것으로 여겼다. 조선왕조의 왕립 천문기상대 서운관은 이러한 천문기상학적 관측 및 역법 제작의 임무를 수행하는 곳이었다. 물론 서운관이나 그와 비슷한 동아시아의 왕립 천문대는 왕조의 비호를 받았다. 그렇지만 이들이 부분적으로 왕권과 연결된 우주론에 입각한 이론에 기인한다는 사실이 그 방법과 성과가 비과학적이라는 것을 의미하지는 않는다.[*3)]

이론적 배경

14세기 말까지의 중국 천문학의 역사를 몇 쪽 분량으로 요약한다는 것은 분명 무리가 있는 일이다. 그러나 그 역사가 조선왕조 천문학의 배경을 형성하고 있기 때문에 우주론, 역법, 계시학 및 천문의기와 관련된 몇 개의 주요 개념들에 대하여 개괄적으로 살펴보는 것은 매우 유용하다.『중국의 과학과 문명』제3권에 천문학의 중요한 기술적 전문 용어를 정의해 놓은 목록이 있으므로 그것을 추가로 읽어 보면 좋을 것이다.[*4)]

A. 우주론

1. 우주론적 이론들

다양한 우주론적 이론[특히 개천(蓋天, Canopy Heaven)[*5)]설]이 중국 천문학의 초기 시대에 정상을 다투었지만, 한(漢) 시대 이후에는 혼천(渾天, Enveloping Heaven)설이 널리 받아들여졌다.[*6)] 이 이론은 우주는 둥글고 중심에 평평한 대지가 있다고 상정한다. 대지가 둥글다는 생각은 일찍부터 암시되어 왔다. 그러나 그 이론이 정교화되기 시작한 것은 비교적 나중의 일이다.[*7)] 중국적 전통 속의 모든 혼천의는 혼천 우주의 모형을 하고 있다.

2. 적도극좌표(equatorial-polar coordinates)

중국 천문학은 발전 초기 단계부터 적도(赤道)에 근거를 두었다.[*8)] 이것

그림 1.1 신라 왕국의 천문대인 첨성대. 경주, 647 C.E. 이 탑은 천문 관측을 위하여 사용된 것으로 추측되며, 꼭대기에 대가 있어서 그 위에 관측의기가 설치되어 있었을 것이다. 이 탑은 또한 태양의 그림자를 재는 표(表)로써도 쓰였을 것이다. 탑 꼭내기의 정사각형 구조는 정확히 동서남북으로 평렬되어 있다.

은 티코 브라헤(T. Brahe) 이전까지의 서양 천문학에서 사용한 황도극좌표와 극명한 대조를 이룬다. 계산상의 관점에서 볼 때 두 좌표 체계 사이에서 선택의 여지는 거의 없다.[*9] 그러나 중국의 적도좌표는 우리가 뒤에서 보겠지만 천문의기의 발달에 중요한 결과를 초래했다. 중국적 전통 속에서 혼천의가 그것을 반영하여 설치되었기 때문이다.

3. 천구의 분할

중국적 전통 속에서 천구에 보이는 부분은 우주론적이고 관측적인 목적에 따라 몇 가지 방법으로 나뉘었다(그림 1.2).[*10]

  a. 5궁(宮)

가장 간단하고 가장 오래된 것 중의 하나로서 하늘을 다섯 궁(palaces)으로 나누었다. 이 다섯 궁은 자미궁(紫微宮, Palace of Purple Tenuity)이라 불리는 북극 주변의 별들(중국 북부의 관측자에게는 결코 지평선 밑으로 잠기지 않는다)로 이루어진 중앙의 원과 끝이 잘린 네 개의 부채꼴 영역으로 구성되어 있다. 네 영역은 북극 주변의 별들로 묶여 있는 원에서부터 언제나 보이지 않는 남극 주변의 원까지 연장되어 있으면서 동, 서, 남, 북의 네 궁으로 불린다. 다섯 궁은 5행(五行, Five Phases)[*11], 4개의 정방향(과 중심), 계절 등과 연관되어 있다. 주변의 네 궁은 네 동물의 표상(表象)으로 상징되어 있다. 동쪽의 청룡(靑龍, Blue-Green Dragon), 남쪽의 주작(朱雀, Vermillion Bird), 서쪽의 백호(白虎, White Tiger) 및 북쪽

그림 1.2 고려 중기의 청동거울. 북반구 하늘의 다양한 분할 방식을 상징. 가운데부터 북극에 위치하면서 세계의 중심을 대표하는 둥근 꼭지, 네 방향의 동물 표상, 8괘(八卦), 목성이 머무는 곳을 대표하는 12지(支)의 열두 마리 상징 동물, 달의 28수(宿)와 24기(氣). Needham, SCC III: 그림 93에 나타나는 유사한 중국 거울과 비교하시오.

의 현무(玄武, Dark Warrior 혹은 a paired turtle and snake)가 그것이다.

b. 아홉 영역[구야(九野)]

이것은 개념적으로 5궁과 유사하다. 그러나 북극 주위의 별들을 둘러싼 구획이 넷이 아니라 여덟 개의 끝이 잘린 부채꼴 모양의 구역으로 나누어진 것이 다르다. 아홉 영역은 대지를 도식적으로 나눈 '아홉 대륙(nine continents)'에 상응한다. 중심을 제외한 8개의 지역은 『역경(易經)』의 8괘와 연관되어 있다.

c. 목성의 역(Jupiter Stations)

적도, 그리고 유추논리로 황도(黃道, ecliptic, yellow way)도 12개의 '목성의 역(Jupiter Stations)'으로 나뉘어 있다. 이것은 대략 12년이 되는 목성[더 구체적으로는 태세(太歲: 목성의 역궤도를 도는 보이지 않는 대칭별)]의 공전 주기가 대단히 중요한 점성술적인(혹은 좀 더 적합하게는 연대 기술에 유용하다는) 의미를 지닌다는 고대 사상을 반영하는 것이다. 목성의 12역은 12개월과 연관되고 또 하루와 1년을 표기하는 데 쓰이는 10간 12지 체계(sexagenary system)의 12지(十二支, Earthly Branches)와 연관된다. 12지는 이어서 상징 동물과 관련된다. 그러나 목성의 역은 서양황도대의 12개 별자리와는 동등시되지 않는다.[*12)]

d. 달의 수(宿, Lunar Lodges)

적도는 또한 수(宿)라 불리는 균일하지 않은 28개의 영역으로 나뉘어있는데, 이들은 28개의 별자리로서 대개 고대 하늘의 적도 가까이에

위치한다. 이것도 역시 아주 먼 옛날부터 있었던 체계로서,[*13)] 유사한
인도의 낙샤트라(nakshatras: 이것도 이슬람 천문학에 중요한 역할을 했다)
와 연관성을 지닌다. 28수(二十八宿)는 달의 항성 주기가 27$\frac{1}{3}$일인 데
서 유래했다. 그러나 예전에는 또한 토성의 29$\frac{1}{2}$년, 즉 대략 28년인 공
전 주기와도 공통적으로 연관되었다. 28수 안에서 천체의 위치는 동
아시아의 전조(portent) 점성술에서 중요한 의미가 있었다.

e. 기(氣, Fortnightly Periods)

태양년은 황도대를 따르는 태양의 30° 운동으로 구분되는 12개의 균
등한 기간인 기(氣)로 나뉘었다. 12기는 12중기(中氣, mid-point ch'i)와 12
절기(節氣, nodal ch'i)로 다시 나뉘었다. 합해서 24개의 중기와 절기가
되는데 명목상으로는 15일이지만 평균으로는 각각 15.219일이다. 이
와 같이 기간을 나눈 것은 실제로 4계절을 일정하게 구분해 놓은 것
으로서 매일 사용하는 농업용 태양력을 특징짓는 것이다. 실제 생활
에서 절기와 중기는 하루 단위로 계산되었으며, 하루가 채 안 되는 나
머지 날들은 나중에 한꺼번에 합하여 계산했다.

f. 도(度)

마지막으로 적도, 황도 및 모든 하늘의 원들은 365$\frac{1}{4}$도(degrees)로 나뉘
었다.[*14)] 이 숫자를 서양에서 계산하는 것처럼 원의 360도로 대치한
것은 중국 천문학에 예수회의 방법이 소개되고 나서부터이다.

B. 역법

1. 역법의 특성

중국의 역법은 단지 날짜와 계절의 흐름을 따르는 수단에 그치지 않고, 더 나아가서 천체의 운동에 대한 완벽한 계산표를 만들어 낸 천문학적 계산의 체계이다. 중국 역법의 가장 중요한 과제이자 가장 심각한 어려움은 (나카야마 교수가 지적했듯이) '근본적으로 양립할 수 없는 두 개의 주기, 즉 태양년과 달의 삭망 주기를 조화시키는 데' 있었다.[*15] 또한 태양년과 항성년의 조화도 과제였다. 만족할 만한 역은 또한 일식과 월식도 정확히 예측해야만 했다. 중국의 역법은 눈에 보이는 다섯 행성의 궤도상의 주기에 대해서는 상대적으로 큰 주의를 기울이지 않았다. 그러나 합(合, conjunctions)과 폐색(閉塞, occlusions)과 충(衝, oppositions: 태양과 행성이 지구를 사이에 두고 정반대로 있을 때)과 행성의 위치가 수(宿) 안에서 그리고 행성들의 상호 관계 속에서 만들어 내는 현상은 전조 점성술에서 중요한 의미가 있었고 따라서 상당한 정도의 주의가 요구되었다.[*16]

2. 역법의 개혁

중국 역법의 설계자들이 당면했던 사업의 규모와 복잡성, 그리고 망원경은 물론이고 가장 중요한 천체역학 이론이 없었던 상황에서 천체의 궤도를 정확히 그려 내야 했던 어려움을 생각할 때, 역법에는 필연적으로 오차가 축적되게 마련이었다. 따라서 때때로 그에 따른 개정이 필요했다. 천문관서는 종종 하늘의 시간을 재기 위해서 별을 직접 관찰하기보다는 역에 의존하곤 했다. 그러나 별과 역 사이에 차이가 너무 커지게 되었을 때는 새로운 역의 제작이 천문관서의 가장 중요한 사업의 하나가 되었다.[*17)]

3. 역법 개혁의 정치적 의미

새로운 역법을 선포하는 것은 중국 왕조의 황제가 권위를 장악하고 있다는 것을 다시 한 번 새롭게 보여 주는 주요한 상징이었다. 그 '새로운' 역법은 단지 전 왕조의 역법을 약간 수정하거나 혹은 전혀 수정하지 않은 채로 이름만 바꾼 것일 수도 있고, 혹은 정말로 새로 개혁한 역법인 경우도 있었다. 새로운 역법은 때로는 합당한 의식을 치르면서 한 왕조의 생존 기간에 보급되었다. 중국의 황제와 사대 관계에 있었던 한국의 왕들은 새로운 역법이 나타날 때마다 예외 없이 이를 적극 받아들이고 응답했다.

C. 시간 세기

중국의 하루는 자정에 시작했다. 해가 저물면 하루가 시작되는 유태와 희랍의 관습은 중국에 알려지지 않았다. 중국은 하루를 몇 가지 방법으로 나누었다.[*18)]

1. 12시(時, double-hours)

여기서의 1시는 서양의 2시간에 해당한다. 이 시(時)는 둘로 나누어서 조(初,

beginnings)와 정(正, mid-points)이라고 불렸다. 이들 초와 정 같은 시간은 자정과 정오가 상응하는 시(時)의 초에 오는 것이 아니라 정에 오는 방식으로 말하게 되어 있다. 즉 시(時)는 오늘날의 오후 11시부터 오전 1시까지, 오전 1시부터 오전 3시까지 등으로 나뉜다(당시의 1시간은 오늘의 2시간이었으며 따라서 하루는 12시간이었다. 이때의 1시간은 영어로 'double-hour'이다—옮긴이).

2. 각(刻, intervals)이라 불리는 100의 균등한 간격(intervals)

1각은 서양에 기원을 두고 있는 오늘날의 시간 단위로 14분 24초이다. 각은 분(分, fractions)이라는 작은 단위로 다시 나뉜다. 각 시는 8⅓각에 그리고 반시(半時)는 4⅙각에 상응했기 때문에 분의 수는 보통 여섯 혹은 여섯의 배수였다. 중국에서 17세기에 서양식 시간 세기가 채용되었을 때, 각은 완벽한 4분의 1 시간, 즉 서양의 15분으로 널리 사용되기에 이르렀다. 서양의 'minutes'에는 분(分)이 적용되었다.[*19]

3. 경(更, night-watches)

방금 언급한 두 가지 형태의 일정한 '시계시간(clock-time)'에 추가해서 중국인은 각 공칭상(公稱上)의 밤, 즉 공식적으로 '황혼'과 '여명' 혹은 옛날의 일몰과 일출 사이를 균등하게 다섯 부분의 경으로 나누었다. 계절에 따라 변하는 경은 다시 균등하게 다섯 부분[점(點) 혹은 주(籌)]으로 나뉘었다. 1년을 통하여 밤의 길이는 주기적으로 변했다. 이 때문에 경과 점을 알리는 자동적 타격(북이나 징으로)이나 '황혼'과 '여명'의 순간들을 결정하는 데 있어서 중국 및 조선의 전통 속에서 시간을 재는 의기 설계자들에게는 상당한 (그러나 멋지게 극복할) 어려움이 제기되었다.[*20]

D. 의기(instruments)

이미 앞에서 언급했듯이 중국 천문학은 좌표가 황도가 아닌 적도였다. 또한 방법에 있어서는 기하학적이 아닌 산수·대수적이었다. 중국의 천문학자들은 아리스토텔레스에서 코페르니쿠스, 티코 브라헤를 거쳐 그 후에 이르기까지 서양 천문학을 지배해 온 우주에 대한 지적 모형을 체계화하는 데는 그다지 관심이 없었다. 전체적으로 볼 때 이것이 궁극적으로 중국 천문학에 이익이 되었는지 불이익이 되었는지는 논의되어야 할 것이다. 그러나 그것이 중국 전통 속에서 천문의기를 제작하는 데는 확실히 중요한 영향력을 행사했다.

1. 한(漢)의 '주술사의 반(盤)'[식(式)][*21]과 후한의 장형(張衡, Chang Heng)의 혼천의에서 시작해서 중국 천문의기는 좌표를 적도로 했다.[*22]

2. 표(表, gnomon)와 함께 혼천의는 중국류 천문대의 기본적인 의기였다. 적도좌표는 마찬가지로 다양한 다른 의기를 탄생시켰다. 그 예로 적도해시계와 곽수경의 'equatorial torquetum', 즉 간의(簡儀, Simplified Instrument)가 있다.

3. 적도좌표는 자동적으로 회전하는 혼의(渾儀, armillary shperes)와 혼상(渾象, celestial globe)의 필요성과 기계적 실현 가능성을 요구하게 되었다.[23]

4. 현전하는 기록에 따르면 자동 회전하는 의기는 장형(c. 117 C.E.)의 시대에 시작되었고 송(宋) 시대에 장사훈(張思訓, Chang Ssu-hsun)과 소송(蘇頌, Su Sung) 및 그의 동료와 후계자들에 의해서 천문 시계탑이 만들어짐으로써 최고조에 다다랐다. 이 시계탑들은 거대한 계시수차(計時水車, timekeeping waterwheels)[24]에 의해 움직였으며, 작동 원리는 막대저울(steelyard) 물시계의 원리에 개념적으로 근거했다.[25] 그러나 한국의 자동시계 중에서는 이들 수차의 직접적인 후예를 찾아볼 수 없다. 그 대신 한국의 시계들은 원 시대에 중앙아시아에서 중국으로 전래된 다른 유형의 물시계 기술[26]에 바탕을 둔다.

우리는 조선조 초기에 조선 왕립 천문기상대의 천문학과 의기 제작에 직접적인 영향을 행사한 것은 천문학적 계산을 위한 완벽한 체계였던 1280년 곽수경의 '수시력(授時曆)'[27], 거의 같은 시기 중국의 제국천문관서가 갖고 있던 완벽한 한 벌의 천문의기들[28], 송의 천문학적 시계탑의 시보를 위한 인형 장치(그러나 계시수차의 기술은 아니다), 종과 북 등을 갖추었으며 떨어지는 쇠구슬에 의해 작동되는 기계장치로 나타나는 중국과 아랍의 전통이라는 것[29]을 말함으로써 이 서문을 끝맺으려 한다.

역사적 배경: 고려에서 조선까지[*30)]

13세기에 접어들었을 때 고려 왕조는 이미 한반도를 300년 동안이나 지배하고 있었다. 그리고 시간이 지날수록 고려의 왕들은 중국의 송 왕조와의 경쟁에서 이겨 만주와 북중국에서 세력을 확립한 '야만' 왕조들의 핍박을 받기 시작했다. 그러나 그것은 13세기 전반 20~30년에 걸쳐서 칭기즈칸이 이끄는 새로운 몽골 연합 세력에 의해 자행된 한반도 침략에 비하면 아무것도 아니었다. 거의 30년에 걸친 이 침략으로 고려의 왕은 1260년에 몽골 지배자(이들은 얼마 후에 그 자신들을 원 왕조라 칭했다)의 신하가 되었다.

최초의 원 황제 쿠빌라이 칸은 천문학의 위대한 후원자였다. 그의 가장 위대한 궁정 천문학자 곽수경은 1270년대에 대단한 천문의기(그림 1.3) 한 벌을 새로 제작했다. 그리고 1280년에 그의 수시(授時) 천문학 체계가 공포되었다. 고려의 왕들은 이 새로운 역법을 당연한 일로 받아들였고,[*31)] 또한 새로운 천문의기의 명성에 대해서도 잘 알게 되었다. 그러나 중국의 천문학에서 일어난 이 위대한 변혁은 고려에는 그다지 큰 영향을 미치지 못했다. 고려의 왕들이 그 같은 변혁에 대응하여 천문학과 천문의기 제작에 능동적인 태도를 취할 수 없었던 데에는 여러 가지 이유가 있었다.

고려는 오랜 몽골의 침략을 받아 경제적으로 매우 약화되어 있었고 왕실의 재정도 궁핍한 상태였다. 왕의 권력도 미약했고 몽골 황제의 엄한 통제권 아래서 제한을 받고 있었다. 왕권은 강력한 귀족 세력의 견제를 받았고 또한 귀족들의 정파 싸움과 불교 사원의 정치력과 경제력 때문에 더욱 약화되었다. 게다가 1274년과 1281년에 몽골이 일본 정벌에 나서면서 적극적인 협력을 강요하는 바람에 나라는 더욱 약해졌다. 두 차례에 걸친 몽골의 일본 침략은 실패로 끝났고, 이로써 고려는 몽골보다 더 큰 상처를 입었다. 이 사건의 여파로 고려 왕에 대한 원의 지배는 더욱 강화되었다. 이때부터 고려의 왕은 보통 원 황제의 사위가 되었고, 천문학의 실행 같은 일반적인 왕권을 행사할 능력에 커다란 제한을 받게 되었다.

14세기 중엽에 이르자 몽골의 힘은 약해지기 시작했고, 그와 함께 고려 왕조가 쓸 수 있는 몽골 군사력의 힘도 약화되어 갔다. 그에 따라 14세기 후반에 이르면서 한반도 해안 지역에 출몰하는 왜구의 침략 행위도 극심해졌다.

1368년에 원 왕조가 몰락하고 새 왕조 명(明)이 들어서자, 고려 왕조는 취약하고 고립된 상태에 처했다. 고려 조정에서는 명과 친화하고 그리하여 기왕의 수시력을 약간 수정한 역 체제인 대통력(大統曆)을 수용할 것인지, 아니면 계속해서 몰락한 원에 사대할 것인지를 두고 큰 논란과 동요가 있었다.[32] 이 어정쩡한 태도는 명 조정의 의심을 샀다. 결국 고려의 왕이 고려의 오랜 주군인 원에게 계속 사대하기로 결정하자 명의 의심은 적의로 변했다. 고려의 왕은 1388년에 이성계(李成桂)로 하여금 명을 침략하도록 원정군을 보냄으로써 원에 대한 충성심을 행동으로 나타냈다. 당시 이성계는 왜구 격퇴에 혁혁한 전과를 올림으로써 큰 명성을 쌓고 있었다. 군대를 이끌고 압록강까지 간 이성계는 반명(反明) 정책이 소용없다고 확신하고 압록강을 건너기를 거부했다. 그리고 군대를 되돌려 수도 개성으로 와서는 왕에게서 권력을 탈취했다. 이성계는 짧은 기간 동안 새로운 왕, 그러니까 고려 왕조의 마지막 왕을 옹립했으나, 곧 1392년에 새로운 왕조의 창시자로서 스스로 왕좌에 올랐다. 사후에 태조로 불리는 이성계가 바로 조선왕조의 위대한 창업자이다.

태조는 신속히 명과의 친선 관계를 확립하고자 힘썼다. 그러나 조선을 두려워한 명나라 최초의 황제가 1399년에 사망할 때까지 명과의 화해는 이루어질 수 없었다. 태조는 대대적인 (그리고 부분적으로 성공한) 토지 개혁을 단행해서 귀족 계급의 힘을 약화시켰으며, 귀족적인 지배 체제 대신에 중국형 유교적 관료제를 추진함으로써 귀족의 세력을 더욱 약화시켰다. 또한 신유교를 국가의 이념으로 장려하면서 불교를 억압했으며,[*33] 사원이 광범위하게 소유하고 있던 토지를 몰수함으로써 사원의 경제력을 꺾었다. 수도가 불교적이고 귀족적인 세력이 강한 개성에서 멀리 떨어진 서울로 옮겨짐으로써 왕권은 더욱 강화되었다. 태조는 또한 자신이 과거에 왜구를 물리치며 명성을 쌓았던 때처럼

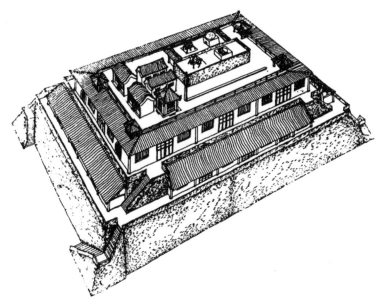

그림 1.3 1280년경 곽수경의 북경 천문대. 복원도. 남동쪽부터의 전경. 위쪽 대지의 북쪽 부분에 보이는 것들은 (위로부터 시계 방향으로) 혼상, 앙부일구, 높이 40척(foot)의 표(gnomon)와 영부(影符), 간의 및 혼의.

왜구의 침범에 대비하여 조선 해안의 강력한 방어 체제를 계속 유지했다. 그리하여 국내외적으로 왕조의 평화를 확립했다. 태조는 이 같은 국가적 사업을 수행하면서 천문과학적이고 계시학적인 업무에 노력을 기울일 시간을 찾아냈다. 즉, 1395년에 새로운 천문도를 새기라는 명령을 내렸으며(뒤의 제5장을 참조), 다시 1398년에는 수도에 공중을 위한 새로운 물시계를 설치하도록 했던 것이다.*34)

   태조는 후계자들에게 경제 개혁과 번영, 궁정 파벌 싸움의 일시적 중

단, 대내외적인 평화, 명과의 우호적 관계라는 기반을 물려주었다. 그리고 1398년에 그의 한 아들에게 양위했다.

조선의 두 번째 왕은 짧은 통치 끝에 자신의 동생에게 양위했으니, 이는 1400년의 일이다. 이렇게 등극한 태종(사후에 추서된 이름이지만)은 즉각적으로 조선조 초기의 우수한 환경의 이점을 살려서 모든 분야의 지식을 증진시키려 했다. 1402년, 태종은 12명의 학자들에게 천문학적 주제들을 연구하도록 명령함으로써 왕조의 천문관서와 관련한 기초를 놓았다.[*35)] 다음 해에는 대규모의 청동활자 주조를 명하여 향후 학문적 저서들의 인쇄를 장려했다.[*36)] 또한 집현전을 후원했으며 역법의 연구도 장려했다. 태종과 태종의 재능 있는 셋째 아들(미래의 세종)이 새로운 물시계의 제작에 개인적으로 직접 참여했다고 전해진다.[*37)]

태종은 1418년에 자신의 아들(세종으로 추서됨, r. 1418~1450)에게 왕위를 물려주었으며 그 뒤에도 계속해서 다른 아들들의 질투에서 새 왕을 보호했다. 태종은 자신의 후계자를 잘 선택했다. 세종은 눈부신 업적을 쌓으며 한국의 국가적 영웅이 되었다.[*38)] 세종대왕은 위대한 정치가이자 모든 학문 분야의 후원자였다. 뒤에서 이어지는 장에서 보겠지만, 세종이 후계자들에게 물려준 유산 중에서도 특히 뛰어난 것은 세계에서 가장 훌륭한 천문관측소였다.

이 역사적 배경에 대한 서문을 마치면서, 원 왕조의 몰락이 고려 왕조 자체의 몰락을 포함해 한국에 강력한 충격을 주었지만, 또 한편으로는 그러한 사건들의 결과로 조선의 왕 3대를 거쳐 천문학 분야가 만개할 수 있었다는 점을 지적하고 싶다. 원대를 지나는 동안 고려 왕조는 내내 미약했고 그 존재가 희미했다. 따라서 천문학 분야에서 일어난 곽수경의 혁신에 적극적으로 대응할 수 없었다. 조선왕조의 창립자가 무엇보다 우선 왕조의 반석을 단단히 하는 데 관심을 기울인 것은 필연적인 일이었다. 태종 그리고 특히 세종의 통치에 의해서 국내의 사회·정치와 경제적 상황은 크게 발전했다. 그리고 유능하고 과학적인 성향을 지닌 두 왕의 개인적 지도력의 결합으로 한국 과학기술의 르네상스가 가능할 수 있었다. 천문학 분야의 이 르네상스는 그 필요성이 확실해지면서 더욱 강력하게 추진되었고, 한 세기 이상 뒤떨어져 있던 조선의 왕립 천문대는 당시 기술적으로 가능한 최첨단의 의기를 구비하기에 이르렀다.

제2장에서는 세종대왕 밑에서 분출된 위대한 과학적 에너지의 중요한 결과물, 왕립 천문대의 혁신적 장비(裝備)에 대해 알아볼 것이다.

제2장 세종대왕 영도하 왕립 천문기상대의 대혁신

The re-equipping of the Royal Observatory under King Sejong

조선왕조 창립자의 손자인 세종대왕은 한국에서 가장 위대했던 문화적 번영의 시기를 이끌었다. 물론 세종의 정치적 업적도 대단하지만 여기서 이를 논의할 필요는 없다. 이 저서의 더욱 중요한 목적은 모든 학문적 분야에서 세종이 이룬 성과를 알아보는 것이다. 그의 영향 아래서 신유교 사상은 한국에서 지배적인 위치에 올랐다. 처음에는 궁정에서 시작해 점차 한국 사회 전반이 중국을 하나의 지적 모델로서 이전보다 훨씬 더 강하게 선망하게 되었다. 세종이 최초로 실천에 옮긴 사항의 하나는 오랫동안 기능이 정지되어 있던 집현전을 부흥시키는 것이었다. 집현전은 일종의 왕립 연구소로서 당 왕조에 있었던 같은 이름의 학술원을 모델로 한 것이다.[*1] 집현전은 급속하게 그 권위를 높여 갔다. 20인의 학자에게만 한정되는 회원 자격은 왕조가 수여할 수 있는 최고의 문화적 영예였다. 이 학술원은 단순히 왕이 학문을 후원하는 것을 상징하는 데 그치지 않았으며, 세종 통치 기간에 이루어진 많은 과학적 업적을 성취하는 데 직접적인 역할을 행사했다.

세종은 문화와 학문의 후원자였을 뿐만 아니라 개인적으로 과학과 기술에 대한 재능을 가지고 있었다. 그리하여 인쇄술을 향상시켜 최초로 금속활자를 완벽하게 사용하도록[2] 명령을 내리기만 한 것이 아니라 자신이 직접 관여했다. 또한 '한글'이라고 알려진 표음문자를 발명하는 데도 직접 위임권을 행사했다.[3] 세종은 전함과 새로운 모형의 화약무기 설계와 건설을 포함해 군사 기술의 개량도 장려했다.[4] 특히 천문학 분야에 관심이 깊었던 세종은 수시력과 대통력의 개정도 명령했으며,[5] 천문관서의 직원을 증원하고[6] 왕립 천문대의 완벽한 재장비에 착수했다.

세종대왕 통치하에 이루어진 위대한 천문학적 개혁에 대한 이야기는 『세종실록』에 기록되어 있고 『증보문헌비고』에도 보강된 설명이 나온다. 이 두 편년사(編年史)에는 왕립 천문대의 천문의기와 함께 나란히 전시하기 위하여 작성한 몇 개의 명문이 포함되어 있다. 그 명문들, 특히 김빈(金鑌)과 김돈(金墩)의 명문과 공적 기록은 의기들 자체에 대한 자세한 설명을 곁들이고 있다. 이들에 대해서는 뒤에서 길게 인용할 것이다. 이들의 서문과 요약문은 더 일반적인 용어로서 표현되어 있으며, 또한 새로운 의기를 제작한 동기에 대해 왕과 관료들이 논의하는 내용을 다루었다. 그러한 문서를 다룰 때에는 당연히 신하들의 아첨이나 과장됨을 염두에 두고 보아야 할 것이다. 그러나 그런데도 문서들을 보면 동아시아 역사에서 천문의기 제작의 가장 풍성한 열매를 맺는 시기를 맞이한 데에 왕의 주도가 결정적인 요인이었다는 것을 분명히 알 수 있다. 그 문서들이 이 위대한 과업이 이루어진 상황과 동기에 대해 대단히 유익한 정보를 제공하므로, 세종대왕의 의기를 설명하는 데 있어서 이들 명문과 몇몇 기록에 포함된 일반적인 설명(remarks)의 일부를 길게 인용하는 것으로 시작하겠다.

『세종실록』 권 65: 1a, 2b-3a(1434 C.E.)

이날(1434년 8월 1일)부터 비로소 새 누기(漏器, 물시계)를 썼다. 임금이 예전 누기가 정밀하지 못한 까닭에 누기(의 금속 부분)를 고쳐 만들기를 명했다…….

(왕이) 김빈에게 명하여 명(銘)을 짓게 하니 그 서(序)는 아래와 같다.

제왕의 정치 중에서 시간과 계절의 통일보다 중한 것이 없었다. 이들 일을 살피기 위하여 쓰인 방법들은 혼의, 혼상, 해시계 및 물시계였다. 혼의와 혼상이 아니면 천지의 운행을 살필 수 없었고, 해시계와 물시계가 아니면 밤낮의 경계를 측정할 수 없었다. 천년의 긴 세월은 매 순간이 정확해서 일각(一刻)도 틀리지 아니함에서 비롯한다. 이것은 표(表)가 만드는 그림자의 길이를 어떤 게으름도 없이 조금의 차이도 놓치지 않고 재서 축적함으로써 비로소 이루어질 수 있다. 그래서 고금을 통하여 모든 역대의 성군(聖君)들이 하늘에 순응하여 나라를 다스렸다. 어느 누구도 이 점을 중시하는 데 소홀히 하지 않았다.

이제 신(臣)이 생각하건대, 우리 주상 전하께서는 요 임금을 공경하시고, 대순(大舜)이 선기옥형(璇璣玉衡)*7)으로 하늘을 측정하셨음을 본받고자 하셨다. 이에 장인(匠人)에게 명하여 최초의 혼상과 혼의를 제작케 하여 측후(測候)의 근거로 삼게 하시고 또한 누기를 새로 만들어서 일구(日晷, 해시계)와 시각(時刻)이 다 함께 꼭 들어맞게 하시었다. 이것들은 궁궐 안 서쪽에 설치되었다…….

매 시간이 이를 때마다 (물시계의) 여러 시보신(時報神)이 (해당하는 시패를 들고) 문득 응한다. 의상(儀象: 혼의와 혼상)을 참고하여 보아도,*8) 하늘의 움직임과 조금도 어긋나지 아니한다. 참으로 귀신이 있어 지키는 것 같았으니, 보는 이마다 놀라고 감탄하지 않는 사람이 없었다. 실로 우리 동방(東方: 조선)에 전례가 없는 거룩한 제도이다…….

신 빈(鑌)에게 명하여 장차 후대에 밝게 보이도록 하시니, 신이 삼가 절하고 명을 지어 드립니다. 명에 이르기를, "음양(陰陽)이 번갈아 따름으로써 밤과 낮이 교대로 오니*9)…… 해시계와 물시계가 오래전부터 만들어졌지만, [전설속의 성황(聖皇)인] 황제의 시대에 시작해서 여러 가지 방법이 시도되었도다. 그런데도 역대로 법이 달라 옛 제도가 허술하더니, 오직 우리 해동인(海東人)이 다양한 제도를 비로소 확장하고 발전시켰네……."

『세종실록』 권 77: 7a(1437)
연초(1437)에 왕이 밤과 낮을 측정하는 의기를 만들도록 명했다. …… 또 승지(承旨) 김돈에게 명하여 명을 짓게 하니, 그 서(序)에 이름이 아래와 같다.

의상(儀象)의 제작은 예로부터 귀중히 여긴 관습이었다. 요·순의 황제에서 한·당에 이르기까지 누구도 그것을 최고로 삼고 귀중히 여기지 않은 자가 없었다. 그래서 그에 대한 글이 경사(經史)에 나타났으나, 예전과 시대가 멀어서 법이 아주 자세하게 전해지지 못했다. 그러나 전하께서는 이들 성황(의 일)을 고대에 이루어진 성과의 관석(冠石)으로 공경하셨다. 우리 전하께서는 세상에 뛰어난 신성(神聖)한 자질로써 수많은 정무를 보살피는 여가에 천문법상(天文法象)의 이치에 유념하시었다. 그래서 무릇 예전에 이르던 바의, 혼의·혼상·규표(圭表)·간의 등과 자격루(自擊漏)·소간의(小簡儀)·앙부일구(仰釜日晷)·천평일구(天平日晷)·현주일구(縣珠日晷) 등의 그릇을 빠짐없이 제작하게 하시었다. 그와 같이 전하의 하늘에 대한 지식과 세속적인 일을 탐구하는 공경이 지극하시었다.

『세종실록』권 77: 9b(1437)

왕명에 의하여 간의대(簡儀臺)에 대하여 승지 김돈이 기록을 지었는데, 이렇게 썼다.

명(明) 선덕 7년(1437) 7월 임자일(壬子日)에 성상께서 경연(經筵)에 거동하시어 (학자와 관료들과) 천문역법의 이치를 논하다가, 예문관 제학 정인지(鄭麟趾)에게 이르기를, "우리 해동인이 멀리 바다 밖에 살고 있어서 무릇 시설(施設)하는 바가 한결같이 중화의 제도에 따랐으나, 다만 하늘을 관찰하는 의기에 빠짐이 있으니, 경이 이미 역산의 제조(提調)가 되었으므로, 대제학 정초(鄭招)와 더불어 고전을 강구하고 의표(儀表)를 참작하여 간의를 만들어 나에게 올리라."라고 하시었다.

『세종실록』권 77: 10b−11a(1438)

무오년(1438) 봄에 관계 당국의 사람들이 후손의 지식을 위하여 (지난 몇 년 동안에 이루어진 의기 제작 활동에 대한) 처음부터 끝까지의 기록을 만들 것을 요청했다. 그래서 그들은 사관(史官)과 함께 견해를 논했고, 신은 이 모든 일에 대해 (이 요약문에 앞서는 설명을) 쓰도록 명을 받았다. 신이 생각하건대 모든 것들은 (1280년 곽수경의) 수시력에 근거를 두었고, 그 수시력은 혼의와 혼상을 가지고 행해진 하늘에 대한 기본적인 관측에 의존했다. 그럼으로 요가 희(羲)와 화(和)에게 명하여 일월성신(日月星辰)을 살펴서

책력을 바로잡게 하고,[*10] 또 순이 선기옥형을 만들어 칠정(七政, 즉 해와 달 및 눈에 보이는 다섯 행성)의 운동을 살피었으니,[*11] 이것은 진실로 하늘을 공경함을 보이는 방법이요, 백성의 일과 날을 게을리 할 수 없기 때문이다. 한·당 이후로 나라마다 각각 자신의 의기가 있었으나, 어떤 것들은 더 정확했고 또 어떤 것들은 덜했다. 우리는 여기서 그 모든 것들을 자세히 살필 수 없다. 그러나 오직 원 시대의 곽수경이 만든 간의와 앙부일구와 규표 등은 모든 의기들 중에서 가장 정교하다고 이를 만하다. 그런데 우리 해동인(조선인)이 이룬 것 중에 하늘이 운행하는 모습을 실연(實演)하는 의기를 제작했다는 말을 아직 듣지 못했는데, 이제 문교(文敎)가 바야흐로 일어나매 그것이 실현되었다.

삼가 생각하건대, 우리 전하께서 성인의 지혜와 (하늘을) 공경하는 마음으로, 수많은 정무를 보살피고 걱정하는 여가에, 역법이 정밀하지 못함을 염려하여 그것이 더욱 연구되고 개량되어야 함을 명하셨고, 하늘을 측험(測驗)하는 일이 갖추어지지 못했음을 염려하시어 새로운 의기를 제작하도록 명하시었다. 비록 요·순이라 할지라도 이보다 더 잘하셨을 것인가. 그렇게 명하여 만들어진 의기들은 한둘만이 아니라 꽤 되어서, 그 결과를 함께 비교할 수 있었다. 그같이 의기를 풍족하게 갖춘 것은 일찍이 과거에 기록된 바가 없다. 이 모든 것들에 대하여 성상께서는 마음으로 재결(裁決)하여 정묘(精妙)를 극진히 하셨으니, 비록 원나라 곽수경이라도 더 나은 것을 제시하지 못했을 것이다. 이미 수시력이 교정된 후에는 여러 관측의기[관천지기(觀天之器)]를 만드시어, 위로는 천시를 따르고 아래로는 백성의 일에 봉사하시었다.

우리 전하께서 자연의 이치를 터득하시려는 책임감이 지극하시고, 농사를 중히 여기시는 자비심 또한 그러하시다. 우리 해동인은 일찍이 이들 의기처럼 정묘한 것을 보지 못했다. 이것들은 천문대의 높은 탑과 마찬가지로 무궁토록 함께 후세에 전해질 것이다.

이들 설명에 분명히 나와 있듯이, 왕립 천문기상대의 재(再)장비는 왕이 친히 선도함으로써 착수되었다. 왕은 계획의 입안과 실행을 감독하고, 그 사업에 상당한 재원을 헌납했으며 상당수의 관료들을 동원했다. 이 과업을 우선시했던 정도는 전통적으로 모든 동아시아 국가가 국가 정책의 기초로 삼았던 농업을 우선시했던 것과 같았다고 사가(史家)는 말한다. 이 과업의 대표적인 과학기술의 증진을 위해 국가적 차원에서 이루어진 헌신의 예는 아마도 15세기 초의 세계 어느 곳에서도 찾아볼 수 없을 것이다.

세종대왕과 당시 왕정 천문학자 및 관료들은 천문의기 제작에 관한 기나긴 관심과 혁신으로 빛나는 중국적 전통의 계승자로서 자기 자신들을 보았다. 그리고 전설의 황제 요와 순에서 시작되었다고 전해져 오는 천문 관측과 의기 제작에서부터, 좀 더 구체적으로 나타난 한과 당의 업적과 비교적 최근의 일인 원나라 곽수경의 성취로 이어지는 계보의 연장선 위에서 자신들의 활동상을 발견했다. 곽수경의 수시력과 간의는 자신들에게 완벽히 친숙한 형태였다. 자신들의 성과에 대한 당시 궁정 과학자들의 자신감은 대단한 것이어서, 중국의 전통이 제공한 최상의 것을 그냥 반영하는 데 그치지 않고, 다시 그것을 뛰어넘으리라는 자신감을 가졌다. 중국이라는 스승을 배우고 나아가서 그것을 앞지르는 '해동인(Men of the East)'은 세계가 이제까지 보아 왔던 최고의 천문의기들을 갖추었다고 주장했다. 그러한 주장은 그 의기들에 대한 자세한 서술에 의해서 지지되고 있는바, 우리의 주의를 끌기에 충분하다.

세종의 계시기와 천문의기에 대한 관심은 아버지인 태종의 재위 기간에 이루어진 물시계 제작에 대한 설명문에서 이미 언급한 바 있다.[*12] 1424년에 왕으로서의 세종은 또 다른 시계인 중국풍의 경점루(更點漏)를 만들 것을 명령했다.[*13] 왕의 천문학에 대한 관심은 1432년에 조정에서 위에 언급한 역법의 문제를 논할 것과 금속을 부어 간의를 만들 것을 명령함으로써 한층 강화되었다. 거기서부터 왕립 천문대의 재장비라는 국가적 정책이 시작된 것이다. 이 정책은 1439년에 실질적으로 완결되었고, 다만 그 뒤에 몇 개의 의기가 추가로 만들어졌을 뿐이다. 이 과업의 일환으로 제작된 것 중 공식 기록에 서술되어 있는 의기들을 표 2.1에 실었다.

이 장의 나머지에서 우리는 표 2.1에 실려 있는 의기의 순서를 따르면서 『세종실록』이나 그 밖의 기록에서 발견한 이들 의기의 서술문에 대한 번역문을 제시하고, 또 논의하겠다.

1. 자격루(自擊漏) (그림2.1—5)

세종이 일찍이 젊은 시절에 보여 준 물시계에 대한 관심은 1432년에 절정에 달했으니, 이때 세종은 시와 각 및 경을 자동으로 알려 주는 정교한 의기를 만들 것을 명령했다. 우리는 1434년에 완성된 이 의기의 진기함과 중요성이 『세종실록』에서 차지하고 있는 그 설명문의 크기에 반영되어 있다고 믿는다. 이제 그 설명문 전체를 인용하는 것으로 글을 시작하겠다. 그리고 그에 대한 우리의 분석은 조선의 사관이 말한 바를 그대로 본 다음으로 미루겠다.

『세종실록』 권 65: 1a ff; 16th year, 7th month(1434)

(1434년 여덟 번째 달의 첫날에) 새로운 누기를 사용했다. 임금이 예전 누기[*14)가 정밀하지 못한 까닭으로 누기(의 금속 부분)를 고쳐 만들기를 명했다. 용의 입을 가진 파수호(播水壺)는 넷인데, 크고 작은 차이가 있다. 용으로 장식된 수수호(受水壺)는 둘인데, 하나는 시를 위함이요 또 하나는 경점을 위함이다. 길이는 11척[*15) 2촌이고, 둘레의 직경은 1척 8촌이다. 수수호에 딸린 살대[전(箭)]가 둘인데, 길이가 10척 2촌이다. (당시의 한 시간은 오늘의 두 시간이었으며 따라서 하루는 12시간이었다 - 옮긴이.) 살대의 표면(表面)은 12시간으로 나뉘었고, 다시 매 시는 8각으로 나뉘었는데, 초(初)와 정(正)의 여분(餘分)이 합해져서 아울러 100각이 된다. 1각

표 2.1 세종대왕의 왕립 천문기상대를 위해 제작된 의기 및 설비, 1432~1442

이름	번역	만들어진 의기의 수	곽수경의 상응하는 의기[a]	『세종실록』	『증보문헌비고』
1	보루각(報漏閣)의 자격루(自擊漏)	Striking Clepsydra, in the Annunciating Clepsydra Pavilion	1	—	65: 1a-3b	3: 1b
2	일성정시의 (日星定時儀)	Sun-and-Stars Time-Determining Instrument	4	11, 12, 14	77: 7a-9a	—
3	백각환 (百刻環)	Hundred-Interval Ring	4	2[b]	77: 7a-9a	—
4[c]	소일성정시의 (小日星定時儀)	Small-Sun-and-Stars Time-Determining Instrument	2 (several?)	11, 12, 14	77: 9a	—
5	간의대(簡儀臺)	Simplified-Instrument Platform	1	—	77: 9b	—
6	간의(簡儀)	Simplifed-Instrument	1	2	77: 9b	—
7	소간의(小簡儀)	Small Simplified Instrument	(several)	2	77: 9a, 10a	—
8	규표(圭表)와 영부(影符)	Measuring-Scale and Gnomon, with a Shadow-Definer	1	5, 8	77: 9b	—
9	혼의(渾儀)	Armillary sphere	1[d]	1	77: 9b	—
10	혼상(渾象)	Celestial Globe	1	3	77: 9b	—
11	흠경각(欽敬閣)의 옥루(玉漏)	Jade Clepsydra, in the Hall of Respectful Veneration	1	4	77: 10a 80: 5a-6a	2: 30a ff
12	앙부일구(仰釜日晷)	Scape sundial	2[f]	—	77: 10a	—

13	현주일구(懸珠日晷)	Plummet Sundial	(several)	15	77: 10a	—
14	행루(行漏)	Travel Clepsydra	(several)	—	77: 10ab	—
15	천평일구(天平日晷)	Horizontal Sundial	(several)	—	77: 10b	—
16	정남일구(定南日晷)	South-Fixing Sundial	15(10 of bronze)	—	77: 10b	—
17	주척(周尺)	Chou Foot-Rule	?	—	77: 11ab	—
18	측우기(測雨器)	Rain-gauge	(several)	—	93: 22ab 96: 7ab	2: 32a

ᵃ 니덤이 만든 목록의 번호매김을 따름. Needham, *Science and Civilisation in China*, III: 369-370.
ᵇ 이 백각환은 간의의 적도환에 상응한다. see Fig. 2.14 and detail shown in Fig. 2.15.
ᶜ 간의대에 관한 김돈의 기록에서, 이것과 그 뒤를 따르는 세 의기의 순서는 다음과 같다. 7.4.5.6. 여기서는 그 순서가 바뀌었는데, 좀 더 질서 있게 제시하기 위해서이다.
ᵈ 『세종실록』 권 60: 38b는 청동으로 된 (여기서처럼 옻칠한 나무로 된 것이 아닌) 추가의 혼의들이 제작되었다고 기록하고 있다. 현재의 의기와 달리 그것들은 기계적으로 회전하는 것이 아니었다.
ᵉ 우리의 원전에서 언급하고 있는 이 두 개의 앙부일구는 공중을 위해서 사용되도록 설치되었다. 우리가 추측컨대 추가로 만들어진 것들은 궁정과 함께 왕립 천문대가 사용하기 위해서였을 것이다.

은 12분으로 나누었다.*16)

밤의 살대는 예전에는 21개가 있었는데,ₙ (너무 많아서) 경점(更點) 담당자가 바꾸어 쓰기에 꽤 번거로웠다. 다시 수시력에 의거하여 낮과 밤을 배분(配分)하는 증감에 따라서 두 기(氣)에 살대 하나로 당하게 하니, (자격을 못하는 물시계의 경우에는) 무릇 살대가 12개이다.*17) 간의[cf. no.6, below, pp.111~115]를 참고하여 시험해 보면 털끝만큼도 틀리지 아니한다.*18)

임금이 또한 시간을 알리는 자가 실수를 범할까를 염려하여,[*19)] 호군(護軍)[*20)] 장영실(蔣英實)에게 명하여 사신목인(司辰木人)을 만들어 시간에 따라 스스로 알리게 하고, 사람의 힘을 빌리지 아니하도록 했다.

그 구조는 아래와 같다.

먼저 세 기둥[영(楹)]으로 된 각(閣)이 세워져 있다. 동쪽 두 기둥 사이에 두 층이 건조되어 있다. 위의 층에는 세 신(神)을 세우되, 하나는 시를 맡아 종(鐘)을 울리고 하나는 경을 맡아 북을 울리며 하나는 점을 맡아 징을 울린다. 중간 밑의 층에는 평륜(平輪)을 장착하고 그 바퀴의 둘레에 일정한 간격으로 12신을 돌려 세웠다. 각 신은 굵은 철사 막대[철조(鐵條)]에 연결되어서 그 막대의 위아래로 오르내렸으며, 각각 시패(時牌)를 들고서 차례로 12시 중의 하나를 알린다.

위의 운동을 위한 기계장치의 설계는 아래와 같다.

가운데 기둥들 사이에 대[누(樓)]를 설치하여, 위의 대에는 파수호를 벌여 놓고 아래의 대에는 수수호를 놓는다. 두 수수호의 위에는 평이한 직사각형의 속이 빈 나무상자를 각각 하나씩 세운다. 길이는 11척 4촌이고, 넓이는 6촌, 깊이는 4촌, 나무판의 두께는 8푼이다. 이들 상자 속에는 유도 장치[격(隔)]가 있는데 옆에서부터 안쪽으로 한 치가 조금 넘게 돌출하여 있다.

왼쪽에 있는 상자 속에는 구리로 된 선반을 하나 설치했는데, 길이는 살대와 같고 넓이는 2촌이며, 판면에는 12개의 구멍을 뚫어서 구리로 만든 작은 구슬을 받도록 했고, 구슬의 크기는 탄환만 하다. 열두 구멍에 모두 장치가 있어서 여닫을 수 있게 되어 있다. 이 선반은 12시를 주관한다. 오른쪽에 있는 상자 속에도 구리로 된 선반을 설치했는데, 길이는 같으나 넓이는 2촌 5푼이며, 판면에는 25개의 구멍을 뚫어서 왼쪽 선반의 구멍과 마찬가지로 작은 구리 구슬을 받게 했다. 이 오른쪽의 선반은 경을 알리는 데 쓰이는 살대의 수 (보통) 12개에 상응해서 모두 12개가 있다. 이 12개의 선반은 24기(12절기와 12중기를 합하여 모두 24기—옮긴이)에 맞추어서 쓰이는데 경과 점을 주관한다.

수수호[21]의 살대는 아래와 같이 작용한다.

살대의 위쪽 끝이 (위로 떠오르면서) 대나무 몸통에 작은 가지[절(節)]같이 붙어 있는 길이 각 4.5촌의 (일련의) 수평 상태의 금속 걸쇠를 올린다. 수수호의 앞에는 깔때기[함(陷)]가 있는데, 이것이 넓은 경사진 판에 연결되어 있고, 이 판의 위쪽 끝은 깔때기 밑에 있는 네모난 구멍과 만나며 아래쪽 끝은 동쪽의 두 기둥에 이른다.

건조물의 아래쪽에는 4개의 시렁이 있어서 둑길 같은 길[용도(甬道)]을 형성한다. 4개의 시렁 중 3개의 위에는 달걀 크기의 쇠구슬[철환(鐵丸)]들이 놓여 있다.[22] 왼쪽에서는 12개의 구슬이 12시의 기능을 주관하고, 중간의 5개는 경과 매 경의 초점(初點)의 기능을 주관하며, 오른쪽 20개는 나머지 점의 기능을 주관한다. 그 쇠구슬이 있는 곳에는 모두 쇠구슬을 내보내는 장치와 가두어 두는 장치가 있다. 또 숟가락 모양을 하고 있는 수평 장치가 있는데, 한쪽 끝은 구부러져서 고리를 붙들어 놓게 되어 있고 다른 한쪽 끝은 둥글어서 구리 구슬을 받을 수 있게 되어 있다. 각 숟가락의 중간 허리는 차축(車軸) 위에 놓여 있어 숟가락이 위아래로 오르내리게 되어 있다. 각 숟가락의 둥근 끝은 구리로 된 통[동통(銅筒)]의 구멍[개구부(開口部)]에(즉, 구리로 된 통을 따라서 나 있는 한 벌의 구멍 중의 하나에) 일직선으로 정렬되어 있다.

이 구리로 된 통(筒) 중의 둘은 시렁 위에 비스듬하게 기울어서 설치되어 있다. 왼쪽 것은 길이가 4척 5촌이고 둘레의 직경은 1촌 5푼이며 시를 주관하는데, 그 아래쪽에 12개의 구멍이 뚫려 있다. 오른쪽의 통은 길이가 8척이고 둘레의 직경은 왼쪽 통과 같은데 경점을 주관하며, 아래쪽을 따라서 25개의 구멍이 뚫려 있다.

처음에는 모든 구멍이 다 열려 있도록 장치가 되어 있다. 구슬을 담고 있는 동으로 된 선반에서 작은 구리 구슬이 굴러 내려가면 그 구슬이 장치를 움직이고, 그 구슬이 구멍으로 들어간 직후 자동적으로 그 구멍을 막아서 다음의 구리 구슬이 굴러 지나가서 두 번째 구멍에 들어갈 수 있도록 길을 만들어 준다. 하나씩 차례로 모두 그렇게 움직인다.

동쪽의 두 기둥[영(楹)] 사이에 있는 건조물의 위층 밑에는 왼쪽에 2개의 짧은 통(筒)이 걸려 있다. 하나는 구리 구슬을 받고, 또 하나는 안에 숟가락 모양의 장치가 설치되어 있으며, 숟가락의 둥근 끝이 구리 구슬을 받는 통 밑을 가로지르면서 반쯤 나와 있다.

오른쪽 밑쪽에는 둥근 기둥[주(柱)]과 네모진 기둥이 각각 2개씩 세워져 있다.[23] 둥근 기둥은 속이 비어 있고 안에 숟가락 모양의 장치가 설치되어 있는데 반은 나오고 반은 들어가 있다. 왼쪽 기둥에 5개가 있고, 오른쪽 기둥에 10개가 있다. 속이 빈 네모난 기둥들은 비스듬히 기울어져 있는데, 작은 통들의 꼭대기를 가로지르고 있다. 두 기둥이 각각 4개씩의 통을 가지고 있다. 작은 통은 한쪽 끝은 연꽃잎 모양을 하고 있고 다른 한쪽 끝은 용의 입 모양을 하고 있다. 연꽃잎 모양의 구멍은 구리 구슬을 받고, 용의 입은 구리 구슬을 뱉는다. 연꽃잎은 위를 향해 있고, 용의 입은 아래를 향하고 있다.

오른편 위쪽에도 역시 짧은 통 2개를 걸어 놓았는데, 하나는 경을 알리는 구슬을 받고, 다른 하나는 점을 알리는 구슬을 받는다.

오른쪽의 네모진 기둥 역시 그것의 각 연꽃잎 아래에 부가(附加)로 짧은 수직 통 2개와 짧은 수평 통 1개를 가지고 있다. 이 수평의 짧은 통의 한쪽 끝은 왼쪽에 있는 네모진 기둥의 연꽃잎 밑으로 연결되어 있다. 왼쪽에 있는 둥근 기둥의 다섯 숟가락과 오른쪽에 있는 둥근 기둥의 다섯 숟가락은 그 둥근 끝이 일제히 용의 입과 연꽃잎 사이를 향하도록 놓여 있다. 오른쪽 둥근 기둥의 다른 다섯 숟가락은 그 둥근 끝이 부가된 짧은 수직 통 2개 속으로 반쯤 들어가 있다.

파수호의 물이 왼쪽에 있는 수수호로 서서히 흘러내려 들어가면, 살대가 시간의 경과에 상응하면서 위로 떠올라서 왼쪽에 있는 구리로 된 선반의 구멍의 걸쇠를 열고, 그래서 작은 구리 구슬이 하나씩 차례로 떨어져 내려와서는 (4.5척 길이의) 구리 통으로 굴러 들어간다. 구멍을 통해서 떨어진 구슬은 방출 장치를 작동시켜서 이번에는 큰 쇠구슬이 떨어져 위층 밑에 걸려 있는 왼쪽의 짧은 통 안으로 들어간다. 그 큰 쇠구슬이 떨어지면서 숟가락 장치[기시(機匙)]를 작동시키는데, 여기서 숟가락의 다른 끝이 같이 있는 통 안의 꼭대기로부터 운동을 전달하여 시보를 맡은 신의 팔꿈치를 치받아서 곧 종이 울리게 한다.

경점의 작동도 비슷하다. 다만 경을 울리는 처음의 구슬은 중앙의 걸려 있는 짧은 통에 들어가 떨어지면서 숟가락 장치를 작동시킨다. 다시 이 숟가락 장치는 왼쪽에 있는 둥근 기둥 안의 꼭대기로부터 경을 알리는 신의 팔꿈치를 치받아서 북을 울리게 한다. 다음에 이 구슬은 점통(點筒)에 굴러 들어가서 다시 초점(初點) 장치를 작동시키는데, 이 장치는 다시 오른쪽 둥근 기둥의 꼭대기로부터 점을 알리는 신의 팔꿈치를 치받아서 징을 울리게 한다. 그런 다음에 구슬은 멈춘다.

연꽃잎 밑에 있는 곧고 작은 통으로 들어가는 입구 방향에는 장치가 하나 있는데 그것은 (뒤이어 오는 점 장치로 가는) 경환(更丸)의 길을 애초에 막음으로써 들어가는 길은 닫히고 또 경의 장치는 열려 있게 한다. 다른 경의 최초의 점에 있어서도 그것은 같다. 마지막 5경이 끝나면 빗장이 열리고 모든 구슬이 나온다.

두 번째 점 이후부터 점을 알리는 모든 구리 구슬은 오른쪽에 걸려 있는 짧은 통에 떨어져 들어가서는 연꽃잎으로 들어가고 다시 그 자신의 점 장치를 작동시키고는 거기서 멈춘다. 다음의 점을 알리는 구슬이 굴러 지나가면서 각각 그 자신의 점 장치를 작동시키고는 멈춘다.

그 구리 구슬들이 멈추는 통에는 그들을 가두는 빗장[경(局)]을 가진 구멍들이 있는데, 마지막 5점을 알리는 구슬이 떨어지면, 그 구슬은 가장 낮은 (즉, 마지막) 장치를 작동시킨다. 그러면 모든 장치를 이어 주는 하나의 쇠줄이 모든 빗장을 뽑기 때문에 이 마지막 구슬과 앞의 세 점을 알린 구슬 모두가 일시에 떨어진다.

시를 주관하는 큰 쇠구슬들은 왼쪽에 걸려 있는 짧은 통에 떨어져 들어간다. 이 구슬이 부가된 둥근 기둥의 통에 굴러 들어가 가로나무[횡목(横木)] 위로 떨어지면서 그것의 북쪽 끝을 누른다. 이 가로나무의 길이는 6척 6촌이고, 넓이는 1촌 5푼이며, 두께는 1촌 7푼이다.[24] 짧은 기둥 위에 있는 이 가로나무의 중앙에는 원축(圓軸)이 추축(樞軸)으로 되어 있어서, 이 가로나무가 오르내릴 수 있다. 가로나무의 남쪽 끝에는 손가락 굵기로 길이가 2척 2촌인 둥근 나무막대를 세웠는데, 각각 차례로 신패(辰牌)를 드는 시보신의 발밑에 닿는다. 각 신의 발끝에는 작은 윤축(輪軸)이 있다. 큰 구슬이 떨어지면서 북쪽 끝을 치면 남쪽 끝이 올라가면서 신의 발이 위로 밀려 올라간다.

중간층의 위, 즉 가로막대 북쪽 끝의 북쪽에는 열고 닫을 수 있는 작은 판이 세워져 있다. 이 판은 시간을 주관하는 왼쪽에 걸린 짧은 통의 숟가락 장치와 쇠줄로 연결되어 있다. 숟가락 장치가 작동하면 판이 열리면서 네 번째 시렁에서부터 앞에 있는 구슬이 나오게 된다.[*25)]

가로나무 지렛대의 남쪽 끝이 낮아지면서 시간을 알리는 신이 윤면(輪面)으로 돌아오고, 다음 시간의 신이 그 신을 대치하기 위하여 오른다.

바퀴 회전의 구조와 원리는 다음과 같다.

바퀴의 밖에는 작은 판이 수평으로 놓여 있다. 판은 길이가 1척 가량으로, 그 가운데를 4~5촌 가량 잘라 내서 동판(銅板)을 하나 그 위에 수평으로 올려놓았다. 그 동판은 한쪽 끝에 선회축(旋回軸)이 있어서 동판을 열리고 닫히게 한다.

시간을 알리는 신의 발[足]이 먼저 동판 아래로 반 치[半寸]쯤 들어간다. 다음에 그것이 올라가서는 동판을 열고, 다음에 후자의 위로 올라간다. 그러면 후자는 닫힌 상태로 되돌아가서는 신이 올려진 채로 있게 한다. 그 시간이 다하면 그 신은 윤면(輪面)으로 돌아오는데, 이때 수평 바퀴는 회전을 하고, 그러면 발끝에 있는 쇠바퀴는 동판을 따라 달려서는 떨어져 내린다.[*26)] 다음 시간의 신도 같은 식으로 움직인다.

무릇 모든 기계장치가 숨겨져 있어서 볼 수가 없다. 보이는 오직 것은 관대(冠帶)를 갖춘 목인(木人)뿐이다. 이상이 (자격루에 대해서) 말할 수 있는 모든 것이다.

다음에 김빈의 명문이 따르거니와, 그 일부분은 우리가 이미 앞에서(pp. 46~48) 인용했다. 새 물시계를 칭송하는 일반적인 내용 외에도, 물시계의 속도("기계 작용이 마치 번개와 같이 빠르게 움직였다.")와 정확성("그것을 보는 모두가 그것이 하늘의 움직임과 놀랍게 일치하는 것에 감탄하며 한숨지었다.")을 강조하고 있는 김빈의 명문에는 비록 기술적 측면에서는 그다지 자세하지 않아도 방금 인용한 것과 매우 유사한 내용들이 서술되어 있다. 또 명문에는 자격루가 보루각(報漏閣)이라 불리는 새로 지어진 건물에 설치되었다는 것과, 천문관서의 물시계 관리자가 자동 물시계의 시보에 따라 칠종과 북과 징이 여러 궁문에 놓여 있었다는 새로운 내용이 들어 있다. 이렇게 그 신호가 사람의 손으로 전달되면서, 자격루는 전 궁중과 그 너머의 시중을 위한 표준시간의 통고자가 되었다.

세종대왕의 실록에는 자격루에 대한 내용이 축어적인 김빈의 기념 명문과 함께 매우 길고 자세하게 서술되어 있는데, 이것은 궁정의 사관들이 자격루를 진실로 새롭고 특별한 것으로 간주했다는 증거다. 뒤에서 다루겠지만, 왕립 천문기상대의 재장비에 대한 『세종실록』의 설명 속에 언급되어 있는 수많은 의기들은 오히려 대충 취급되고 있다. 사관들이 실록을 기록할 때 자신들이 접할 수 있는 원천 자료 더미 가운데 무엇을

서쪽 구획 위층	동쪽 구획 위층 청각 시간-신호기		
물시계 파수호 살대 구슬 선반(ball-racks)	시(時) (Double-hours)	경(更)	점(點)
	(뒤쪽에 구슬-잇기 장치)		
서쪽 구획 아래층	동쪽 구획 아래층 시각(視覺) 시간 지시기(指示機)		
물시계 수수호	시(時) (Double-hours)	경(更)	점(點)

그림 2.1 자격루: 가상된 남쪽 정면도의 도해(diagram).

근거로 어떤 것을 그대로 다 선택하고 어떤 것을 줄이거나 생략했는지를 아는 것은 어려운 일이다. 사관들의 선택 기준이 항상 올바른 것이었는지도 추측하기 어렵다. 그러나 어떤 경우에 사관이 왕립 천문대의 어떤 의기에 대해서 길고도 구체적인 기술적 설명을 생략할 수 있다고 느꼈다면, 그의 독자가 그 의기에 대해 많은 설명을 자세히 할 필요가 없을 만큼 친숙하다고 기대했기 때문이라고 추측해도 큰 무리는 없을 것이다.

그러나 이 경우에는 자격루와 같은 의기가 (김빈이 단언하는 것과 같이) 적어도 한국에서는 전에는 결코 볼 수 없었던 것이어서 자세히 서술되어야 했다는 인상을 받을 수 있다. 물론 자격루 비슷한 것이나 그보다 앞선 것이 전혀 없었다는 것은 사실이 아니지만, 우리는 사관과 기록 작성자들이 자격루에 바친 관심에 대해서 감사를 표하고 싶다. 왜냐하면 방금 인용된 서술문 덕분에 우리가 이 주목할 만한, 그리고 오래전에 사라진 시간 측정 기계에 대한 자세한 분석을 시도할 수 있었기 때문이다.

그림 2.1은 약도의 방식으로 자격루의 여러 구성 요소가 어떻게 정렬되어 있는지를 잘 보여 준다. 우리가 볼 수 있는 수수호와 전시 장치를 제외한 모든 기계장치는 목제 외관 속에 감추어져 있다. 제3장에서 훨씬 자세히 서술하겠지만, 이 물시계는 1536년에 수리되었고, 또 그 복제품도 하나 만들어졌다. 원래의 것은 1592년에 히데요시의 침략으로 파괴되었으나 복제품은 살아남았다. 그러나 그 시보 인형 장치는 17세기 중기에 시간을 재는 방법의 변경으로 필요 없게 되면서 해체되어 없어졌다. 비록 1950~1953년의 한국전쟁 동안에 크게 손상되었지만, 물시계 장치 자체는 현재까지 부분적으로 살아남아 있다. 그림 2.2는 서울의 세종대왕기념관 뜰에 남아 있는 모습을 그대로 보여 주고 있다.

그림 2.2 자격루. 1536년의 복제품에 남아 있는 물그릇들. 관(tubes), 살대 및 석대는 복구된 것이다. 서울의 세종대왕기념관 뜰에 있다.

자동타격 기계장치에 대해서는, 앞서 출판된『중국의 과학과 문명』에
나와 있는 작동 원리에 대한 요약문을 여기서 반복함으로써 논의를 시작
하겠다.[27]

　　물이 흘러 들어가는 두 그릇에서 2개의 살대가 떠오르는데, 하나는 낮과
밤의 시를 위한 것이고 또 하나는 경점을 위한 것이다. 그것이 떠오르면
서 각각 12개와 25개의 작은 구리 구슬을 물시계 위에 고정되어 있는 수
직으로 된 청동의 선반들에서 방출시킨다. 시를 알리는 구슬들은 그에
알맞은 도관(導管)을 통하여 하나씩 차례로 떨어져서는 달걀만큼 큰 12개
의 쇠구슬을 방출한다. 구슬은 다음에 통로를 빠르게 내려가서는 신으
로 하여금 종을 치게 하면서, 동시에 어떤 확실히 알 수 없는 추가의 기
계 작용에 의해서, 수평 바퀴를 회전시킨다. 이 바퀴에는 12개의 작은
신들이 둘러 서 있는데 각각 시간을 알리는 팻말을 들고 있어서 차례로
하나씩 창에 나타나도록 되어 있다. 경점을 알리는 구리 구슬의 시스템
은 조금 더 복잡하다. 구슬이 모여 있는 통(筒)은 별도의 통로 2곳으로
나가게 되어 있다. 이 구슬들은 두 줄을 만들어서 기다리는데, 한 줄은
5개의 구슬로 되어 있어서 북 치는 신을 작동시키고 다음에는 경의 시
작에 징을 울린다. 또 한 줄은 20개의 구슬인데 경의 나머지 다섯 번째
까지의 (점의) 통로를 지나가서는 징만 울린다. 이 모든 효과는 대부분
지레를 교묘히 사용함으로써 거두고 있다. 모든 경우에 멈춤쇠가 있는

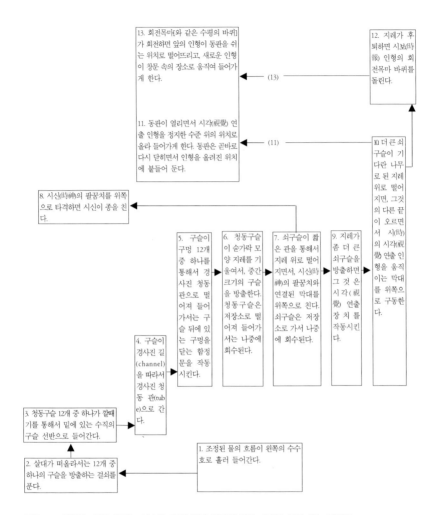

13. 회전목마와 같은 수평의 바퀴가 회전하면 앞의 인형이 동판을 쉬는 위치로 떨어뜨리고, 새로운 인형이 창문 속의 장소로 움직여 들어가게 한다.

(13)

12. 지레가 후퇴하면 시보(時報) 인형의 회전목마 바퀴를 돌린다.

11. 동판이 열리면서 시각(視覺) 연출 인형을 정지한 수준 위의 위치로 올라 들어가게 한다. 동판은 곧바로 다시 닫히면서 인형을 올려진 위치에 붙들어 둔다.

(11)

10 더 큰 쇠구슬이 기다란 나무로 된 지레 위로 떨어지면, 그것의 다른 끝이 오르면서 시(時)의 시각(視覺) 연출 인형을 움직이는 막대를 위쪽으로 구동한다.

8. 시신(時神)의 팔꿈치를 위쪽으로 타격하면 시신이 종을 친다.

5. 구슬이 구멍 12개 중 하나를 통해서 경사진 청동관으로 떨어져 들어가서는 구슬 뒤에 있는 구멍을 닫는 함정 문을 작동시킨다.

6. 청동구슬이 숟가락 모양 지레를 기울여서, 중간 크기의 구슬을 방출한다. 청동구슬은 저장소로 떨어져 들어가서는 나중에 회수된다.

7. 쇠구슬이 짧은 관을 통해서 지레 위로 떨어지면서, 시신(時神)의 팔꿈치와 연결된 막대를 위쪽으로 친다. 쇠구슬은 저장소로 가서는 나중에 회수된다.

9. 지레가 좀 더 큰 쇠구슬을 방출하면 그것은 시각(視覺) 연출 장치를 작동시킨다.

4. 구슬이 경사진 길(channel)을 따라서 경사진 청동 관(tube)으로 간다.

3. 청동구슬 12개 중 하나가 깔때기를 통해서 밑에 있는 수직의 구슬 선반으로 들어간다.

2. 살대가 떠올라서는 12개 중 하나의 구슬을 방출하는 걸쇠를 푼다.

1. 조정된 물의 흐름이 왼쪽의 수수호로 흘러 들어간다.

그림 2.3 자격루. 시를 알리는 시스템. 힘의 전달 경로와 작동 순서를 보여 주는 개략도.

구멍들은 작은 구슬이 떨어져서 큰 구슬을 작동시키기를 차례로 한 후에 다시 차례로 하나씩 자동적으로 닫히도록 장치되어 있다. 낮이나 밤이 끝나면 구슬들이 최종적으로 굴러 와서 웅덩이에 모여 정지한다. 구슬은 그 웅덩이에서 회수되어 다시 출발점에 놓이는데, 이것은 말할 것도 없이 물시계 그릇의 물을 갈 때 이루어진다.

『세종실록』 권 65의 자격루에 관한 설명을 더 깊이 연구한 결과, 이제 우리는 자격루의 여러 기계장치가 어떻게 작동하는지 훨씬 더 자세히 밝혀낼 수 있었다. 그러나 유감스럽게도 자격루의 세세한 하부 구조에 대한 그림을 그려 내는 데 필요한 대규모의 모형화나 실험 같은 것에 착수할 수는 없었다. 우리는 물론 그와 같은 실질적인 연구가 이루어지기를 바라지만, 비록 앞으로 그 연구가 수행된다 하더라도 몇 가지 중요한 점에 대한 정보의 결여 때문에 기계장치의 어떤 부분을 실제로 작동시키는 문제는 절대로 가정 이상의 수준을 넘지 못할 것이라고 느낀다. 그림 2.3과 2.4는 개략도의 형식으로 자격루의 시와 경점을 알리는 기계장치의 작동 순서를 보여 준다.

위에 번역된 원문 구절에 기록된 정보는 우리가 동사 없는 구(句)로 표현된 소제목이라고 추측하는 것 밑에 쓰인 원래 있던 어떤 기술적인 서술문에서 약간의 생략을 하면서 얻어진 것으로 보인다. 번역문에서 우리는 이 동사가 없는 구의 괄호 속에 'was as follows' 등을 추가해서 완성했다.

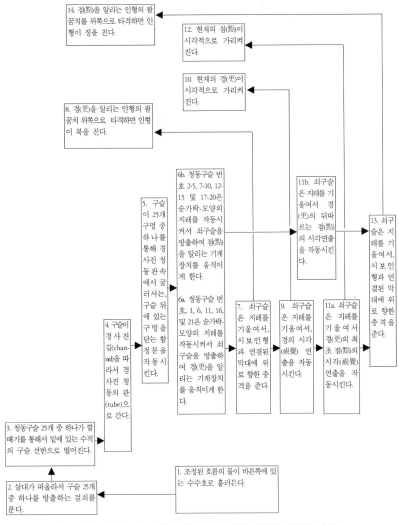

14. 점(點)을 알리는 인형의 팔꿈치를 위쪽으로 타격하면 인형이 징을 친다.

12. 현재의 점(點)이 시각적으로 가리켜진다.

10. 현재의 경(更)이 시각적으로 가리켜진다.

8. 경(更)을 알리는 인형의 팔꿈치 위쪽으로 타격하면 인형이 북을 친다.

6b. 청동구슬 번호 2-5, 7-10, 12-15 및 17-20은 숟가락-모양의 지레를 작동시켜서 쇠구슬을 방출하여 점(點)을 알리는 기계장치를 움직이게 한다.

6a. 청동구슬 번호 1, 6, 11, 16, 및 21은 숟가락-모양의 지레를 작동시켜서 쇠구슬을 방출하여 경(更)을 알리는 기계장치를 움직이게 한다.

11b. 쇠구슬은 지레를 기울여서 경(更)의 뒤따르는 점(點)의 시각연출을 작동시킨다.

5. 구슬이 25개 구멍 중 하나를 통해 경사진 청동관 속에서 굴러서는, 구슬 뒤에 있는 구멍을 닫는 함정문을 작동시킨다.

13. 쇠구슬은 지레를 기울여서, 시보인형과 연결된 막대에 위로 향한 충격을 준다.

4. 구슬이 경사진 길(channel)을 따라서 경사진 청동의 관(tube)으로 간다.

7. 쇠구슬은 지레를 기울여서, 시보인형과 연결된 막대에 위로 향한 충격을 준다.

9. 쇠구슬은 지레를 기울여서, 경의 시각(視覺) 연출을 작동시킨다.

11a. 쇠구슬은 지레를 기울여서 경(更)의 최초 점(點)의 시각(視覺) 연출을 작동시킨다.

3. 청동구슬 25개 중 하나가 깔때기를 통해서 밑에 있는 수직의 구슬 선반으로 떨어진다.

1. 조정된 흐름의 물이 바른쪽에 있는 수수호로 흘러든다.

2. 살대가 떠올라서 구슬 25개 중 하나를 방출하는 걸쇠를 푼다.

그림 2.4 자격루. 경점을 알리는 시스템. 힘의 전달 경로와 작동 순서를 보여 주는 개략도.

크기가 기록되어 있거나 혹은 추론해 낼 수 있는 크기의 구성 요소들을 수용하고, 또 구성 요소들 사이에 있는 구슬의 용도(甬道)가 충분한 거리를 두고 떨어져 내리게 하기 위해서는, 자격루의 두 층으로 된 각 건조물의 테두리 높이가 아마도 대략 15척이었을 것이라고 생각한다. 또 남쪽을 향하고 있는 두 구획도 각각 마찬가지로 넓이와 깊이가 약 15척이었을 것이라고 추측한다. 서쪽 구획은 물통들과 구슬 선반들을 수용했다.

동쪽 구획의 위층에는 남쪽 입면에 소리로 시, 경 및 점을 알리는 시보를 하는 인형이 나타나는 창문이 3개 있었던 것으로 보인다. 시보 인형들은 아마도 실물 크기였을 것이다. 이 구획의 아래층에도 역시 3개의 창문이 있어서, 그중에 왼쪽 것은 확실히 시를 가리키는 회전목마 같은 수평 인형 장치를 위한 것이었고, 나머지 둘은 아마도 경과 점을 알리기 위한 시각적 시간표시기(time-indicator)를 위한 것이었으리라고 생각한다.

자세한 기술적 내용은 다음과 같이 부분적으로 물통들, 살대와 구슬 선반의 기계장치, 구슬 잇기 기계장치, 시를 나타내는 시각적 시간표시기, 경과 점을 나타내는 시각적 시간표시기 등으로 나누어 생각하면 편리할 것이다.

물시계의 물통

물을 공급하는 그릇 4개가 1434년의 자격루의 서술에 언급되어 있다. 1536년의 의기에는 겉으로 보기에는 완벽해 보이는 한 벌의 그릇 3개가 남아 있는데, 그 그릇과는 차이가 있다(Fig.2.2, cf. Jeon, STK, Fig.1.16 and p.59). 1434년 자격루의 네 번째 그릇은 아마도 또 하나의 최초의 물 저장 용기로서, 각각의 일정 수준 용기에 물을 공급했을 것이다. 또 하나의 가설을 생각해 본다면, 옥루(玉漏, 129~131쪽)에서와 마찬가지로 중세 중국의 유출 방법이 수압의 조절에 사용되었을 수 있다. 만일 그렇다면 그것은 양쪽 일정 수준 용기에서 흘러나온 물을 받는 그릇이었을 것이다.

살대와 구슬 선반 기계장치

살대들은 두 수수호 위에 있는 각각의 좁은 나무상자를 통해서 떠올랐다. 살대들은 떠오르면서 수평의 걸쇠를 올렸고, 그것은 수직의 구슬 선반에 나 있는 구멍에서 작은 구리 구슬을 방출시켰다.

경점을 위한 유입 물통의 살대와 함께 사용하기 위해서, 12개의 상호 교환이 가능한 선반이 준비되었다. 이들 선반 각각에는 25개의 구슬 구멍이 같은 간격으로 살대의 부상(浮上)에 응하는 길이를 따라서 나 있다. 하나의 살대는 봄을 중심으로 하는 반년 중의 한 기(氣)와 가을을 중심으로 하는 반년 중의 한 기(氣) 동안 밤의 공칭(公稱)상의 지속 기간 내에 사용된다.

원전을 보면 경을 위한 살대 자체가 매 기(氣)마다 바뀌었는지에 대해 의문이 생긴다. 기술적으로는 이럴 필요가 없다. 그러나 살대를 살핌으로써 밤에도 언제든지 실제 시간을 알 수 있도록 하기 위해서 그렇게 했을

지도 모른다.[*28)]

물시계가 사람의 손으로 운영되었을 때는, 경 동안에 떨어지는 시는 시보를 생략하는 것이 습관이었다. 그러나 자격루는 시를 알리는 시간표 시기가 만 하루의 낮과 밤 동안에 12단계의 완전한 주기를 통해서 돌아가 도록 설계되었다. 이것은 밤 동안에도 계속 시를 알리고 있었다는 말이 고, 또 그럼으로써 12개의 구슬 구멍이 실제적인 작동 길이를 따라 같은 간격으로 나 있는 단 하나의 구슬 선반만이 시를 위한 유입 물그릇에 필요했다는 점을 시사한다.

구슬 잇기 기계장치

시를 알리는 구슬 선반에서 방출된 12개의 구리 구슬은 각각 살대와 구슬 선반의 상자 밑에 있는 깔때기에 의해서 먼저 잡힌 다음, 다시 경사 진 용도를 따라 달려서 길이 4.5척의 기울어진 구리 통(筒)으로 도달한다. 구리 통 아래쪽에는 12개의 구멍이 있는데, 각각의 구슬은 차례로 그 자신의 구멍을 통해서 떨어진다. 이때 구슬은 자신이 떨어진 구멍을 닫음 으로써 함정문을 풀어 놓고, 다음 구슬이 내려올 때 통을 따라서 더 앞으 로 내려가 그 구슬이 속한 구멍으로 떨어질 수 있도록 했다. 구슬은 다음 에 숟가락 모양의 지레를 작동시키고, 이 지레는 지름이 약 1.5촌인 달걀 크기의 쇠구슬 12개 중 하나를 방출해서 시를 들려주는 시보 장치로 연결 시킨다.

이와 비슷하게 경점 구슬 선반에서도 25개의 작은 청동 구슬이 각각 25개의 구멍 중에서 적절한 구멍을 통해 8척 길이의 경사진 구리통에서 떨어진다. 이 연속 운동에 있어서 다섯 중에 하나(아마도 위치가 1, 6, 11, 16 및 21의 위치에 있는 구슬들)는 숟가락 모양의 지레를 작동시키고, 이것이 다시 달걀 크기만 한 쇠구슬 5개 중 하나를 방출한다. 이 구슬은 길을 따라가서 먼저 경을 알리는 청각 시보 장치를 작동시키고 그 다음에는 점을 알리는 청각 시보 장치를 작동시킨다. 다른 20개의 구슬도 각기 이 연속 운동 속에서 달걀 크기의 쇠구슬 20개 중 하나를 방출해서 경점을 알리는 청각 시보 장치를 작동시키기 위해서 한 직선 길을 따라서 달리게 된다. 청각 시보 장치나 장치들을 작동시키는 외에도, 이 25개의 달걀 크기의 구슬들은 또한 각각 그에 맞는 시각 시보 장치들을 작동시켰다.

보조적인 구슬 잇기 장치도 시를 알리는 시보 장치에 의해서 작동되어 대략 지름이 2.5~3.0촌 정도인 더 큰 쇠구슬 12개를 방출시켜 시를 알리는 시각적 시간표시기의 회전목마(와 같은 수평의) 인형 장치를 운전하도록 하는 역할을 했다.

청각 시보 장치(그림 2.3-4)

청각 시보는 아마도 나무로 만든 3개의 실물 크기 인형이 전했을 것이다. 이 인형들은 각각 동쪽 구획의 위층에 있는 왼쪽, 중앙 및 오른쪽

창문에 서 있다. 그리고 각각 시를 알리는 종과 경을 알리는 북과 점을 알리는 징을 치도록 설계되었다.

각각의 청각 시보는 단 한 차례 타격하는 것으로 이루어지는데, 달걀 크기의 쇠구슬 중 하나가 수직의 통 밑쪽 끝에 있는 숟가락 장치의 둥근 끝 위로 가하는 충격에 의해서 인형의 팔꿈치에 전해진 추진력으로 힘을 얻는다.

시를 알리는 종을 작동시키는 지레는 구슬을 잇는 기계장치도 작동시키는데, 이를 통해 시를 알리는 시각적 시간표시기를 작동시킨다.

시를 알리는 시각적 시간표시기(그림 2.3)

아마도 키 5.5척에 직경이 3척인 수평의 회전목마 같은 바퀴 위에 수직 막대가 있어서 시패를 들고 있는 시보 인형 12개를 지지했을 것이다. 시간이 각 인형의 시에 도달하면, 보조적 구슬 잇기 장치에서 떨어진 큰 쇠구슬이 6.6척 길이의 나무로 된 지레의 한쪽 끝을 누르고 다른 쪽 끝은 인형을 가만히 있는 상태로 창문 위로 올리는데, 그러면 거기서 인형의 발에 있는 작은 바퀴가 구리로 된 유지 판의 지지를 받는다. 아마도 '멈춤쇠 깔쭉톱니바퀴 장치(pawl-and-ratchet arrangement)'와 같은 구체적으로 알 수 없는 어떤 기계 작용에 의해서, 지레의 후퇴 운동이 다음에 회전목마 같은 바퀴를 돌게 해 인형을 창문의 가운데로 오게 하는 것 같다. 회전목마 바퀴는 또 앞의 인형을 유지 판의 끝에서 떨어뜨려 보이지 않게 했다.

경과 점을 알리는 시각적 시간표시기(그림 2.4)

우리는 이들 기계장치가 5경과 5점의 각각의 시작과 지속을 알려 주는 시각적 표시를 마련했다고 믿는다. 원리상으로 볼 때, 이것은 하나로부터 다섯으로 가는 달걀 크기의 구슬로 된 적절한 세트의 직접적인 전시에 의해서 아날로그 방식으로 이뤄질 수 있었을 것이다. 그러나 5개로 된 숟가락 모양의 작동 지레 세 벌이 설비되었다는 것은 다섯 경[10간(十干)의 처음의 다섯 글자인 갑, 을, 병, 정, 무]과 각 경의 다섯 점을 알리기 위한 한자로 새겨진 패를 연속적으로 전시했다는 것을 암시한다.[*29)]

다섯 개와 스무 개의 결합된 연속으로부터 오는 달걀 크기의 구슬들 중 다섯 개(아마도 첫 번째, 여섯 번째, 열한 번째, 스물한 번째)는 북과 징을 모두 소리 나게 하는 일 외에도, 알맞은 경과 첫 번째 점의 시각적 전시기도 함께 작동시켜야 했다. 때문에 이 다섯 구슬은 기계장치의 연관된 부분들을 통해서 연속으로 길을 갔다. 이들 첫 번째 점을 맡은 각 구슬의 뒤를 따르는 4개의 구슬들은 오직 징만 작동시키고 또 그에 알맞은 뒤따르는 점의 전시를 작동시키도록 요구되었다.

각 구슬이 올바른 길을 가는 것은 아마도 함정문이나 그와 비슷한 것을 구비한 주로(走路) 체계에 의해서 실현되었을 것이다. 이 함정문은 구슬 잇기 기계장치에서처럼 스스로 닫히거나 혹은 전시 장치를 작동시키는 숟가락 모양의 지레 10개 중 하나에 의해서 닫혔다. 함정문이나 전시 장치가 작동의 순환 속에서 뒤쪽 단계에 재조정을 필요로 할 때는 같은 지레 중의 다른 것 혹은 추가 지레 다섯 개 중 하나에 의해서 이루어 졌을 것이다.

자격루의 기본적인 계시 기계장치는 특히 크고 정교했지만, 원리는 중국이나 한국에 오래전부터 있었던 종류의 평범한 살대 물시계였다. 김빈과 그 동시대 사람들이 그토록 감탄했던 것은 자동 인형 시보 장치를 작동시키는 기계장치를 사용했다는 점이었다. 김빈이 주장한 대로 그 기계장치의 특별한 설비가 아주 혁신적인 것이었다고 하더라도, 그 장치 의 원조를 추적할 수는 있다.

자격루를 만드는 데 직접적인 영감을 준 것은 아마도 원의 마지막 황제인 순제를 위하여 세워진 중국의 정교한 '궁정시계'였을 것이다. 그것은 1350년대에 제작되었으나 1368년에 명의 군대가 북경을 약탈 했을 때 파괴되었다. 그 시계 장치에 대해 현존하는 설명문으로는 힘 의 전달 장치를 구체적으로 알 수 있을 만큼 충분한 정보를 얻을 수 없지만 아마도 부분적으로 살대 물시계였으리라고 생각한다.[*30] 원과 고려 왕국의 밀접한 관계를 고려한다면,[*31] 순제가 애지중지하는 계시 기가 북경을 방문한 고려의 고위 관료들에게 공개되었으리라는 것은 거의 확실하다. 계시를 위한 복잡한 기계장치들이 중세 동아시아에서 왕조의 권위의 상징이었던바, 이것은 중세 유럽에서 거대한 시계가 그러했던 것과 같다. 순제 '시계'의 설명문이 아직도 조선 초기의 한국에서는 돌고 있었고, 그것이 세종과 같은 자신만만한 군주를 크게 고무시켜서 같은 기계를 만들라는 명령을 내리게 한 것은 당연하다고 하겠다.

순제의 시계는 또한 최초의 원 황제 쿠빌라이 칸을 위해 제작된 기계 물시계 2개와도 연관 지어 볼 수 있다. 1262년경에 아마도 곽수경이 만들었을 것이라고 생각되는 보산루(寶山漏)[*32]와, 1270년에 곽수경이 제작했다고 전해지는 것으로 대명전(大明殿)에 안치되었던 등루(燈漏)[*33]가 그것이다. 보산루에 대해서는 알고 있는 것이 없다. 『원사(元史)』에 간략하게 서술되어 있는 등루는 시보 인형 장치를 썼는데, 이것은 적어도 외형상으로는 자격루와 세종의 옥루의 장치와 유사했을 것이다(no.11 , pp.129~136). 게다가 그것은 전시 기구의 한 부분으로서 보석으로 장식된 등(燈)을 가지고 있다는 특징이 있다. 거기에 감추어져 있는 기계장치에 대해서는 서술되어 있지 않고, 다만 그것이 물의 힘으로 추진되며 구슬들('진주들')이 시보 체제의 한 부분으로 사용되었다는 것만을 언급하고 있다. 비록 자격루와 옥루의 원조라고 추측되는 것들에 대해서 말할 수 있는 것이 별로 없긴 하지만, 그들의 존재는 매우 중요하다. 왜냐하면 그것들이 이슬람 세계에서 중국으로 들어온 새로운 물시계 기술에 의해 송의 위대한 시계탑에서 나온 시보 인형에 대한 아이디어가 수정되기 시작했던 바로 그 시간으로 우리를 데려다 주기 때문이다.

특히 아랍의 물시계 전통에서 영감을 받았다고 추측되는 자격루와 그 원조라고 추론되는 원대의 선배 의기들은 그 특징 중 하나가 힘을 전달하는 데에 구슬을 떨어뜨리는 방법을 사용했다는 것이다. 아랍의 물시계는 떨어지는 구슬이 최소한의 정도로 힘을 전달하면서, 구슬이 직접 종 위에 떨어져서 종이 울리도록 사용된다. 이것이 일반적으로 널리 알려진 생각이다. 이것은 '아키메데스'의 물시계가 그랬고,[*34)] 또한 안티오크(Antioch)와 페스(Fez)에 있는 그 유명한 차임벨을 울리는 물시계도 마찬가지였다. 그러나 1206년 알자자리(Al-Jazari)의 저서 『정교한 기계적 고안물에 대한 정보서(Book of Knowledge of Ingenious Mechanical Devices)』에 서술되어 있는 세 번째 및 네 번째 자격(自擊) 물시계는 이 규칙에 대한 결정적인 예외이다.[*35)] 이들 시계에서도 낙하하는 구슬이 보통의 방식으로 종 위에 떨어지긴 했지만, 그것은 시보 인형을 작동시키기 위해서 지레와 저울의 복잡한 통로를 돌아다닌 다음의 일이었다(그림 2.5). 등루와 알자지라가 서술한 물시계의 일반적인 유사성은 니덤, 왕 및 프라이스가 지적한 바 있다.[*36)] 세종 자격루의 시보 인형 장치에서 구슬 작동에 의한 힘의 전달 작용에 대해 자세히 연구한 결과, 우리는 그것의 뿌리가 원의 중간 단계 의기를 하나 혹은 그 이상 거쳐서 알자지라 주변까지 거슬러 올라갈 수 있을 것이라는 추측을 더욱 강력히

품었다.

13세기 중후반의 '몽골 제국 지배하의 평화(팍스 몽골리아)' 시대에는 중국과 이슬람 세계 사이에 수학 및 천문학 지식의 꾸준한 교류가 있었다. 곽수경에게 이슬람의 천문의기를 설명해 주었던 마라게(Marag hah) 천문대의 자말 알딘의 이야기가 가장 유명하지만, 예를 들 수 있는 것은 그것만이 아니다.[*37] 그때 중국을 방문한 이슬람의 수학자 및 천문학자들 중 한 사람이 자신의 짐 속에 알자자리의 논문 복사본을 가지고 있었으리라는 가정은 충분히 현실성이 있다. 또 한 사람 혹은 몇 사람이 그 논문을 읽고 곽수경이나 그 동료들에게 그 내용을 설명해 주었을 가능성도 얼마든지 있다. 알자자리의 세 번째 및 네 번째 자격 물시계는 구슬이 종을 치는 초기 아랍의 장치에서 직접적으로 구슬로 작동되는 정교한 인형 장치로 발전했다. 이와는 반대로, 알자자리의 작품에 중국이 영향을 미쳤을 가능성에 대해서 니덤과 다른 이들이 연구한 결과가 있다.[*38] 구슬로 작동되는 알자자리의 인형 장치가 어떻게 전달되었는지에 관해 꽤 그럴듯해 보이는 경로가 13세기에 존재했다는 것이 밝혀졌다. 그러한 장치는 세종대왕의 자격루에서 활짝 꽃피어 나타났고, 원나라 초기 의기들의 사례에서 강력하게 그 존재를 추측할 수도 있다. 이런 것들을 결합해서 생각해 보면, 원대에 있었던 단 하나의 '중국·아랍 물시계 전통'을 이야기하는 것도 적절할 것이다.

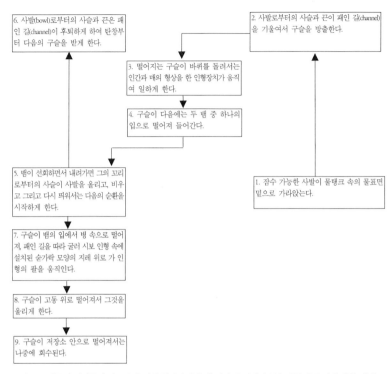

6. 사발(bowl)로부터의 사슬과 끈은 패인 길(channel)이 후퇴하게 하여 탄창부터 다음의 구슬을 받게 한다.

2. 사발로부터의 사슬과 끈이 패인 길(channel)을 기울여서 구슬을 방출한다.

3. 떨어지는 구슬이 바퀴를 돌려서는 인간과 매의 형상을 한 인형장치가 움직여 일하게 한다.

4. 구슬이 다음에는 두 뱀 중 하나의 입으로 떨어져 들어간다.

5. 뱀이 선회하면서 내려가면 그의 꼬리로부터의 사슬이 사발을 올리고, 비우고 그리고 다시 띄워서는 다음의 순환을 시작하게 한다.

1. 잠수 가능한 사발이 물탱크 속의 물표면 밑으로 가라앉는다.

7. 구슬이 뱀의 입에서 병 속으로 떨어져, 패인 길을 따라 굴러 시보 인형 속에 설치된 숟가락 모양의 지레 위로 가 인형의 팔을 움직인다.

8. 구슬이 고동 위로 떨어져서 그것을 울리게 한다.

9. 구슬이 저장소 안으로 떨어져서는 나중에 회수된다.

그림 2.5 세종의 자격루와 비교하기 위한 알자자리의 네 번째 물시계의 구슬 운동의 효과에 대한 개략도. (간략화 됨. 구슬 운동의 효과가 아닌 것은 뺐음. For details see Donald R. Hill, *Arabic Water-Clocks*, pp.112~119.)

그러나 세종의 자격루가 제작될 때 아랍의 구슬 운동 장치가 직접적으로 모사된 것은 아니다. 우리는 여기서 모방이 아닌 영감을 다루고 있다. 알자자리나 '아키메데스'의 물시계 같은 아랍의 물시계들은 수구반복적 (anaphoric)이었다. 즉, 이 시계들의 부표(浮標)는 무게 달린 끈으로 연결되었고, 그 끈이 북이나 굴대를 회전시켰다. 따라서 구슬 방출 장치는 조선

의기처럼 직접적이고 직선적이라기보다는 선회하는 요소를 가지고 있었다. 이처럼 구슬을 떨어뜨리는 아랍 기술이 변형되었다는 것은 동아시아에서 일반적으로 수구반복적 물시계보다 살대 물시계가 선호되었다는 것을 반영한다. 그리고 주기적으로 바꾸어 쓸 수 있는 한 벌의 구슬 선반을 사용함으로써 확실히 동아시아의 가변적인 경점 시간 측정이 용이해졌다. 이 변형이 1430년대에 서울에서 일어났는지 혹은 현재 얻을 수 있는 정보로 추측해 볼 수 있는 것처럼 1260년대나 1350년대에 중국에서 일어났는지는 쉽게 단정할 수 없다.

그렇지만 아랍의 물시계 기술의 특성이 실제로 원나라를 통하지 않고서는 어떤 경로로도 조선으로 들어올 수 없었으리라는 점은 확실하다. 우리가 이미 언급했듯이, 원 순제 재위 동안에 중국과 고려 왕조의 관계는 매우 가까웠다. 순제의 궁정 물시계가 존재하고 있었던 10년 남짓한 동안에 조선 사람들이 북경을 방문하여 그것을 보았다면, 그리고 그들이 공학을 깊게 이해하는 주의 깊은 관찰자였다면 스스로 그 물시계의 작동 원리를 터득했을 것이다. 그러나 그러기 위해서는 아마도 다른 나라를 방문하는 고위 인사에게 무리 없이 기대하는 정도 이상의 더 많은 기술적 관심과 지식이 있어야 했을 것이다. 또한 세종 자격루에 대해 김빈의 명문이 있었던 것처럼, 순제의 그 정교한 의기에도 공식적인 명에 따라 만들어진 설명문이나 명문이 있었을 가능성이 충분히 있다. 만약 그 같은 기록의 사본 하나를 한 방문자가 조선으로 가지고 돌아갔다면, 그것이 거의 한 세기 뒤에 똑같은 의기를 설계할 수 있도록 세종 대왕의 계시학 공학자들에게 충분한 정보를 제공했을 것이다. 우리는 다만 그러한 설명문이나 명문이 존재했을 수 있다고 상상만 할 수 있을 뿐이며, 중국에건 한국에건 어떤 사본이 남아 있는지에 대해서도 알 수 없다. 또 그러한 기록물에 대해 언급한 참조문헌이 있는지에 대해서도 모른다. 더 나아가서 원의 궁정에서 일하던 중국의 시계 공학자들(혹은 더 서쪽의 아시아 기술자들까지 포함해서), 특히 명이 중국을 장악한 후에 멸망한 몽골 왕조에 동조하고 있던 사람들 중에서 한국으로 망명한 사람이 있었을 가능성이 있다.[*39] 그리고 고려 왕국이 멸망하고 1432년에 세종이 자격루의 제작을 명령하기까지 한 세대 혹은 두 세대 동안 그들이 전문 기술을 보존하고 있었을 가능성도 충분히 생각해 볼 수 있다.

15세기에 떨어지는 구슬을 이용해 자동적으로 울리게 만든 물시계가 페스에서 서울에 이르기까지 구세계의 전 지역에 걸쳐서 사용되고 있었다는 사실은 근대 이전의 위대한 문명권들 사이에서 사상이 아주 멀리 그리고 신속하게 여행하는 능력이 있었다는 것을 명백히 증언한다. 이들 기술이 아랍 세계에서 중국을 거쳐 조선으로 전달된 정확한 경로가 어떤 것이었든지 간에 말이다.

2. 일성정시의(日星定時儀) 및 그와 합쳐지는

3. 백각환(百刻環)(그림 2.6 - 13)

일성정시의는 해시계와 별시계의 양쪽으로 기능하는 복합적 의기이
며, 백각환은 그것을 구성하는 한 중요 부분이었다. 나중에 이유를 설
명하겠지만 우리는 백각환을 별도의 의기로 다루고자 한다. 일성정시
의는 다음과 같은 것들로 구성되어 있다. 1) 3개의 구리 고리가 동심원
을 이루는 적도 기준의 문자판으로서, 그중 안쪽과 바깥쪽 고리는 가
운데의 고정된 고리에 반해 자유로이 회전한다. 2) 수평조준계(=계형,
alidade). 3) 이중의 극관측환(polar-sighting ring)을 떠받치면서 축 위에 올라가
있는 한 쌍의 기둥. 4) 시준의의 양끝에서 바깥쪽 극관측환으로 비스듬
히 이어져 있는 실이다. 이상의 모든 것은 수준기를 갖춘 받침대 위에
고정된 기둥 위에 놓여 있다(그림 2.6).

『세종실록』 권 77: 7a-9a; 19th year, 4th month(1437)

그해의 초에 왕이 '밤과 낮에 시간을 재는 의기[晝夜測候器]'를 만들기를
명했다. 이름을 '일성정시의'라 했다. 모두 네 벌[건(件)]이었다. 하나는
내정(內庭)에 둔 것으로 구름과 용으로 장식했다. 나머지 셋은 다만 얹음
대[부(趺)]가 있어서 그 위에 바퀴 자루[병(柄)]를 받는 기둥을 세워 정극
환(定極環)을 받들게 했다. 하나는 서운관에 주어 점후(占候)에 쓰게 하고,

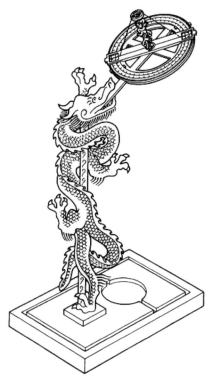

그림 2.6 일성정시의. 복원도. 이 의기의 문자판(dial) 및 연관된 부분들의 치수가 매우 자세하게 기록되어 있어서 축척도(scale drawings)를 만드는 것이 가능하였으며, 그로부터 투시도가 만들어졌다. 기둥에는 크고 작은 용 장식이 되어 있는데, 이것은 979년의 장사훈의 천문 시계탑의 혼천의를 위한 용 기둥의 10세기 그림에 근거하고 있다(『신의상법요(新儀象法要)』, 1:19a; Combridge, 'Astronomical Clocktowers', 그림 4). 적도 기준 문자판(dial-plate: 직경 2주척: 490mm)은 하늘 적도의 평면 속에 있으며, 사각형의 받침대(base; 2 x 3.2주척; 490 x 785mm) 위에 서 있는 용 기둥이 관측하기에 편리한 높이에서 지지하고 있다. 이 받침대는 수평을 잡기 위한 못과 도랑을 가지고 있다. 문자판에는 눈금이 새겨져 있는 3개의 '눈금고리(scale-rings. 그림 2.9도 참조 바람)'와 회전축을 가진 수평조준계(=계형 alidade; 길이 2.1주척; 515mm)가 딸려 있다. 이 수평조준계 위에는 한 쌍의 축 위에 서 있는 작은 용 기둥(각 1주척; 245mm tall)으로 지탱되고 있는 극환(polar ring)에서부터 팽팽한 '관측실(sighting-threads)'이 경사지게 내려와 있다. 이 실은 낮에는 해시계를 읽는 움직이는 표(gnomon)가 되고, 밤에는 별에 의거해서 시간 결정을 하기 위한 움직이는 표가 된다. 이것은 그림 2.7과 2.9의 설명문에서도 설명되고 있다.

둘은 함길과 평안 두 도의 절제사 영에 나누어 주어서 경비 임무의 경계 태세 강화라는 목적에 쓰게 했다. 또 승지 김돈에게 명하여 서와 명을 짓게 했다……

우리는 이미 48~49쪽에서 이 명문의 서문을 인용했다. 의례적이고 일반적인 칭송의 말을 한 다음에 김돈은 계속해서 이렇게 썼다.

그런데 태양이 한 번 회전하는 진로에는 100각이 있는바, 밤과 낮에 반씩이다. 낮 동안에는 해시계를 살펴서 시간을 읽는 것이 잘 알려져 있다. 밤에 이르러서는 『주례(周禮)』에 별을 보고 밤 시각을 구분한다는 글이 있고 또 『원사』에도 별로써 시각을 정한다는 말이 있다. 그러나 이들 기록은 측정하는 방법을 자세히 말하지 아니했다. 이에 전하께서 밤과 낮으로 시각을 잴 수 있는 의기를 만들기를 명하셨던바, 이름을 '일성정시의'라 했다.

구조는 다음과 같다. 의기는 구리를 써서 만들었다. 바퀴 모양의 것은 적도(赤道)를 나타낸다. 거기에는 자루[병(柄)]가 튀어나와 있다. 바퀴의 지름은 2척, 두께는 0.4촌이고 넓이는 3촌이다. 그 바퀴를 묶는 가운데 십자거(十字距)가 있는데, 넓이는 1.5촌이고 두께는 바퀴와 같다. 십자 가운데에는 굴대가 있는데, 길이는 0.55촌이고 지름은 2촌이다. 그것의 북쪽 면을 아래 방향으로 파서 구멍 하나를 만드니 다만 0.01촌의 두께가 남는다. 굴대의 중심에 작고 둥근 구멍을 뚫었는데 겨자씨보다 크지 않다. 굴대는 계형(界衡, 'boundary-beam'의 뜻. 수평조준계—옮긴이)의 구멍에 맞아 들어간다. 굴대에 있는 작은 구멍의 용도는 별을 관측하는 것이다.

아래에는 용 장식이 붙어 있는데 그 입이 바퀴의 자루를 물고 있다. 튀어나온 자루의 두께는 1.8촌이며 용의 입에 1.1척이 들어가고 밖으로 3.6촌이 나와 있다. 용 밑에는 받침대가 있는데 넓이는 2척이고 길이는 3.2척이며, 수평(水平)을 취하기 위해 도랑과 못을 만들어 놓았다.

바퀴의 위쪽 표면에 3개의 고리[환(環)]가 있는데, 각각 주천도분환(周天度分環), 일구백각환(日晷百刻環), 성구백각환(星晷百刻環)이라 한다. 맨 바깥쪽에 있는 주천도분환은 돌면서 움직이는데, 두 귀가 달려 있다. 지름은 2척이고 두께는 0.3촌, 넓이는 0.8촌이다. 두 번째로 가운데에 있는 일구백각환은 돌지 않는다. 지름은 1.84척이고 넓이와 두께는 앞의 것과 같다. 세 번째 성구백각환은 가장 안쪽에 있는데 돌면서 움직이며 역시 두 귀가 있다. 이 고리는 지름은 1.68척이고 넓이와 두께는 앞의 고리들과 같다.

세 고리 위에 계형이 있으니 길이는 2.1척, 넓이는 3촌, 두께는 0.5촌이다. 안쪽과 바깥쪽의 고리처럼 두 귀가 있다. 손으로 그 귀 부분을 잡고 고리나 계형을 돌리게 된다. 계형의 양쪽 끝에는 사각형의 슬롯(자판기의 동전 투입구와 비슷한 모양의 잘라 내어진 공간—옮긴이)이 있는데 길이는 2.2촌이고 넓이는 1.8촌으로, 세 고리 위의 눈금을 볼 수 있도록 가리지 못하게 한 것이다. 이 계형의 가운데, 즉 굴대 구멍의 왼쪽과 오른쪽에 각각 길이 1척의 용 두 마리가 있어서 함께 정극환(定極環)을 받들고 있다. 정극환은 2개의 고리로 되어 있으며, 바깥쪽 고리와 안쪽 고리의 사이에서는 항상 구진대성(句陳大星)을 볼 수 있다. 또 안쪽 고리의 안에서는 천추성(天樞星)을 볼 수 있다. 이것의 목적은 '극축(極軸)'과 적도면의 방위를 맞추기 위한 것이다. 바깥 고리는 지름이 2.3촌이고 넓이가 0.3촌이다. 안의 고리는 지름이 1.45촌이고 넓이가 0.04촌[4리(釐)]이다. 두께는 둘 다 0.2촌이다. 두 고리는 작은 관목(橫木: 가로대)으로 함께 이어져 있다. 계형 두 끝, 즉 각 슬롯의 양 끝에 작은 구멍이 있다. 바깥쪽 정극환의 양쪽에도 작은 구멍이 있다. 가는 실 혹은 노끈으로 6개의 구멍을 꿰어서 '계형'의 두 끝을 바깥쪽 정극환에 연결했다. 이렇게 해서 위로는 해와 별을 살피고, 아래는 시와 각을 찾아내는 수단이 되는 것이다.

주천도분환에는 365¼의 중국식 주천도(周天度)를 새기되, 각 도를 4분으로 나누었다. '일구환(日晷環)'에는 100각을 새기되, 매 각을 6분으로 했다. 성구환도 일구환과 같이 새겼다. 그러나 매일 밤 자정 점[자시(子時)의 중간]이 전날 밤의 자정 점 중간 점과 (매우 작은 양으로) 겹치는데, 이것은 마치 하늘의 회전이 매년 1도 여분을 만들어 내는 것과 같다(365¼ 평균 태양일 = 366¼ 항성년). 이것이 단 하나의 차이이다.

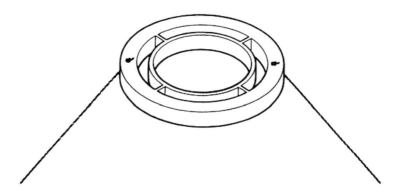

그림 2.7 일성정시의. 성구극관측환의 세부(복원도).
계형의 선회축 속에 있는 굴대의 관측 구멍을 통해서 밑에서 보았을 때(그림 2.6), 안쪽의 극환(내부 직경 1.37주촌; 33.6mm)은 당(唐) 왕조의 극성(極星)인 천추성의 외견상의 궤도를 둘러쌌으며, 바깥쪽의 극환 (내부 직경 1.7주촌; 41.7mm)은 우리의 현재 극성인 알파 Ur. mi.의 외견상의 궤도를 그림 2.8에서 보는 것처럼 둘러쌌다.
밤의 시간을 측정하기 위해서 두 관측실 중의 하나는 그림 2.8에서 보는 것처럼 베타 Ur. mi 별과 나란하게 하였다. 그리고 낮의 시간은 그림 2.9의 설명문에서 설명하고 있듯이, 의기의 세 눈금고리 중에서 가장 안쪽의 것 위에서 읽도록 하였다.

주천환을 사용하는 법은 다음과 같다. 물시계를 사용해서 동지 바로 앞의 날의 자정 점을 결정하고 다음에 계형을 사용해서 북극 별자리의 두 번째 별(β Ur. mi.)의 위치를 결정한다. 다음에 고리 가장자리에 기록을 표시한다. 이것은 대개 '하늘의 회전', 즉 주천(周天)의 첫 도(度)의 시작에 상응한다. 그러나 수년이 지나면 항성년[천세(天歲)]에 반드시 차이가 생긴다. 수시력에 따르면, 16년이 약간 더 지나면 1분(4^d)이 뒤로 물러나고, 66년이 약간 지나서는 꽉 찬 1도가 뒤로 물러난다. 이때가 오면 위치를 다시 결정할 필요가 있다. 북극 별자리의 두 번째 별은 북천극[북진

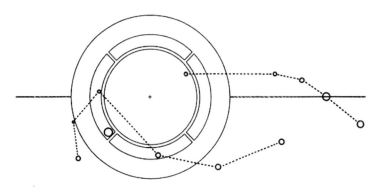

그림 2.8 일성정시의: 성구극관측환과 중국의 15세기 극 주변의 별자리들 사이의 관계.
[한(漢)부터 당 왕조에 걸친 기간의] 북극 별자리의 5개 별이 위에 나타나 있고, 구진(句陳, Angular Arranger)
별자리는 밑에서, 그 '위대한 별(great star)' 알파 Ur. mi., 즉 현재의 북극성(Polaris)을 그 갈고리 모양 속에
넣고서 나타난다. (See Needham, SCC IV, 3, p.566m n. a.) 각각의 별을 나타내는 작은 원들은 대략적으로
보이는 크기에 따라서 그려졌다. 그러나 전문가들은 구진 별자리의 왼쪽 별들의 정확한 동정(同定, identifica
tion)에 대해서 의견을 달리한다.
바깥쪽에 있는 성구(=별시계)와 안쪽에 있는 극관측 고리들은 1410년 시기의 북천극의 위치에 중심을
잡고 있고, 그리고 오른쪽 관측실은 북극의 두 번째 별인 베타 Ur. mi.의 위에 나란히 놓여 있다.

(北辰)]에 가깝고 또 붉고 밝아서 보기 쉽기 때문에, 이 별을 사용해서 시

간을 결정한다.

일구백각환의 기능은 간의와 같다.

성구백각환의 기능은 다음과 같다. 첫해는 동지의 첫날에 새벽 전의 자

정을 시작으로 하여 성구환의 최초 각(刻)의 시작을 주천환의 최초 도(度)

에 맞춘다. 하루의 끝이 오면 성구환은 돌아서 1^d와 일치하고, 이틀의 끝

이 오면 2^d와 일치하고, 사흘의 끝에는 3^d와 일치하니, 이렇게 계속해서

364일이 지나면 364^d와 일치한다.

다음 해의 시작에, 동지의 첫날 새벽이 오기 전의 자정 점에는 맞추기가 365^d가 된다. 때문에 그 해에 들어선 첫째 날에는 맞추기가 3분(0.75^d)이고, 둘째 날은 1.75^d와 맞고, 이렇게 계속해서 364일이 끝나면 맞추기는 363.75^d일 것이다.

그 다음 해의 동지 첫날에는 맞추기가 364.75^d가 될 것이다. 그해에 들어선 첫째 날은 맞추기가 2분(0.5^d)일 것이다. 둘째 날은 1.5^d와 맞고, 이렇게 계속해서 364일이 끝나면 맞추기는 363.5^d이다.

다시 그 다음 해의 동지의 첫날에는 맞추기가 364.5^d가 될 것이다. 그해에 들어선 첫째 날은 맞추기가 1분(0.25^d)일 것이다. 둘째 날은 1.25^d와 맞고, 이렇게 계속해서 365일이 끝나면 맞추기는 364.25^d이다. 이를 나머지 분(分)의 주기의 일진(一盡)이라 한다. 일진이 이 위치에 이르면 처음으로 돌아와 다시 시작하게 된다. 즉, 다음의 자정에 다섯 번째 해를 시작하기 위하여 문자판을 365.25^d의 위치로 가져오는 데 있어서, 하루가 자동적으로 윤년을 위하여 추가된다.

무릇 인간이 동정(動靜)하는 기틀[기(機)]은 실로 해와 별의 주기적 운행(運行)과 관련되고, 해와 별의 운행은 혼의와 혼상 속에서 밝게 나타난다. 옛 성인들이 의상을 반드시 그들의 정치하는 방법의 기초로 삼았으니, 바로 요가 역상(曆象)을 돌보고 순이 선기를 살핌이 이것이다. 천고에 내려오면서 우리 해동인은 그와 같이 거룩한 일을 경험하지 못했다. 우리 전하께서 이루신 놀라운 업적은 마땅히 새겨서 후세에 밝게 보여야 할

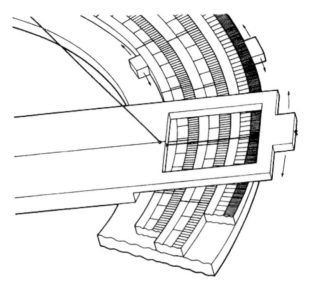

그림 2.9 일성정시의. 눈금고리와 관측실을 가진 계형의 세부(복원도).

바깥쪽의 조절 가능한 천적도환(celestial-equator ring; 바깥지름 2주척; 490mm)에는 중국식 주천도인 365¼로 눈금이 새겨져 있으며, 각 도가 4분으로 나누어져 있다. 천북극에 대한 춘분점의 느린 세차운동을 참작해서, 이 고리는 위에서 본 바와 같이 66년이 지나서는 매 일 년마다 시계 반대 방향으로 1^d 옮기도록 되어 있다.

중간의 고정된 천적도환(바깥지름 1,84주척; 452mm)에는 태양시(solar time)를 결정하는 눈금이 새겨져 있다. 그래서 밤과 낮의 100각 중의 96각을 위해 600분이 여섯 무리로 나누어져 있고, 24반시(半時, half-double-hours)를 위해서는 600분이 스물다섯 무리로 나누어져 있다. 각 반시는 4⅙각을 포함한다.

안쪽의 조절 가능한 천적도환(바깥지름 1.68주척; 412mm)은 눈금이 중간 고리와 같다. 태양시와 항성시의 차이가 축적되는 것을 참작하기 위해서 또한 태양시가 별의 관측에 의해서 결정되도록 하기 위해서, 이 고리는 위에서 본 바와 같이 동지의 첫날의 새벽 전의 자정에 그 기준 위치에서 시계 방향으로 매 자정에 1천도(天度; 중국식의 도)씩 옮기도록 되어 있다. 완전한 일주(一周)가 365¼천도이므로 이 고리가 네 번의 완전한 회전 운동(4 x 365¼ = 1461^d)을 마치는 것은 오직 4 x 365 + 1 + 1461일이 지난 후, 그래서 매 4년마다 자동적으로 윤일을 삽입할 때이다.

낮 시간을 측정하기 위해서는 계형을 여름의 반년 동안에는 관측실의 그림자가 계형의 중간선을 따라서 떨어지도록 놓았고, 겨울의 반년 동안에는 극관측환들을 떠받치는 기둥들 사이의 중간에 오도록 놓았다. 그러면 시간은 중간의 눈금고리 위에 오는 실의 위치에 따라 알 수 있었다.

밤 시간을 결정하기 위해서는 계형을 그 선회축 속에 있는 굴대의 구멍을 통해서 밑에서 보았을 때 그림 2.8에 나타난 대로 관측실 하나가 베타 Ur. mi 별과 일직선이 되도록 놓았다. 이때 태양시는 그 실이 관측하는 날짜에 바르게 맞추어지기만 한다면, 안쪽의 눈금고리 위에서의 그 실의 위치에 의해 알 수 있다.

것이므로, 신 김돈이 감히 다음과 같이 명을 지어 올리노라.

요 임금이 역상을 공경하고, 순 임금이 선기에 뜻을 둔 이래, 대대로 정밀한 의기를 만드는 법이 전하여 내려왔던바, 혹자는 의(儀)라 하고 혹자는 상(象)이라 하여 그 이름이 같지 아니하나, 그것들을 면밀히 연구하여 백성의 일을 돌보는 길잡이로 삼았다. 이제 우리가 옛날과 이미 멀리 있어서 그들에 대한 방법과 기록이 책에 실려 있은들 그 뜻을 뉘가 알리오. 그러나 우리의 성상께서 선인들의 기술에 응하시면서, 요·순의 법을 받아 표(表)와 누(漏)와 의(儀)와 상(象)을 만들도록 하셨네. 옛 방법을 복구하시어 12시를 바르게 맞추었고 백각(百刻)을 써서 밤과 낮을 나누었다. 햇볕으로 때를 아는 의기는 있었다. 그러나 밤에도 역시 쓸 수 있는 그러한 의기를 갖지 않기를 원하는 자가 있었겠는가. 그리하여 성상께서는 새로운 의기를 만들도록 명하셨네. 그 이름 무엇인고. 일성정시의라 일컬었네.

쓰는 법은 어떠한고. 그것으로 별을 살펴보고는, 그것을 또 햇볕과 맞추었도다. 구리로 만들었는데, 솜씨가 뛰어나서 어디에 비할 수 없다. 둥근 바퀴[원륜(圓輪)]가 먼저 만들어졌고 거기에 북남으로 십자 버팀목이 달려 있다. 그것은 하늘의 적도 평면에 맞추어져 있다. 대 위에 용이 서리어 있어서 튀어나온 바퀴 자루를 입에 물고 있으며, 대 위에는 중심 바퀴의 경사 각도를 맞추기 위한 도랑과 그것과 연결된 못이 있다. 바퀴 위에는 동심원을 이루며 3개의 고리가 놓여 있다. 가장 바깥의 것은 주천도분환이라 한다. 안에 있는 두 고리는 일구백각환과 성구백각환으로 각각 따로 앉혀져 있다. 성구환의 눈금은 하늘의 도와 분의 눈금보다 크다.[*40] 안과 밖의 것은 둘 다 움직이나, 중간 것은 굳게 붙어 있어 움직이지 아니한다.

계형이 그 장치 위에 수평으로 누워 있는데, 선회축이 중심을 꿰고 있다. 그 굴대에 구멍이 뚫려 있는데 겨자씨나 바늘구멍보다 크지 않다. 계형 양쪽 끝의 두 슬롯은 도와 분을 매우 정확히 가리킨다. 양쪽에서 쌍룡(雙龍)이 선회축을 끼고 정극환을 받들고 있다. 이 정극환은 바깥 환과 안쪽 환으로 되어 있는데 그 사이로 별들이 보인다. 이 별들은 무엇인고. 구진과 천추로서 극축(極軸)을 정하는 데 쓰인다.

묘(卯)와 유(酉)[동쪽과 서쪽의 방향 표시자로 쓰이는 12천지(天支) 중의 둘]는 그들에게 해당하는 시와 연관하여 어떻게 정해지는가? 여기에 위의 정극환에서 밑의 계형의 양쪽 끝으로 연결되어 있는 실이 사용된다.

태양의 운동을 계측하는 방법으로 두 가닥의 실을 쓴다. 별을 관측하는 데는 다만 실을 한 가닥만 쓴다. 제좌(帝座) 별자리의 붉고 밝은 별은 천극(天極) 가까이에 있는바, 한 가닥 실을 사용해서 극 자체와 각(刻)을 알 수 있다. 자정(子正)의 순간을 정하는 데는 물시계가 사용되는데, 이것이 바퀴 위에 표지(標識)된다. 이것이 주천환(周天環)의 하늘 순회의 시작이다. 매일 밤 그것은 하늘의 도와 분을 통하면서 지나가는데 처음부터 끝까지 간다.

의기는 간단하지만 정밀하다. 또한 두루 쓰이고 매우 자세하다. 기계적 구조는 매우 고전적이어서 옛날의 선철(先哲)에 의해 고안된 것과 같으나, 빠진 것을 보충하고 있다. 이제 전하께서 희와 화와 같은 창조적 정신으로 그것의 제작을 시작하셨으니, 자신이 친히 이 값진 의기를 설계하셨다. 그것은 구리로 되어 있고, 일주(一周)를 끝내는 순간에 오면 처음부터 새로 시작한다.

그것은 전하께서 직접 감독하시어서 만들어졌다. 전하는 승지 김돈과 직제학(直提學) 김빈에게 명령을 내렸다. 이에 김빈이 말하기를 "나는 감히 이것에 대한 평론을 쓰고자 하지는 않으며, 다만 경들과 같은 더 높은 관료들께서 내가 여기에 제시한 설명문에 따라서 명문을 짓기를 삼가 바란다."라고 했다. 여기에 주어진 설명문은 후세를 위하여 보존되도록 하기 위한 것이다. 간단하고 쉬운 방법으로 시간을 결정하는 시스템에 대한 자세한 설명문을 가지려는 전하의 의지가 손바닥을 들여다보는 것처럼 명백히 보인다. 우리 김돈과 다른 이들은 감히 그 설명문의 한 글자도 고칠 생각을 하지 못하고, 다만 서문과 결론을 추가한다. 명문은 그래서 이같이 쓰인 것이다.

일성정시의는 곽수경 간의의 움직이는 적도환(赤道環) 및 그와 연관 있는 구성 요소에서 직접적인 영향을 받았다.[41] 그것은 의기의 설계와 작동 방식을 보아도 분명하며 또한 "일구백각환의 기능은 간의의 기능과

그림 2.10 한 쌍의 해시계와 별시계로서, 둘이 합쳐지면 일성정시의와 유사한 것이 된다.

같다.”라는 김돈의 진술에 의해서도 뒷받침된다. 간의의 적도환은 지금 다루고 있는 일성정시의의 성구환처럼 움직이는 것이었다. 그리고 그것은 비스듬히 철사가 매여 있는 계형(‘경계저울’이라는 의미의 ‘boundary beams’라고 도 불렸다)이 2개 있었다.[*42]

더욱이 표 2.1에서 보는 바와 같이, 1270년대 곽수경의 의기들 중에 는 일성정시의의 직접적인 대응물이 분명히 있었다. 즉, 곽수경도 역시 하나의 독립된 장치를 위한 바탕으로 간의의 적도환을 사용한 것으로 보인다. ‘성구(星晷)’, ‘정시의(定時儀)’ 및 ‘후극의(候極儀)’는 비록

『원사』에는 따로따로 실려 있지만 아마도 모두가 한 의기의 구성 요소일 것이다. 처음의 두 용어는 실제로 동의어일 수도 있고, 세 번째 용어는 아마도 계형 위에 올라앉아 있는 정극환(pole-fixing rings)을 말할 것이다. 그래서 곽수경은 그림 2.10의 오른편에 보이는 성구와 근본적으로 같은 의기를 만든 것처럼 보인다. 일성정시의에 의해 대표되는 혁신성은 위에서 서술한 대로 그러한 성구를 적도일구와 결합했다는 것이다. 세종대왕의 천문학자들이 단지 옛 의기들을 복제한 것이 아니라 그것들을 확장하고 개량했다는 주장이 여기서 다시 한 번 힘을 얻는다.

　적도 위에 앉아 있는 백각환은 곽수경 적도환의 축소판으로서 일성정시의의 주요한 참조점이다. 이 고리의 눈금에 상당한 관심이 집중되는데, 왜냐하면 이것이야말로 바로 이 의기가 곽수경의 의기에서 유래한다는 점을 강조하기 때문이다. 그림 2.9에서 볼 수 있듯이 그 눈금고리는 12시로 나누어져 있고, 각 시의 반은 25분으로 되어 있어서 합하면 600분이 된다. 이 600분 중에 576분은 여섯 무더기로 나뉘어서 완벽한 96각을 형성하며, 나머지 24분은 잃어버린 4각을 대표하면서 24개의 반시(半時) 각각의 끝에 하나씩 나타나도록 분포되어 있다. 백각환의 이러한 눈금 긋기는 세종 자격루의 서술(p.53 상단)에서 시(時)의 초(beginnings)와 중(mid-points)에 나머지 분을 언급하는 것을 설명해 준다.

　이 고리의 600분은 정확히 소송(蘇頌)이 1088년에 제작한 천문시계[43]

에 나타나는 계시 톱니바퀴의 이빨 600개에 상응하는바, 같은 산수(算數) 가 양쪽에 적용되기 때문이다. 600분이 96각 사이에 분포되는 것은 아마 도 소송이 자신이 만든 혼의의 적도 눈금에 대해 서술했던 것을 이해하는 열쇠가 될 것이다. 소송은 혼의의 적도 눈금이 "12시를 가지고 있고 각 시는 '4반시[각, intervals]'와 '분[fractions, minutes]'으로 나뉘며…… 각 시의 초(beginnings)와 중(middles)으로부터 시작해서 전부 합하여 100[각, intervals]" 을 가진다고 서술했다.[*44)]

더욱이 소송의 시계는 각을 알리는 인형을 100개가 아닌 96개 가지 고 있었다. 콤브리지는 처음에 추측하기를, 각이 자정부터 끊임없이 연속적으로 시보되었으며 여기서 다만 네 각의 시보만이 빠지는데, 그 네 각은 오전 6시, 오정, 오후 6시 및 자정의 시(時)의 중(mid-points)과 겹치는 것들이라고 했다.[*45)] 그러나 나중에 그는 각의 시보는 매 시의 초(beginning)에 '그리고 아마도 중(middle)에' 새로 알리는 방식으로 이루어 졌을 것이라는 견해를 나타냈다.[*46)] 『송사(宋史)』권 70과 76에는 1010년 과 1049년부터 기록이 시작되는 표들이 있다. 이 표들은 일출과 일몰의 시간을 시의 중으로부터 다음 시의 중을 지나쳐 가기까지를 센 각의 전부와 한 각의 분(fractions)을 합하는 방식으로 알린다.[*47)] 각을 알리는 인형이 시패를 드는 것은 시의 초부터 새로 각을 세는 것이 아니라 오로지 시의 중에서부터만 각을 계산하는 체제를 따랐을 가능성도 보인 다. 그러나 유감스럽게도 소송의 시계를 서술하는 원전은 이에 대해서 침묵하고 있다.

소송의 시계는 1분에 여섯 번 '똑딱' 하도록 만들어졌다. 그러니까 하루에 완벽한 회전을 한 번 하기 위해서 600개의 톱니를 가진 계시 바퀴가 합계 3,600번을 '똑딱' 해야 하는 것이다.[*48] 이 숫자는 다시 곽수경 간의의 적도환을 3,600분으로 나누는 근거가 될 수 있다. 일성정시의의 백각환은 적도환에서 유래했으나 크기가 훨씬 작아서 원래 계시의 목적으로 쓰인 3,600분을 600분으로 줄여서 눈금을 새겨야만 했을 것이다. 그같이 상대적으로 작은 고리 위에서 그림자의 움직임을 읽을 수 있도록 하기 위해서는 2분 단위로 나누기(two-minute divisions)가 아마도 정확도의 한계에 도달했을 것이다.

간의의 적도환에는 2개의 계형이 있었다. 여기서 서술하고 있는 의기는 계형 하나가 동심원 상에 있는 고리 한 쌍을 떠받치고 있는 수직의 두 용 기둥 위에 놓여 있다(그림 2.7–8). 한 쌍의 고리는 일단의 극 주변 별들을 들여다보는 데 사용되었다. 바깥쪽 고리에서 실이 내려와 계형의 양끝을 지나서 각 슬롯의 끝에 있는 작은 구멍에 매여 있다. 두 슬롯을 통해서 고리의 눈금이 읽혀졌다. 간의의 계형에도 또한 비스듬히 철사가 매어져 있었다. 이것은 분명히 일반적인 것이었다. 이후의 중국과 한국의 적도 해시계에는 비스듬히 실이 매여 있었다(그림 2.13 참고. 그림 2.18–19와 비교하라). 그리고 조선 시대부터 전하는 또 하나의 백각환에는 계형의 각 끝에서 가운데로 실이 매여 있다. 그림 2.11은 이 고리를 자세히 설명하고 있다. 그림 2.10의 왼쪽에 있는 일구환과 유사한데, 계형은 현존하는 반면에 튀어나온 손잡이는 없다.

일성정시의에 비스듬히 매여 있는 실은 몇 가지 기능을 담당했다. 실은 자오선을 표시하도록 놓일 수 있었고, 또 별들의 남중(南中)을 관찰하는 데에도 사용되었다. 또한 일성정시의를 올바르게 놓고 그에 해당하는 별들을 들여다보기 위하여 굴대의 작은 구멍과 연계하거나 정극환과 연계해서 사용되곤 했다. 그러나 실의 가장 중요한 기능은 밤과 낮으로 시간을 결정하게 해 주는 것이었다.

고정된 적도일구환이 대단히 정확한 해시계의 기능을 가진 것은 계형과 함께 비스듬히 매어 놓은 실을 사용했기 때문이었다. 이 경우에 비스듬히 매인 실은 움직이는 표(gnomon)와 같다. 계형을 움직여서 실 하나의 그림자가 계형의 중앙을 따라서 오도록 놓으면 그때 계형은 백각환 위에서 정확한 시간을 가리킬 것이다. 물론 이 '그림자 던지기' 방법은 3월부터 9월까지 한 해의 반년 동안에만 유효하다. 이때는 태양이 적도 위에 있어서 고리와 계형의 얼굴 위에서 빛날 수 있기 때문이다. 그러나 비스듬히 실을 설치하는 것은 매우 독창적인 방법이어서 적도 기준으로 설치된 해시계의 근본 문제를 극복하고 있다. (이 문제에 대한 더 일반적인 해결책에 대해서는 93번 주를 보라.) 태양이 적도 밑에 있을 때라도, 가운데에서 정극환을 받치는 기둥들과 정극환에 매여 있는 실은 태양빛 안에 남아 있을 것이다. 그러므로 문자판이 던지는 그림자보다 실이 충분히 높이 솟아 있는 것이다. 그래서 겨울에는 계형을 실 하나의 그림자가 중앙의 기둥들 사이에 슬롯을 통해서 고르게 떨어질 때까지 돌린다. 그때 정확한 시간이 계형 끝의 슬롯 속에서 보이는 눈금을 통해 읽혀지는 것이다.

이 복잡하고 정교한 해시계의 정확성은 대단했다. 나카야마에 따르면,[*49] 17세기에 위대한 일본의 역법 개혁자 시부카와 하루미(澁川春海)가 표준시간을 정할 때 이전에 사용하던 물시계를 대신해서 그와 같은 방식으로 만들어진 해시계[일본어로 햣코쿠칸(百刻環)이라고 유사하게 불렸다]를 표준 계시의기로 사용했을 정도였다.

고정된 일구백각환은 움직이는 주천환과 독립적으로 사용되었다. 일구백각환과 성구백각환은 함께 사용되었다. 365$\frac{1}{4}$^{d}로 눈금이 새겨진 주천환은 움직이는 것이었지만, 실제로는 거의 움직이지 않았다. 그것은 춘추분점과 천북극(天北極)의 느린 세차운동을 참작하기 위하여 매 66년이 지나면 매 1년마다 시계의 반대 방향으로 오직 1^{d}를 움직이도록 설계되었다. 이 의기는 아주 오랫동안 계속해서 사용될 수 있도록 만들어진 것이다.

일단 주천환이 바른 방향으로 놓이면, 일구환은 그것과 함께 사용될 수 있었다. 성구환은 주천환에 대해 상대적으로 하루에 1^{d}씩 시계 방향으로 움직였는데, 이것은 태양시와 항성시 사이의 차이가 축적되는 것을 설명하기 위한 것이다. 주천환이 365$\frac{1}{4}$^{d}로 표시되었다는 사실은 윤일이 자동적으로 매 4년마다 추가된다는 것을 의미한다. 그래서 성구의 시

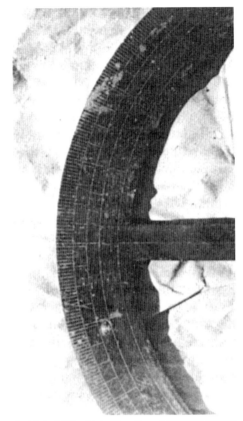

그림 2.11 또 다른 조선 시대의 '백각환' 일구의 세부. 그림 2.10의 왼쪽 것과 유사하다. 시 및 반시(half-double-hours), 96각(intervals), 1각 속의 6분(fractions), 그리고 반시당 1분씩 분배되었던 다른 4각의 '나머지 분'의 눈금을 보여 준다.

눈금이 별들에 올바른 방향으로 맞추어지면, 굴대의 관측 구멍과 베타 Ur. mi.를 들여다보는 계형의 비스듬한 실을 사용함으로서 밤에도 시간을 읽을 수 있었다. 한편 태양시는 계형에 있는 슬롯을 통해 성구백각환의 눈금을 읽어서 알 수 있었다.

일성정시의의 성구(星晷)의 기능은 말할 것도 없이 1520년 이후의 서양의 휴대용 밤시계(Nocturnal Dial 혹은 간단히 'Nocturnal') 기능과 아주 유사했다.[*50] 그러나 앞의 것이 관측 방법이 더 정확했고 거기에 세차운동을 조절하는 정교한 능력까지 갖추고 있었다. 서양 버전에서는 눈금이 문자판의 남극 쪽 얼굴에 있어서, 태양시를 읽거나 날짜를 조절하기 위해 반시계 방향으로 달린다. 그러한 근본적으로 비슷한 의기들이 유라시아 대륙의 양쪽 끝에 존재했다는 점에서 기술 전파의 경로에 대한 의문이 제기된다. 그러나 우리는 간의나 혹은 그쪽의 어떤 선구자에서 유래하는 하나의 공통된 계통이 존재할 가능성을 언급하는 것 이상으로 나아가지는 않겠다.

일성정시의의 복원도(그림 2.6)와 한국전쟁 이후까지 거의 온전하게 보존되어 온 한 쌍의 적도일구와 성구의 사진(그림 2.10)을 비교해 보면 알겠지만, 뒤의 의기들은 앞의 것을 이루고 있던 부속물 일부이다. 해시계는 거기에 부착되어 있던 계형, 중앙의 기둥, 비스듬히 매여 있던 실 등이 사라진 상태이다. 그러나 우리는 남아 있는 또 다른 백각환 해시계를 통해 그 부착물들이 존재했다는 사실을 알 수 있다.

그림 2.10의 사진에서 볼 수 있듯이 최근까지 남아 있는 시계들은 모양이 간단하고 장식이 없다. 해시계의 받침에는 부분적으로 "왕명에

의해서 제작됨. 시의 초와 중은 균도(均度)로 새겨진 계시의기, 그것의 표는 똑바로 서 있고, 그림자는 정확하다. 그것은 지배자의 도에 순응한다."라는 명문이 있다.

사진 속에 나타난 의기들은 일성정시의에 묘사되어 있는 것처럼 고리들이 기둥 위에 올라가 있지 않다. 대신 고리들의 손잡이가 간단한 수준기를 갖춘 받침대 속에서 슬롯 속으로 열장이음(dovetail)되어 있다. 그러나 우리는 그러한 것이 원래의 장치였으리라고 추측한다. 문자판이 지면 가까이에 있으면 해시계를 읽는 것이 어려웠을 것이다. 또한 별을 보고 시간을 말하는 것도 불가능했을 것이고 별시계를 위한 극의 고정도 불가능했을 것이다. 대를 편리한 높이의 초석 위에 놓았다 하더라도, 고리들이 놓인 상태가 사용하기에 불편하기는 마찬가지였을 것이다. 더욱이 사진을 보고 추론해 볼 때, 사진이 찍혔을 때 슬롯 속으로 꽉 이어진 고리들은 위도가 대략 25°로서 서울의 정확한 고도 52.5°가 아니었고, 극축도 따라서 대략 65°로서 정확한 37.5°가 아니었다. 때문에 우리가 내린 결론에 의하면, 고리들은 원래 사진에 나타난 것처럼 놓이지 않았을 것이다. 아마도 현재 남아 있는 열장이음 슬롯 속으로 설치된 기둥들 위에 수준기를 갖춘 받침대가 있고 그 위에 고리들이 놓여 있었을 것이다.

계형, 중앙의 기둥 및 실을 갖춘 적도 해시계 및 별시계의 한·중 전통 속에서 정교화된 곽수경 간의의 적도환에서 나온 또 하나의 자손이 있다. 중국 예수회 신부들의 17세기 의기 중 하나인데(그림 2.12), 페르디난트 페르비스트[Ferdinand Verbiest, S. J., 남회인(南懷仁): 1623~1688, 샬 폰벨(J. A. Schall von Bell)의 후계자로서 청 왕조 천문역산국의 제2대 유럽 국장]의 지평경의(地平經儀)가 그것이다. 이 의기는 지평선과 천정(天頂)을 향해 정렬해 있고 수평환은 360 서양도(Western degrees)로 나뉘어 있다. 즉, 설치 상태나 눈금 새긴 것을 보면 얼핏 보기에 유럽적이지만, 그런데도 발상은 분명히 중국적(혹은 한·중적)이다. 페르비스트는 이 의기의 아이디어를 간의나 혹은 그 파생물 중 하나에서 얻은 것으로 추측된다. 그러나 대부분의 경우에는 티코 브라헤에게서 아이디어를 얻고 있다.[51] 티코는 물론 자신의 의기에서 적도극 정렬을 강조했다. 페르비스트는 여기서 분명히 적도 기준으로 설치된 중국 의기의 설계를 빌려 와서 오래된 유럽의 전통에 따라 그 정렬을 바꾼 것 같다. 이처럼 지평경의에서 보는 바와 같이 비스듬히 실을 매어 사용하는 방식은 중국의 전통에서 직접 빌려 온 것으로서 유럽의 의기 제작에 널리 이용되었을 것이다.

전상운은 실표(thread-gnomons)를 사용하는 방식이 아랍 세계에서 동아시아로 전해졌다고 하지만,[52] 이 주장은 간의의 계형에서 비스듬히 내려와 있는 실이 아랍의 의기에서 유래했을 것이라고 하는 의미에서만 옳은 것으로 보인다. 동아시아에서 나타나는 모든 의기의 실표는 간접적, 직접적으로 간의 자체의 적도 백각환 실표에서 유래한 것으로 보인다. 이에

그림 2.12 페르디난트 페르비스트의 17세기 중엽의 지평경의. 옥스퍼드의 과학사박물관에 있는 페르비스트의 1674년의 저작『Ling-t'ai I-hsiang t'u』에 있는 삽화. 원래의 인쇄물에는 뚜렷하게 접힌 자국이 있어 수직의 중앙선을 하나 만들고 있었는데, 재손질을 통해 부분적으로 제거되고 복원되었다. 축의 왼쪽에 있는 또 하나의 선은 다림추를 매달고 있는 실을 나타낸다. 그러나 페르비스트의 이 의기에 대한 서술(see Chapter 5, n.58(iii))과 그 후의 다른 서술들이나 사진들을 보면, 다림추는 실제로 속이 빈 사각의 축의 반대편의 두 면이 형성하는 평행하는 판들 사이의 중앙을 통하면서 매달려 있었던 것 같다. 평행하는 판들 사이로는 '직경의 관측선들(diametral sight-lines)'이 지나간다. 이 의기는 지평과 천정에 맞추어 설치되어 있다. 그러나 그 계형과 비스듬한 관측실은 곽수경의 간의(그림 2.14)에서 유래한 것처럼 보이는바, 그래서 일성정시의(그림 2.6, 2.9)의 계형 및 실과 연관되며 또 실표 적도일구(thread-gnomon equatorial sundial)[그림 2.13])와 이어진다.

대해서는 뒤에서 현주일구와 천평일구(Horizontal Sundial)(no.13과 no.15, 그림 2.18과 2.19)와 연관시켜서 더 언급할 것이다. 여기서는 간의와 일성정시의의 전통을 직접적으로 잇고 있는 후대의 적도극 해시계의 유형을 자세히 서술하는 것이 적합할 것이다.

그림 2.13에 보이는 것이 그러한 해시계의 하나인데, 그 기원은 분명하지 않지만 아마도 중국일 것이다. 이것은 현재 런던의 사우스켄싱턴에 있는 과학박물관에 소장되어 있다.[*53)] 이 의기는 멈춤나사 3개와, 수평을 잡기 위한 것으로 둥근 귀를 가진 꽃 모양 손잡이 5개를 갖추고 직사각형의 받침대 위에 앉아 있다. 정확한 수평을 얻기 위하여 위를 향한 뾰족한 끝(이것은 초기의 현주일구에서 볼 수 있는 십자 표시를 대신한다. 그림 2.18 참고)이 다림추 밑에 놓여 있다. 자오선 부분 고리에 붙어 있는 케이스 속에는 핀이 있고 그 위에 나침반 바늘이 놓여 있는데, 초기 의기들에서는 물웅덩이가 있어서 그 위에 떠 있는 자석이 같은 역할을 하고 있었다.

이 해시계와 옥스퍼드의 과학사박물관에 있는 이와 매우 유사한 해시계[*54)]는 문자판 위에서 계형이 자유로이 돌아가게 되어 있다. 문자판에는 오로지 위쪽에만 눈금이 있다. 그 계형부터 (사우스켄싱턴의 의기에 복원되어 있는) 비스듬한 실이 주된 기둥 위에 타고 있는 당김나사에 매어져서는 삼각형 모양의 표를 형성한다. 이 장치는 일성정시의에 있는 장치에 밀접하게 상응한다. 그리고 오직 얼굴에만 눈금이 새겨져 있는 적도 해시계가 제기하는 문제를 비슷하게 해결한다. 표의 실은 햇볕 속에 남아 있을 것이고, 또 문자판 자체의 표면이 그림자 속에 있는 1년 중의 6개월 동안에도 시간을 알리도록 조절할 수 있다. 이 유형의 의기로서 남아 있는 세 번째 것은 영국 그리니치의 국립 해양박물관에 있는데,[*55) 아마도 비슷하게 장치되어 있었을 것이다. 그러나 그 계형이 없어졌기 때문에, 비스듬히 실을 매어 썼을 가능성은 확인할 수 없다.

사우스켄싱턴의 적도 해시계와 두 유사품은 문자판에 시와 96의 정수로 된 서양의 사반시(四半時)가 새겨져 있다. 그것들은 그러니까 날짜에 있어서는 17세기 중엽보다 더 이를 수는 없고, 18세기나 혹은 더 후일 것이다.

4. 소일성정시의(小日星定時儀)

『세종실록』 권 77: 9a(1437)

김돈이 기록하기를, 전에 만든 일성정시의는 너무 무겁고 커서 군에서 사용하기에 불편했으므로, 다시 작은 정시의를 만들었다. 그것의 설계는 전의 것들과 거의 비슷하나 약간의 차이가 있다. 정극환을 없앴거니와 사용하기에 가볍고 편하게 했다.

물시계를 사용해서 먼저 동지에 앞서는 날의 자정 점을 결정하고, 북극 별자리의 두 번째 별을 관측한다. 다음에 북을 향한 적도를 타고 있는 고정된 고리 가장자리[輪邊]에 하나의 긴 표지(標識)를 긋는다. 다음에 3개의 표지를 더 만드는데, 길이는 점점 길게 하고 그들 사이의 거리는 4분의 1도(quarter-degree)로 했다. 그해의 시작에 동지에 앞서는 날의 자정에 행해지는 첫 번째 조작은 주천환(周天環)의 첫 도(度)를 적도를 타고 있는 고리 가의 가장 긴 표지[획]에 맞추는 것이다. 다음 해에는 두 번째 획에 맞게 하며, 또 다음 해에는 세 번째 획에 맞게 하고, 마지막으로는 가장 짧은 획에 닿게 한다. 그렇게 해마다 옮겨 가서 5년째에 이르면 다시 처음의 위치로 돌아온다.

성구백각환을 앉히기 위해서는, 그해의 시작에 동지에 앞서는 날의 자정(子正)부터 시작(beginning)이 취해진다. 그것은 주천환의 0 표지의 반대편에 놓인다. 첫날의 자정에는 1도에 놓이고, 둘째 날의 자정에는 2도에 놓이고, 셋째 날의 자정에는 3도에 놓여서, 매년 똑같이 이루어진다. 도의 분수(分數, fractions)를 위한 조정은 없다(이것은 이미 주천환의 방법으로 이루어졌다). 이것이 또 다른 작은 차이이다.

일구백각환은 앞에서 언급한 더 큰 의기에 있는 것과 똑같은 방법으로 작용한다.

이 의기는 앞에서 서술한 완전한 크기의 것과 매우 유사해서 거의 설명이 필요 없다. 정확한 크기는 알 수 없고 다만 원래의 것보다 작다는

그림 2.13 이중(二重)의 끝을 가진 계형과 삼각형의 실로 된 표를 갖추고 있는 적도일구. 17세기 혹은 그 후(실과 다림추는 복원되었음).

적도 문자판은 전체 직경이 90mm로, 시로 눈금이 새겨져 있으며, 각 시는 네 개 정수의 반시로 나뉘어 있고, 다시 여덟 개의 서양식 사반시로 나뉘어 있다. 이것은 의기가 만들어진 시기가 아무리 빨라도 17세기가 된다는 것을 의미한다. 의기는 대략 북위 35°의 위도에서 사용하도록 되어 있으며, 때문에 한국 것이라기보다는 중국 것으로 보인다. 이중(二重)의 끝을 가진 계형은 다림추의 실과 삼각형 표의 실 사이의 간섭을 피하기 위하여 정오에 거꾸로 놓을 수 있다. 혹은 삼각형 표의 두 팔이 뒤틀리는 것을 피하기 위하여 거꾸로 놓을 수도 있다.

것만 안다. 원래 것의 가장 큰 고리는 직경이 2척이었다. 원문은 작은 쪽의 의기가 청동으로 만들어졌는지의 여부도 명시하고 있지 않다. 더욱 가볍고 운반하기 쉽게 하기 위해서 어쩌면 옻칠한 나무로 만들었을지도 모른다. 정극환은 빠져 있었지만, 아마도 바깥쪽 극 별자리 고리와 같은 어떤 것이 축 기둥 위에 있었을 것이다. 또한 비스듬히 매어 쓰는 실 같은 것도 있었을 것이다. 또한 베타 Ur. mi.에 고정시켜 놓음으로써 방향을 잡았다. 대체로 작은 의기는 완전한 크기의 것과 같은 방법으로 사용되었다. 그러나 주천환 자체가 4년 윤년 주기의 분수의 날(fractional dates)을 설명하기 위하여 움직인 것은 예외이다. 이것은 성구환이 매일 주천환과 관련해서 언제나 정수의(integral) 도(度)로 움직였음을 의미한다. 베타 Ur. mi.가 서서히 밀리는 것(16년 조금 더 지남에 따라 1분)을 설명하는 규칙에 대해 어떤 명확한 정의도 없다. 어쨌든 휴대용 의기를 사용할 때 빈번히 재조정을 해야 할 필요가 있었던 것은 사실이다.

5. 간의대(簡儀臺)와

6. 간의(그림 2.14-15)

『세종실록』 권 77: 9b(1437)

왕이 명하여 승지 김돈에게 간의대에 대한 기록을 쓰도록 했다. 기록은

그림 2.14 간의. 북서쪽에서 본 전경.

1958년에 남경(南京) 자금산 천문대에서 우리 중 한 사람(JN)이 찍은 이 의기는 원래 북경에 있었던 것으로, 1437년에 황후 충호(Chung-ho)를 위하여 제작된 1276년의 곽수경 의기의 정확한 복제품 중 하나이다. 다른 각도에서 본 모습과 설명용 스케치가 다음 저작에 들어 있다. Joseph Needham, 'The Peking Observatory in A.D. 1280 and the Development of the Equatorial Mounting', *Vistas in Astronomy*, 1955, 1: 67-83, pp.70-71; and still others, with a new drawing, in Needham, SCC III, Figs.164-166. 우리는 이 기회를 통해서, 이 의기의 두 적도 계형이 각각 이전에 그려지고 서술되었던 것 같은 반경형(radial)이 아니라 직경형(그림 1.15)이란 것을 지적하고자 한다. 또한 별을 관측하기 위해서 관측판이 아닌 관측실이 만들어져서 사용되었다는 것도 말해 두고 싶다.

우리가 믿는 바에 따르면, 비스듬히 매어 사용한 관측실은 시간이 흐름에 따라 조선의 일성정시의의 실(그림 2.6과 2.7)로, 페르비스트의 지평경의의 실(그림 2.12)로, 그리고 실표 적도일구의 실(그림 2.13)로 이어졌다. 그런데 이 비스듬히 매어 쓴 관측실이 어떤 사진이나 그림에도 나타나지 않는바, 1870년경 이 의기가 북경에 있었을 때 선더스(W. Saunders)라는 사람이 그 사진을 찍었을 때는 이미 사라져 버리고 없었다. 이 사진은 와일리(Wylie)의 논문 'The Mongol Astronomical Instruments in Peking'에 사용되었다. 『원사』 48장, pp.2b ff(repr. and tr. by Wylie, loc. cit.)에 따르면, 이 관측실들은 속이 빈 북극 굴대(axle)의 낮은 쪽 끝 양쪽에 나 있는 작은 구멍들에서 계형들의 끝 가까이에 있는 다른 구멍들로 연결되었고(그림 2.15), 그런 다음에는 계형 속에 있는 슬롯의 중앙선을 따라서 다시 적도 굴대 가까이 있는 고정 점(fixing points)으로 이어져 있었다.

다음과 같다.

명 선덕(先德) 재위 7년(1432) 7월 임자일(壬子日)에 성상께서 경연에 거동하시어 역법과 천문학의 이치를 논했다. 이때 왕은 예문관 제학 신 정인지에게 이렇게 이르셨다.

"우리 해동인은 멀리 바다 밖에서 살고 있지만, 우리가 하는 바는 한결같이 중화의 위대한 문화적 성취를 따랐다. 다만 하늘을 관찰하는 일에 있어서는 다소 부족했다. 경이 이미 역산(曆算)의 책임자[제조(提調)]이니 대제학 정초(鄭招)와 더불어 짐을 위해 간의를 만들도록 하라."

그리하여 정초와 정인지 두 관료는 중추원사 이천(李蕆)과 함께 옛 천문의기의 설계에 대하여 상의해 최초로 나무로 된 모형을 만들었다. 그리고 북극 고도를 조사하여 그것이 38.25^{d}로서 『원사』에 기록된 결과와 같음을 알아냈다. 그 후에 청동을 녹이고 부어서 만들었다. 모든 것이 거의 준비되었을 때에 왕은 호조 판서 안순(安純)에게 명하여 후원(後苑) 경회루 북쪽에 돌을 쌓아 대를 만들게 했다. 대는 높이가 31척, 길이가 47척, 넓이가 32척이고, 돌로 난간을 둘렀으며, 그 위에 간의를 놓았다. 그리고 정방안(正方案)을 그 남쪽에 폈다.

곽수경의 간의는 다른 곳에 매우 자세하게 서술되어 있고 도해(圖解)되어 있으므로,[*56] 여기서 길게 취급할 필요는 없을 것이다. 그림 2.14는 남경에 있는 자금산 천문대 정원에 있는 곽수경 의기의 15세기 복제품을 보여 준다. 그림 2.15는 간의의 세부 부분들을 보여 준다. 그중에 앞에서 서술했던 일성정시의의 조상, 즉 두 계형을 구비하고 관측 막대와 움직이는 적도환을 거느리고 있는 청동의 '움직이는 적위(赤緯) 분할 고리'가 있다. 간의는 본질적으로 관측을 위한 혼의여서, 한 벌의 고리들이 모두 동심원을 이루는 것이 아니라 따로 나뉘어 떨어져서 배열되어 있었다. 적도극 정렬은 중국의 혼의에서 유래한 것으로, 티코 브라헤 시대 이래 유럽에서 발달했던 근대적 천문의기의 배치 방식을 3세기나 앞서고 있다. 곽수경 의기는 이슬람 전통 속의 간의 토퀴텀(torquetum)의 영향을 받은 것으로 보인다.[*57]

김돈은 1432년 세종대왕 간의가 청동으로 주조되는 과정에 대해 매우 간단히 설명하고 있다. 나무로 원형을 만들고 극 고도를 조사했으며 그리고 의기가 청동으로 주조되었다는 것이다. 김돈은 궁중의 천문학자들뿐만 아니라 미래에 그 기록을 볼 독자들까지도 간의가 정확히 무엇이었는지, 그것이 어떻게 생겼는지 그리고 그것이 어떻게 사용되었는지를 당연히 알고 있으리라 여긴 듯이 보인다. 그래서 그러한 것들에 대해서 자세히 설명할 필요를 느끼지 않았던 것이다. 의기의 취지를 불과 몇 줄로 남기더라도 그에 관심이 있는 사람은 모두 이해할 수 있을 것이라는 가정을 할 수 없었다면, 공식적인 기록의 저자가 그와 같이 중대한 행사를 그렇게 대충 다루지는 않았을 것이다. 세종대왕 궁정의 모든 사람이 간의의 모든 것에 대하여 알고 있다

그림 2.15 간의. 북서쪽에서 확대해서 본 모습.

4개의 롤러 베어링(roller-bearings)이 떠받치고 있는 움직이는 적도환 위에 일주환(日周環)(『원사』에는 직경이 6.4척이라고 되어 있지만, 이 경우에 '1척'의 정확한 크기를 알 수 없는바, 그 직경은 2m에 가까웠을 것이다)이 고정되어 있다. 2개의 끝이 뾰족하고 슬롯이 있는 계형이 이들 고리 위에서 회전할 수 있도록 선회축에 끼워져 있다. 원래의 사진(JN, 1958)에는 관측실을 위한 작은 구멍들(see Fig.2.14 설명문)이 슬롯의 바깥 끝을 조금 넘어서 보인다. 와일리는 비슷한 구멍이 선더스의 사진 속의 극 굴대(axle) 한쪽에 나타나 있다고 기술했다.

  2개의 계형을 갖춤으로써 두 천체의 위치를 동시에 결정하는 것이 용이해졌다. 고리 위의 눈금은 일성정시의에서처럼 관측실이 아니라 계형의 뾰족한 끝이 가리키는 부분을 읽었다(그림 2.9).

사진은 또한 십자지주(struts)를 가진 움직이는 태양적위환[solar-declination ring; 직경 6원척(元尺)]과 관측판을 가지고 중앙에 선회축을 가진 계형을 보여 준다. 사진은 또한 적도환 위에 있는 눈금을 읽기 위한 기울어진 끝이 뾰족한 것을 보여 준다. 태양적위환과 관측실을 가진 2개의 적도 계형은 사용하는 과정에서 필요에 따라 각각의 길로 나아갔을 것이다.

고 생각한 그의 명백한 자신감을 볼 때, 한국의 조정이 1432년에 위대한 천문의기 제작 사업을 개시하기 이전에 이미 간의를 보유했던 것은 아니었을까 하는 생각이 든다.

한국에서 간의가 주조되었다거나 수입되었다는 내용의 당시 기록은 전혀 발견할 수 없었지만, 그러한 일이 일어날 수는 있었을 것이다. 고려 조정은 곽수경의 1280년의 수시력을 1281년에 채택했다. 곽수경의 천문대 의기들에 대한 완벽한 서술을 통해 그 새로운 역법은 확실하게 고려 조정으로 전달되었을 것이다. 1308년에 천문관서 서운관이 태사국(太史局)과 사천대(司天臺)의 합병으로 창립되었다. 전상운은 '이 변화가 아마도 천문대의 의기 및 시설의 대규모 복원과 혁신을 수반했을 것이라고' 추측한다.*58) 그때 천문대 장비의 일부로 간의가 만들어졌을 가능성은 충분히 있어 보인다. 고려 천문대를 위하여 간의가 제작될 수 있었던 또 한 번의 기회는 1370년 이후 비상한 속도로 편찬되던 『원사』가 완성되었을 때 왔을 것이다. 원의 역사인 『원사』 권 48의 「천문지(天文志)」는 간의에 대해 자세히 서술한다. 세종대왕의 관료들이 그렇게 친숙하게 알고 있던 간의는 그렇게 해서 고려의 조정이 소유하고 있었을 것이다. 그러나 1432년 한국에서 새로운 간의를 제조하라는 명령이 내려졌을 때 간의가 존재했다는 것을 암시하는 증거는 없다. 만일 초기의 것이 있었다면, 그것은 고려의 지배자들이 몰락할 당시에 손상을 입거나 파괴되었을 것이다.

어쨌든 간에 새로운 간의의 주조는 왕립 천문기상대의 재장비라는 세종의 야심찬 계획에 따라 첫걸음을 내디뎠다. 그것은 또한 굉장한 비용이 들어갈 새로운 관측대를 건조하는 것을 정당화할 만큼 중요한 사건이었다. 간의대는 새로운 간의를 놓는 것에 그치지 않고, 세종의 다른 의기들을 많이 수용했다. 왕립 천문기상대가 의기들을 충실히 갖추게 되었을 때, 그것은 1270년대 이래 곽수경의 천문대를 많이 닮아 있었을 것이다. 그러나 유감스럽게도 그것의 외양 역시 문자 기록으로 짐작할 수밖에 없다. 그 의기들은 오래전에 뿔뿔이 흩어져 버렸고, 일부는 녹여서 다른 것을 만드는 데 써 버렸다.[*59] 곽수경의 원래 의기들의 15세기 복제품들은 현재(적어도 1958년까지는 있었다) 남경의 자금산 천문대에 있다. 그러나 거기에 놓인 의기들은 북경에 있던 원래 천문대에 정렬되어 있던 모습을 상상하여 배치한 것에 불과하다. 원 천문대의 최상의 배치도를 복원한 것은 야마다 게이지로서,[*60] 복원도를 그림 1.3으로 재현했다. 전상운은 17세기 천문대의 유물을 삽화를 곁들여 설명했는데, 그것은 서울에 있었던 15세기의 천문대 유물 가운데 남아 있는 것과 거의 동일하다. 전상운은 또한 또 하나의 17세기 천문 관측대와 거기에 있던 몇몇 유물의 그림에 대해 자세한 설명을 제시하고 있다.[*61] 세종대왕의 왕립 천문대가 어떤 모양을 하고 있었는지 알아보고 싶다면, 북경에 있는 17세기 예수회 천문대에 대한 도해 설명[*62]과 비교하며 생각해 봐도 좋을 것이다. 실제 배치 모양이 어떠했든지 간에 그 간의대는 완벽한 한 벌의 의기를 갖추고 상당한 위용을 떨치는 장소였을 것이다.

7. 소간의

『세종실록』 권 77: 9a(1437)

소간의에 대한 서문은 예문관 대제학 정초가 지었는데 다음과 같다.

탕(湯)과 요가 세상을 다스릴 때 그들은 먼저 희와 화에게 명하여 해시계를 만들어 눈금을 새기게 했다. 그때부터 모든 왕조가 의기를 만들었다. 원나라에 이르러서 의기들이 오늘날의 모형을 갖추었다. 전하께서 재위 16년(1434) 가을에 이천·정초·정인지 등에게 작은 모양의 간의를 만들기를 명하니, 비록 옛 방법에 따랐으나 새로운 형태의 받침대를 사용했다. 받침대[부(趺)]는 순수한 청동으로 만들어졌고, 거기에 도랑을 파서 수평을 잡고 [물에 뜨는 자석 바늘로?] 남북의 방향을 맞추었다.

의기 자체를 볼 때 적도환 중의 하나는 그 둘레를 도(度)와 분으로 나누어 눈금을 새겼는데, 그것은 동에서부터 서로 회전하면서 칠정, 즉 해와 달 및 눈에 보이는 행성 5개의 움직임을 측정한다. 또한 달의 수 지역과 관련시킨 적도 남북의 별과 별자리의 위치, 즉 적경(赤經)을 도(度)와 분으로 읽어 낸다.

백각환은 움직이는 적도환의 안에 있는데, 12시와 100각이 새겨져 있다. 그래서 낮에는 태양의 위치를 알 수 있고, 밤에는 별의 남중(南中)을 확정할 수 있다. 사유환(四游環, 움직이는 적위환)은 '규형(窺衡, sighting alidade)'을 가지고 있는데, 사유환은 동서로 회전하고 동시에 규형은 북남으로 움직인다. 그래서 그것은 모든 위치의 측정에 사용될 수 있다.

기둥을 세우고 세 고리를 꿰어서 비스듬한 자세로 하여 받쳐 놓고는, 움직이는 적위환은 극축 속에 (그 직경을 가지고) 앉혀 놓았다. 비슷하게 적도환은 천복(天腹, 남북극의 중간)과 같은 평면 속에서 앉도록 놓았다. 그래서 사유환(움직이는 적위환)이 위를 향하여 곧게 세워지면 네 기본 방위가 정해지고, 적도환이 백각환 주위를 돌아가면 밤의 경도와 위도상의 위치가 나타난다.

공작(工作)이 끝나자, 신하들이 왕에게 명을 새겨 뒷세상에 전하기를 청했다. 임금이 신 정초에게 명하시니, 신이 이에 따라 절하고 다음과 같이 명문을 올린다.

하늘의 도는 자연스러운 활동이다. 최상의 의기는 가장 간단한 것이다. 옛 간의는 골격과 바탕이 커서 부피가 크고 다루기가 불편했으나, 새것은 사용하는 방법은 같으면서도 편리하게 운반할 수 있도록 만들어졌다. 그래서 옛 간의보다 더욱더 간단하다.

김돈은 간의대에 관한 기록에서 다음과 같이 추가한다(『세종실록』 권 77: 10a).

비록 간의는 혼의보다 간단하나 그것을 돌리고 사용하기가 어려웠기 때문에 2개의 작은 간의가 만들어졌다. 비록 더욱 간단하지만, 소간의의 기능은 간의와 같다. 하나는 천추각(千秋閣)의 서쪽에 놓았고, 다른 것은 서운관에 주었다.

1432년의 간의는 추측컨대 곽수경 간의를 충실히 복제한 것으로, 무겁고 덩치가 컸을 것이다. 남경의 자금산에 남아 있는 의기(그림 2.14)는 15세기 곽수경 원작의 복제품으로서 적위환과 적도환의 직경이 거의 2미터에 이른다. 표준 크기의 간의를 주조한 지 2년 후에, 세종대왕의 천문학자들은 좀 더 다루기 쉬운 것을 만들기로 결정했다. 지금 그것의 크기를 알수는 없지만, '편리하게 운반할 수 있는' 것이기 위해서는 틀림없이 훨씬 더 작았을 것이다. 수준기[를 갖춘] 받침대는 더 개선되어 있었는데, 물웅덩이에는 뜨는 나침 바늘을 띄울 수도 있었다. 표준 크기의 의기*63)에 있던 수직의 고도측정환은 작은 것에서는 제거된 것으로 보이는데, 정초의 서문에는 언급되어 있지 않다.

움직이는 주천환 속에 고정되어 장착된 적도백각환에 대해서도 서술하고 있는데, 앞에서 언급한 일성정시의가 간의에서 유래했음을 다시한 번 명백히 밝히고 있다. 표준 크기의 간의와 1434년에 만든 2개의 작은 간의가 모두 1592년에서 1598년까지에 걸친 히데요시의 침략(임진왜란)으로 사라졌고, 그것들에 대한 어떤 도해도 전하는 것이 없다.

8. 영부(影符) 및 규표(圭表)(그림 2.16)

김돈의 간의대에 관한 기록은 계속된다.

『세종실록』권 77: 9b(1437)

간의대의 서쪽에는 동표(銅表)를 세웠는데 높이는 8척의 5배(倍)이다 (40척). 청석(靑石)을 깎아 규(圭)를 만들고 규의 면에는 장·척·촌·분의 눈금을 새겼다. 영부는 태양의 중심으로부터 던져진 그림자에 초점을 맞추기 위하여 사용되는데, 표가 만드는 그림자의 길이를 정확하게 재어서 겨울과 여름에 가장 길고 짧음을 측정한다.

이 의기는 명백히 곽수경의 40척 표(gnomon)에 근거하는데, 이에 대해서 『원사』(48: 8b)에 다음과 같이 서술되어 있다.[64]

이 눈금자(규―옮긴이)는 돌로 만들어졌는데, 길이 128척, 넓이 4.5척 그리고 두께가 1.4척이다. 그것의 받침대는 높이가 2.6척이다. 둥근 못이 북과 남의 양쪽 끝에 파여 있는데 각기 직경이 1.5척이고 깊이가 2촌이다. 표에서 1척 떨어진 곳에서부터 120척의 중앙선이 4촌 넓이로 그어져 있고, 그 선의 양쪽으로 1촌에는 척, 촌, 분이 새겨져서 북쪽 끝으로 뻗어 있다. 가장자리에서 1촌의 거리를 두고 1촌 깊이의 물길이 이어져 있는

데 그것은 수평을 잡기 위해 만든 것으로 양 끝에 있는 물웅덩이와 연결되어 있다.

(청동 혹은 어쩌면 황동으로 된) 이 표는 길이가 50척이고 넓이가 2.4척이며 두께가 1.2척으로서, 눈금자의 남쪽 끝에서 돌로 된 받침대에 고정되어 있다. 땅 속 14척 깊이로 삽입되어 있는 이 표는 눈금자 위로 36척 올라와 있다. 표의 윗부분은 두 마리의 용으로 나뉘어서 가로막대[횡량(橫梁)]를 떠받치고 있다. 가로막대와 표의 꼭대기까지의 거리는 4척이고, 그래서 눈금자의 표면까지는 거리가 40척이다. 가로막대는 길이가 6척이고 지름이 3촌이며 수평을 잡기 위한 물길이 꼭대기에 있다. 가로막대의 양 끝과 중앙에는 직경 1/5촌의 구멍이 가로로 뚫려 있고, 거기에 5촌 길이의 막대들이 삽입되어 있다. 그 막대들에 다림줄을 매달아 올바른 위치를 확인하고 또 옆으로의 편향을 방지한다.

표가 짧을 때는 자 위의 눈금이 아주 촘촘하고 작을 수밖에 없고, 그래서 척과 촌 이하의 더 작은 단위의 눈금은 대부분 결정하기가 어렵다. 표가 길 때는 눈금은 읽기가 쉬워지지만 그림자가 희미하고 명료하지 못해서 정확한 결과를 얻기 어려운 불편이 따른다. 이전에는 관측자들이 그림자 끝을 정확히 알기 위하여 관측통이나 작은 표 또는 나무로 된 고리를 사용했다. 이 모든 고안품은 자 위에 드리우는 그림자 자국을 더 쉽게 읽기 위한 것이다. 그러나 이제 40척 높이의 표에서 이 눈금자의 5촌은 이전의 8척 높이의 표에 대한 그림자 (재는) 자[규(圭)]의 1촌에 상응하므로, 작은 단위도 쉽게 분간할 수 있다.

영부는 넓이 2촌, 길이 4촌의 동판으로서 한가운데에 바늘구멍이 뚫려 있으며 정사각형의 지지 틀을 가지고 있다. 또 선회축(=機軸) 위에 앉혀져 있어서 어떤 각도로도 회전할 수 있다. 다시 말해 북으로 높게 남으로 낮게, 즉 투사되는 태양빛에 직각이 되게 움직일 수 있다. 영부는 경계가 명확하지 못한 가로막대 (그림자의) 중간에 이를 때까지 앞뒤로 움직인다. 그래서 바늘구멍이 햇살을 만나서 최초로 관찰될 때 쌀알보다 크지 않은 영상을 하나 얻는데, 여기서 이 영상 가운데에 가로막대의 그림자가 흐릿하게 나타남을 볼 수 있다. 옛날 방식으로 표의 단순한 꼭대기를 사용하면, 투사되는 것은 태양면의 위쪽 끝이었다. 그러나 이 방법을 사용하면 가로막대의 수단에 의해 어떤 오차도 없이 태양면의 가운데로부터 햇살을 얻을 수 있다.

곽수경이 제작한 표 2개는 북경과 낙양 가까이에 있는 양성[陽城: 오늘날의 등봉(登封)]에 세워졌다. 양성에 있는 것은 멋진 반 피라미드 탑에 둘러싸여 있었다.[*65] 탑과 규는 오늘날까지 남아 있으나 표 자체는 없어졌다. 세종의 표에는 그 같은 탑이 없었던 것이 분명하며 오히려 북경에 있던 것처럼 자유로이 서 있었다. 그림 2.16은 그것이 어떤 외관을 하고 있었는지 보여 준다.

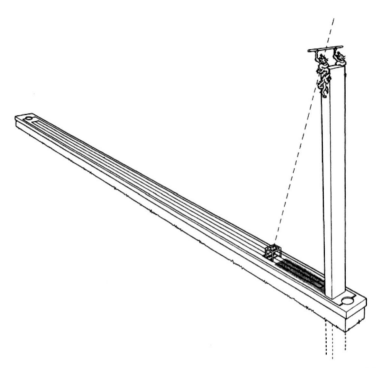

그림 2.16 40척(9.8m) 높이의 표 및 규(圭, Measuring-Scale)와 2촌 x 4촌(49 x 98mm) 크기의 판을 가진 영부. 복원도.

이 복원도는 페르디난트 페르비스트가 그린 8척의 표 그림(Chapter 5, n.58(v) below)을 바탕으로 하고 있는데, 그 표는 곽수경이 만든 표 가운데 북경에 세워진 40척의 표(see p.123)와 설계가 유사하다. 세종대왕의 40척 표는 곽수경의 의기를 복제한 것이라고 우리는 생각한다. 다만 한국의 의기가 중국의 원작처럼 정교하게 장식되었는지는 확실하지 않다.

영부를 확대해서 자세히 보면 표 가로막대 부분과 함께 태양의 자그마한 '시각적(optical)' 상이 나타나는데, 판에 있는 바늘구멍에 의해서 만들어진 것인바, 복원 과정에서 그것을 잘 보이게 하기 위해서 크기가 매우 과장되었다.

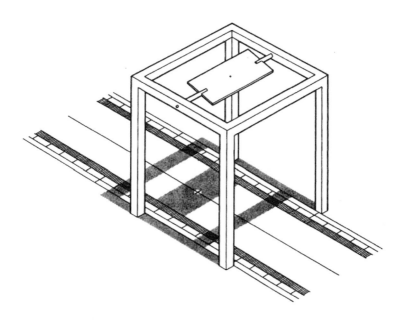

그림 2.16. (세부).

   웅장한 크기 외에, 이 표와 규가 갖고 있는 가장 흥미로운 특징은 곽수경이 발명한 영부이다. 이전에 커다란 표를 사용할 때 가장 큰 난관 중 하나는 표가 길어짐에 따라 그 그림자의 끝이 더 불분명해지는 반영(半影) 현상이었다. 이 현상은 표의 위 끝을 아무리 날카롭게 만들어도 마찬가지였다. 이에 대해 영부(그림 2.16 세부)는 규를 따라 움직이며 투사되는 햇살에 정면으로 향하도록 기울면서 마치 렌즈처럼 가로막대의 상(像)에 초점을 맞추었다. 즉, 바늘구멍의 원리가 사용되었던 것이다.[*66]

김돈은 이 표의 높이를 '8척의 5배'라고 구체적으로 표현한다. 주(周)나라 시대부터 8척은 중국 표의 표준 높이였다.[*67] 김돈의 표현은 그래서 초기의 숫자에 단순히 5를 곱함으로써 초기의 천문학 논문들에 나타난 측정 결과와 새로운 표를 가지고 얻어진 그림자 길이의 측정 결과를 비교해 볼 수 있다는 사실을 암시해 주고 있다.[*68]

9. 혼의와

10. 혼상

김돈의 기록은 계속된다.

『세종실록』 권 77: 9b(1437)

표 서쪽에 작은 집을 세우고 혼의와 혼상을 놓았는데, 혼의는 동쪽에 있고 혼상은 서쪽에 있다. 혼의의 제도는 역대를 통하여 같지 아니했지만, 이제 『오씨서찬(吳氏書纂)』에 실린 글에 의거하여 제작하니, 옻칠한 나무로 혼의의 고리들을 만들었다. 혼상은 옻칠한 베[포(布)]로 몸통을 싸서 만들었으니, 둥글기는 탄환 같고 둘레는 10.86척이다.[*69] 위도와 경도는 주천도로 그 위에 표시되었다. 적도는 중간에 있고 황도는 24도가 채 못되는 각도로 적도를 가로지른다. 베로 된 표면 전체에 중외관성(中外官

星: 적도 북남의 별자리들)이 표시되어 있다.

하루에 한 바퀴를 돌면서 1도를 추가한다. 비단실로 태양의 모형을 황도에 얽어매어 매일 1도씩 황도를 따라서 움직이도록 하는데, 이것이 정확히 하늘에 있는 실제 태양의 운동에 상응한다. 그리고 모든 공교로운 기계장치는 흘러내리는 물의 힘으로 추진되는바, 모든 것이 숨겨져서 눈에는 보이지 않는다.

김돈이 이 혼상과 혼의의 구동 장치에 대하여 좀 더 자세한 정보를 제공하고 있지 않은 점이 아쉽다. 추측컨대, 그와 같이 중요한 의기들은 틀림없이 기념적인 명문, 서문 및 기록의 주제였을 것이다. 실록은 그것들을 인용하고 있지 않다. 감추어진 수력 작동 장치에 대한 김돈의 간략한 언급에 기초해서 볼 때, 혼의와 혼상은 자동적으로 구동되었고, 자격루에 사용될 수 있도록 개조된 중국·아랍의 기술을 채용하고 있다고 생각하는 것이 순리인 듯하다. 두 의기가 단 하나의 장치에 의해서 작동했다는 것 또한 틀림없을 것 같다.

다음 장에서 좀 더 자세히 언급하겠지만, 혼상과 혼의는 1526년에 수리되었고 다시 1549년에 교체되었다. 그리고 히데요시의 침략에 의한 참화 후 1601년에 또 한 번 교체 명령이 내려졌다. 두 번째 교체 때는 종종 태엽 장치로 작동되었던 당시의 혼의에 대한 표준용어였던 선기옥형으로 서술되었다. 어쨌든 간에 1669년의 이민철의 혼천시계는 물시계 장치로 움직였던 것이 확실하다. 그리고 세종의 혼의와 혼상도 계속 이어져 온 전통의 일부로서 물시계 장치가 아니었을 이유는 없다. 세종대왕의 옥루(no.11, 아래쪽)에도 아랍의 물시계 기술에서 유래한 다른 특성들이 스며들어 있었다. 따라서 그러한 기계장치들의 전모가 조선의 왕정 공학자들에게 이용될 수 있었으리라는 것을 짐작할 수 있다.

이 이상 우리는 세종의 혼의와 혼상의 구동 장치에 대해서 아무것도 이야기할 수 없다. 극단적인 회의주의적 관점에서 본다면, 그것이 애초에 기계화되어 있었는지까지도 의심할 수 있다. '물 떨어지는⋯⋯ 장치' 등의 언급은 단순히 전통적으로 사용되었던 형식적인 표현이었을 수도 있다. 그러한 표현은 장형(張衡)의 시대 이래로 혼의에 적용되었다. 그러나 우리는 이러한 회의적 관점은 거절하고 싶다.

김돈이 서술한 혼의와 혼상은 옻칠한 나무와 베[마(麻)]로 만들어졌다. 재료 때문에 가벼워진 혼의와 혼상은 더 쉽게 회전할 수 있었을 것이다. 전상운은 이 장에서 살펴보고 있는 작품을 제작했던 관료들의 감독 아래 1433년에 추가로 청동 의상이 주조되었다는 기록이 세종실록의 다른 장(권 60: 38b)에 실려 있다고 주장한다.[*70] 그러나 어찌 되었든 이 청동 의기들 중 어떤 것도 기계장치로 움직였다는 단서는 없다. 세종의 의기들은 크기는 어쩌면 더 작았을지 모르겠으나 곽수경의 거대한 혼상을 단순히 복제한 제품이었을 가능성이 크다.[*71] 루퍼스가 도해하여 설명했던 조선 시대의 또 하나의 혼의[*72]는 아마도 후대에 제작되었을 것이다.

우리는 옻칠한 나무로 혼의와 혼상을 제작하도록 설계했다는 오씨(吳氏)가 누구인지 확언할 수 없다. 가능성 있는 인물 중 하나는 981년 역법의 작자인 오소소(吳昭素)로서, 한현부(韓顯符)에 의해서 제작된 혼의와 연관해서 『송사』에 언급되어 있다.[73]

김돈은 이 점과 연관하여 간의대에 관해 남긴 기록에서 "이 다섯 의기, 즉 일성정시의, 간의, 해시계, 혼의 및 혼상은 모두가 옛날의 원전에 자세히 서술되어 있다."라고 말하고 있다. 아마도 김돈은 이들 의기가 곽수경의 작품에서 유래했다는 것을 지적했을 것이다. 김돈보다 150년 앞에 살았던 곽수경의 시대를 김돈이 '옛날'이라 묘사한 것은 자연스러운 일이라 하겠다.

11. 옥루

보루각(no.1, 상단)에 안치된 자격루를 간단히 서술한 후, 김돈은 말한다.

『세종실록』 권 77: 10a(1437)

천추전(千秋殿) 서쪽에 작은 집을 짓고 이름을 흠경각(欽敬閣)이라 했다. 그리고 뼈대 위에 종이를 붙여서 7척이 넘는 산 모양을 그 안에 만들어 놓았다. 안에는 기륜(機輪)을 설치했는데, 옥으로 된 물그릇에서 흘러나

온 물을 사용해서 타격 장치를 운영했다.

오색구름이 있어서 해를 둘러싸고 있으며, 태양은 뜨고 지는데, 한편으로는 동시에 한 옥녀(玉女)가 나무망치로 종을 때려서 12시를 알린다. 네 명의 사신무사(司辰武士)가 서로 마주 보며 서 있고, 또한 12신(神)이 있는데 이들은 회전 장치가 돌아감에 따라서 각기 차례로 산을 올랐다가 다시 사라진다. 산 사면에는 사람들이 일하는 모습과 사계절의 변화를 보여 주는 풍경이 있다. 이는 「유풍(豳風)」[74]에 있는 서술에 따라서 만들어진 것으로서, 식량과 의류를 생산하기 위하여 애쓰는 백성의 노고를 보는 자로 하여금 상기하게 하기 위함이다. 또한 기기(敧器)가 설치되어 있어서 물시계의 일정 수준을 지키는 물그릇에서 넘쳐 나는 물을 받아서 움직이는데, 가득 찼다가 다시 비어지는 이치에 의거해서 천도(天道)를 살피기 위함이다.

『증보문헌비고』 2장(pp.30a ff)은 이 의기에 대한 추가 정보를 제공한다.

흠경각에는 옥루가 설치되어 있는데, 바퀴가 달려 있어서 물의 힘으로 돌아간다……. 금으로 된(혹은 금으로 도금한?) 태양이 있는데 대략 탄환 크기만 하며 하루에 한 번 종이로 만든 산의 주위를 공전한다…….
역시 대가 설치되어 있어서 그 꼭대기에는 때에 따라 기울어지는 그릇이 있었고, 대의 북쪽에는 금속 항아리를 받든 관리의 모습을 한 사람이 있었으며, 그 항아리에서는 물이 흘러나왔다. 이것은 물시계의 물이 넘쳐 나는 것으로서 끊임없이 흘러내렸다. 기울어지는 그릇은 비어 있을 때는 똑바로 누워 있는데, 물이 반이 차면 똑바로 섰다가 꽉 차면 뒤집어진다……

모든 것이 과거의 설계와 같았다. 아무도 각 안에 있을 필요가 없으니, 모든 동작과 관련해 스스로 움직이고 또 스스로 타격하는 장치가 있었던 것이다.

그러나 옥루에 관해서는 1438년에 김돈이 따로 저술한 『흠경각기(欽敬閣記)』에 가장 완벽히 서술되어 있다. 이 기록은 『세종실록』의 권 80에 인용되고 있다.

『세종실록』 권 80: 5a-6a[*75](1438)

풀을 먹인 종이로 7척 높이의 산을 만들어서 흠경각 한가운데 놓았다. 산 속에는 옥루의 인형 장치를 작동시키는 바퀴를 설치했는데 흐르는 물로 돌게 했다. 금으로 태양의 모형을 만들었는데 크기는 탄환만 하며, 오색구름에 둘러싸인 산허리를 가로질러서 움직이도록 했다. 태양은 하루에 한 바퀴씩 도는데 새벽에는 산의 가장자리에서 나타나고 황혼에는 산 뒤로 숨는다. 태양의 기울기[적위(赤緯)]는 북극 거리에 따라 달라진다. 한편 (모형) 태양의 뜨고 짐은 각 기(氣: 24절기를 말한다―옮긴이)에 따른 실제 태양의 출몰과 같다. 모형 태양 밑에는 4명의 옥녀가 네 기본 방향에 위치하는데 손에는 금방울을 들고 있다. 인(寅)부터 진(辰)까지인 아침의 세 시의 초(初)와 정(正)에는 동쪽에 있는 옥녀가 방울을 울리고, 다음에는 서쪽에 있는 옥녀가 이어지는 세 시의 초와 정에 방울을 울리고, 마찬가지로 북과 남에 있는 옥녀들도 차례대로 방울을 울린다.

네 기본 방향에는 땅 위에 사신(四神)[*76]이 서 있는데, 각기 중앙의 산을 향하고 있다. 사신 중의 첫째인 청룡은 인시(寅時)에는 북을 향하고, 묘시(卯時)에는 남을 향하고, 사시(巳時)에는 서를 향한다. 마찬가지로 주작(朱雀)은 처음 인시에 동을 향하고 이어서 차례로 방향을 바꾸어 간다. 남쪽 산기슭에는 높은 대가 하나 서 있는데, 거기에는 '사신(司辰)' 하나가 등을 산으로 돌리고 서 있고, 한편으로 3인의 전사(=사신)가 모두 갑옷을 차려입고 늘어서 있다. 그중 첫째는 쇠망치를 들고 서쪽을 바라보며 동쪽에 서 있고, 둘째는 북채를 들고서 동쪽을 바라보며 서쪽에 서 있고, 셋째는 징채를 들고서 마찬가지로 동쪽을 바라보며 서쪽에 서 있다. 매 시마다 사신은 종치기를 향하여 돈다. 다른 인형들은 각기 자신의 도구로 각 경점마다 친다. 평지 위에는 12신이 각각 자신의 위치를 차지하고 있는데, 그들의 뒤에는 구멍이 있다. 자시(子時)에는 자(子), 즉 쥐의 뒤쪽에 있는 구멍이 열리면서 시패를 든 옥녀가 나오고 쥐는 선 채로 가만히 있게 된다. 축시(丑時)에는 소가 서 있는 위치에서 같은 움직임이 일어나고, 이것이 이어지는 시를 따라 계속 이어진다.

그 남쪽에는 또 하나의 대가 있어서 때에 따라 기울어지는 기기가 있는데, 이것은 비었을 때는 바로 누워 있다가, 물이 반쯤 차면 똑바로 섰다가는, 물이 넘칠 만큼 차면 뒤집어진다. 이 모든 작동은 사람의 힘을 전혀 빌리지 않고 완전히 자동으로 실행된다. 산 둘레로는 4계절에 따른 시골의 풍경을 나타낸 그림이 둘러싸여 있고, 또한 인간, 조수(鳥獸) 및 초목의 목상(木像)도 있다. 이로써 각기 다른 계절에 따라 사람이 수행하고 있는 노동의 모습을 나타낸다.

자격루와 마찬가지로 옥루도 1350년의 원나라 순제 때 궁정 물시계의 직접적인 후예이다. 그것은 또한 1262년에 쿠빌라이 칸을 위하여 곽수경이 제작한 상도(上都)에 있는 보산루를 연상시킨다.[77] 이 두 계시기는 그 환상적인 풍경이라든가 옥녀라든가 유보(遊步)하는 관리 등이 유사해서, 아래로 떨어지는 구슬로 힘을 전달하는 장치를 가지고 있었을지도 모른다. 그러나 남아 있는 기록들에는 이에 대한 언급이 없다.[78] 옥루에 대해 앞에서 인용한 기록에도 낙하하는 구슬에 대한 언급은 역시 없다. 그러나 우리는 자격루와 마찬가지로 옥루도 부분적으로는 같은 방식으로 작동되는 부분이 있었을 것이라 짐작한다. 그리고 그 힘의 전달은 수구반복식 장치에 의해서 이루어졌을 것이다. 즉, 굴대나 북이 물시계의 부표(浮標)에 붙은 무게 달린 끈의 힘으로 회전했다는 것이다.

이 모든 서술에는 자동으로 채우고 비우는 '기기'가 두드러지게 언급된다. 축 위에 놓인 기기는 담겨지는 물의 양에 따라서 무게의 중심이 변하도록 되어 있는 그릇이었을 것이다. 일본의 정원에서 쉽게 찾아볼 수 있는 특징인 물로 움직이는 대나무 딱따기와 개념적으로 유사하다. 이 기기는 일정 수준 물그릇에서 흘러넘치는 물로 채워지곤 했던 것으로 명기되고 있는바, 물의 공급이 조절되지 않았기 때문에 계시의 기능을 행하지는 못했다. 그것은 본질적으로 구경꾼에게 인상적으로 보이려는 쇼맨 장치이다. 그 효과는 그러한 그릇의 고전(古典)과의 연상(associations)에 의존했다. 철학자 순자(荀子)는 기원전 3세기의 저술에서 '뒤집어지는 그릇'에 대해 서술하는데, 고대 노(魯)나라의 종묘(宗廟)에 있는 왕좌의 오른편에 놓여 있었다고 한다. 그것은 겸손의 덕을 상기시키는 존재로 소용되고 있는 것으로 이해되었다.[79] 옥루의 이미지가 전통적인 도가의 특성을 담고 있다는 관점에서 볼 때, 이 장치에는 또한 철학자 장자를 연상시키려는 의도가 있었을 것이다. 장자의 가르침은 "가득 차면 스스로 뒤집고 비었으면 스스로 채운다."라는 '치언(卮言, goblet words)'으로 묘사된 바 있다.[80]

옥루는 3가지 주된 시보 장치를 가지고 있었다.

1. 4명의 옥녀가 산 정상에서 네 기본 방향으로 서 있다. 그들은 매 시마다 나무망치로 치는 종을 가지고 있다.

2. 우두머리 사신(司辰)이 산 앞에 있는 대 위에 서 있는데 종, 북

및 징을 가지고 있다. 아마도 이것들은 밖으로 뻗어 있는 사신의 양팔이 잡고 있는 선반에 걸려 있었을 것이다. 우두머리 사신의 약간 앞쪽으로 동쪽에는 종 치는 망치를 든 다른 사신이 서 있다. 서쪽으로는 두 사신이 서 있는데 하나는 북 치는 막대를 들고 있고 다른 사신은 징 치는 막대를 들고 있다. 시의 초와 정에 우두머리 사신이 나무망치를 든 사신 쪽을 향해 동으로 돌면, 후자는 종에다 신호를 칠 것이다. 각 경(更)의 시작에는 우두머리 사신이 두 상(像)을 향해 서쪽으로 돌면, 두 상은 각각 북과 징을 칠 것이다. 다음의 넷째 점(點)에는 징 치는 사신만이 징을 칠 것이다.

3. 움직이지 않는 시의 신(神)들은 쥐, 소 등의 슬롯 앞에 자리를 차지했다. 매 시마다 시패를 든 사신이 일어나서는 해당하는 시신(時神)의 뒤에 자리를 잡는다.

거기에다 모형 태양이 산 주위를 하루에 한 번 돌았다. 그 길을 정기적으로 조절함으로써 1년 내내 대략 실제로 해가 뜨고 지는 시각에 맞추어 나타나고 또 사라지게 했다.

자격루에서와 마찬가지로, 낙하하는 구슬에 의해서 어떻게 이들 계시 기능이 수행되었는지는 쉽게 파악된다. 태양의 운동은 물의 힘으로 방출된 구슬에 의해서 구동된 굴대를 통해 직접적으로 이루어질 수 있었다. 아마도 이 운동은 위에서 서술한 혼상의 경우에도 마찬가지로 수행되었을 것이다(no.10, pp.126~129).

옥루에 관한 서술을 보면 모든 기계 작용이 완전히 자동이었다고 주장하고 있는데, 그러나 이는 사실일 리 없다. 물시계의 그릇들을 아마도 매일 아침저녁으로 채우고 비워야 했을 것이며, 한편으로 살대에 의해(혹은 계절에 따라서 변하는 경을 재기 위해 무엇을 사용했건 간에) 작동되는 구슬 선반도 15일 간격마다 손으로 갈아 주어야 했을 것이다. 아마도 태양이 지나는 길의 높이와 혹은 각도도 같은 간격으로 손으로 조절해야 했을 것이다.

산 자체는 곤륜산(메루산, 우주의 축)이라는 중국의 우주론적 전통 속에서 설계되었다. 암벽 위에 서 있는 여신들, 오색의 구름 등을 볼 때, 그것은 한(漢)의 '언덕의 향로'와, 청동과 자기로 된 그 자손들의 큰 버전과 같았을 것이다.[81]

12. 앙부일구(그림 2.17)

김돈은 우리가 앞의 7번과 연관시켜서 인용한 소일성정시의에 대해 간략한 언급을 한 후 이어서 말한다.

『세종실록』 권 77: 10a(1437)
무지한 일반 남녀들이 시와 각에 어두우므로, 반구형의 앙부일구 둘을 만들었는데, 그 안쪽에는 시신(時神)들을 그려 새겼다. 대저 무지한 자로 하여금 보아서 시간을 알게 하고자 함이다. 하나는 혜정교(惠政橋)를 건너는 중간에 설치했고, 또 하나는 종묘(宗廟) 남쪽 거리에 놓았다.

김돈은 계속해서 그러한 해시계는 밤에는 시간을 말해 주는 데 쓸모 없었기 때문에 일성정시의가 만들어졌다고 했다.

앙부일구는 곽수경이 만든 의기들 중 하나이다. 우리는 동아시아 에서는 그 이전 시기의 어떤 해시계에 관한 정보도 가지고 있지 않다. 그러나 반구형의 해시계는 서양에서는 오랫동안 알려져 있었다.[82] 앙부일구는 일반적으로 반구형의 솥 내부에 망 모양의 눈금이 새겨진 형태로 되어 있다. 그림 2.17은 17세기 한국의 전형적인 해시계의 예 를 보여 준다. 이렇게 눈금이 새겨져 있는 앙부일구는 시위선(時緯線) 에 따라 하루의 시간을 알려 주고 또 '태양적위선'에 따라서 24절기로 계절을 알려 준다.[83] 비록 김돈이 언급하고 있지는 않지만, 이 전형적 인 종류의 해시계는 궁정 안에서 사용하기 위해서 만들어진 것이 틀 림없고, 마찬가지로 왕립 천문기상대에서 사용하기 위하여 제작했다 는 것에 의심할 여지가 없다. 우리는 이 생각을 "해시계는 밤에 시간 을 알려 주는 데 쓸모가 없었기 때문에 일성정시의가 만들어졌다."라 는 김돈의 진술에서 추론해 냈다. 일성정시의가 일반인의 사용을 위 한 것이 아니기 때문에, 이 진술에서 언급된 비교는 앙부일구가 궁정에서 사용하기 위한 것이라는 사실을 말할 수밖에 없다. 저자 김돈은 그것을 당연하게 여긴 것 같다.

김돈이 일반인을 위한 앙부일구의 별난 특징이라고 특별히 언급한 부분은 시각(時刻)과 24절기를 알리기 위한 것으로 망 모양의 눈금 대신에 쥐, 소, 호랑이 및 다른 시신(時神)들의 형상을 새겼다는 점이다. 동물로 시간을 나타내는 방식은 동아시아에서는 적어도 주(周) 시대 이래로 일반인들이 낮 시간을 나타낼 때 이용하던 것이므로,[84] 시간을 읽는 데에 아주 무지한 통행인에게도 이해가 되었을 것이다. 김돈이 복잡한 해시계를 무식한 백성들이 사용할 수 있도록 변형했다는 사실을 언급한 것은, 그것이 비단 혁신적이었기 때문만이 아니다. 우리가 생각하기에는 그가 자신의 주군이 백성을 위하는 자비로움에 대해 명백한 찬사를 표하기 위해서였을 것이다.

동아시아 전통에서 앙부일구의 극을 가리키는 표의 특징적 모양(그리스의 십자 받침대 위의 이중반곡의 원추)은 따로 언급할 가치가 있다. 어쩌면 그것이 이슬람에서 기원한 것이라고 생각하는 사람도 있을 것이다. 한편으로는 그것이 동아시아 토착의 것일 가능성 또한 있다. 생긴 모양과 극좌표는 우주의 극축이라는 곤륜산을 흉내 내고 있는 것처럼 보인다. 한편 이중반곡 원추의 뾰족한 끝은 밀교(密敎)의 의식용 도구인 금강저의 갈고리{바즈라[뇌전(雷電)]의 발톱}에서 유래했을 수도 있다.

그림 2.17 17세기 한국의 앙부일구.
표 그림자의 끝은 새겨 넣어진 시원(時圓; 표축(gnomon-axis)과 동일 평면상에 있는)과 연관한 그것의 위치에 의해서 하루의 시간을 가리키고, 또 24기(氣, fortnightly)의 태양적위(declination) 평행선(이것의 평면은 표축에 수직을 이룬다)과 연관한 그것의 위치로서 24기(氣, Fortnightly Periods) 속의 계절 시간을 가리킨다. 원과 평행선은 앙부의 평평한 가장자리 위에 새겨진 명문에 의해 특정(identify)된다.

이 장에서 서술한 다른 해시계들도 마찬가지이지만, 우리는 태양에 의거한 계시 방법의 가능성을 넓히는 과정에서 나타나는 한국의 계시학자 및 장인의 전문적 기술에 감명을 받는다. 뛰어나게 정교한 물시계기술을 가지고 있었으면서도, '해동인'은 무엇보다 자신들의 표준시를 위해서 해시계에 의존했던 것이다.

13. 현주일구(그림 2.18)

간의대에 관한 김돈의 기록은 계속된다.

『세종실록』 권 77: 10a(1437)

또한 현주일구를 몇 개 만들었는데, 뒤에서 자세히 설명하는 바와 같이, 시계는 각 변이 6.3(周)촌(주척촌에 대해서는 뒤에 오는 no.17을 참조―옮긴이) 인 정사각형의 밑바탕 위에 받쳐져 있다. 밑바탕의 북쪽에는 기둥을 하나 세웠고 남쪽에는 못[지(池)]을 팠다. 기둥의 북쪽에 십자를 새기고 기둥머리에 추(錘)를 달아 늘어뜨려서 십자와 서로 만나게 했다. 이 같은 방법으로 수평을 잡는데 물을 사용할 필요가 없게 되었다. 이 의기는 스스로 자동으로 맞추는 것이다. 100각을 둥글고 작은 원반 위에 그렸는데, 지름은 3.2(周)촌이다. 기둥의 밑에서 비스듬한 자세로 튀어나온 손잡이가 있다. 원반의 중심에 구멍이 있어 한 가닥 가는 실을 꿰어서 위로는 기둥 위 끝에 매고 아래로는 밑바탕의 남쪽에 매었다. 실 그림자의 위치를 보아서 곧 시와 각을 읽는다.

그림 2.18은 이 의기의 복원도로서, 김돈의 서술문을 근거로 해서 그려졌다. 받침대에는 못이 있는데, 아마도 앞에서 서술한 몇몇 다른 의기들의 경우와 마찬가지로 방향을 잡기 위해 나침반 바늘을 띄우는 데 사용되

었을 것이다. 이 해시계의 주기둥은 받침대 중앙선의 북쪽 끝 가까이에 위치한다. 그 꼭대기에서 완목 하나가 북쪽으로 나와 있고 거기에 다림줄과 추가 매달려 있어서, 그것이 밑에 새겨져 있는 십자를 향하면 의기가 올바르게 수평을 잡았는지 확인할 수 있다. 양쪽 바탕면에 시각(時刻)이 새겨져 있는 원반은 적도평면에(즉, 수직에 대하여 대략 37½°의 각도에) 주기둥에서 돌출한 짧은 손잡이 위에 고정되어 있다. 시와 각은 96각과 '나머지 분'으로 정리되어 있고 그 나머지 분은 24 반시의 중간 중간에 배분되어 있었다고 추측되는데, 이는 앞에서 다룬 백각환의 경우와 같다. 한 가닥 실이 기둥의 꼭대기에서 비스듬히 내려와 원반의 바탕면과 직각으로 만난 다음 원반 바탕면의 중앙에 있는 구멍을 통과해 받침대의 남쪽 끝에 있는 부착점(당김 나사)에 이른다. 그렇게 해서 실은 극을 가리키는 실표가 된다.[85]

전상운은 이 의기와 뒤에 나올 천평일구를 함께 취급하면서 둘을 합성해서 보려고 하는데,[86] 김돈의 서술 내용을 보면 그 둘이 개념적으로 상당히 다른 것으로 생각된다.

현주일구의 후기 형태에 대해서는 일성정시의와 연관시켜서 이미 논했다. 앞의 그림 2.13과 107쪽을 참조.

14. 행루(行漏)

김돈은 서술한다.

『세종실록』권 77: 10ab(1437)

구름이 끼고 어두운 날에는 시간을 알기가 어려웠다. 그래서 행루를 만들었는데, 몸체는 작고 간단하며, 파수호 하나와 수수호 하나 및 물을 흘러내리게 하는 사이펀(siphon){혹은 파수관[갈오(渴鳴, thirsty crow)]으로 표현}으로 되어 있다. 행루는 자시(子時)와 오시(午時) 사이나 혹은 묘시와 유시 사이에 사용된다. 즉, 행루는 한 번에 오직 6개의 시(즉 금일의 12시간―옮긴이) 동안만 운행한다.

소일성정시의, 현주일구 및 행루는 여러 개가 만들어졌는데, 각각 여러 병영(兵營)에 나누어 주고 남은 것은 서운관에서 보관했다.

이같이 간단한 서술은 전혀 다른 두 가지 해석의 여지를 만들었다. 그래서 우리는 다시 한 번 김돈이 우리에게 좀 더 많은 정보를 주었으면 좋았으리라는 생각을 하게 된다.

한편 이 의기는 간단히 '들고 다닐 수 있는' 유입부상 물시계로서, 하나의 파수호(아마도 들고 다니기에 더 편하도록 가죽으로 된)와, 사이펀 혹은 간단한 유출관[*87]) 및 부표와 살대를 갖춘 수수호로 되어 있었을 것이다.

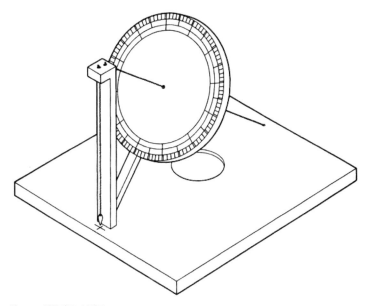

그림 2.18 현주일구: 복원도.
적도 기준 문자판(직경 3.2주촌; 78.5mm)에는 12시와 24반시가 눈금으로 새겨져 있다. 각 반시는 4⅙각(즉, 하루 밤낮의 1/100)으로 구성되어 있다.
서울의 북극고도 37.5°에서 축 실(axial threa)이 표를 형성하고 있고, 댕김줄(plumb-line)은 수평을 잡기 위하여 있다. 6.3주촌(周寸)(155mm) 의 정사각형 받침대에는 못이 있는데 나침반 바늘을 띄우기 위하여 사용되었을 것이다.

이것은 '진(陳) 씨의 주례(周禮)형 고대 물시계'로 알려진 물시계 유형과 상통한다.[88]

한편, 행루(혹은 행각루) 는 막대저울 물시계, 칭각루(稱刻漏)의 다른 이름 으로 생각되어 왔다.[89] 이렇게 사용하면 '행(行)'이란 단어는 막대를 따라 서 추를 손으로 움직이는 것을 의미할 수도 있다. 이 말은 사용자의 '이동'

이나 의기의 '휴대 가능성'이라는 뜻이 아니다(혹은 이 단어는 양쪽의 의미를 지니도록 의도된 것일 수도 있다). 또한 '마상(馬上: '말등' 혹은 '빠른') 행루'라는 것도 있었는데, 이것은 가지고 다니기 더 쉽게 하기 위하여 혹은 사용자가 급할 때 사용할 수 있도록(밑에 나오는 천평일구 참조 바람) 혹은 짧은 간격의 시간을 재기 위해서 특별히 제작된 막대저울 물시계였을 것이다. 그러나 이 의문투성이의 질문에 대해서 여기서 더 조사하지는 않겠다. 김돈의 서술에는 행루가 막대저울 물시계였을 가능성을 배제하는 내용이 전혀 없었지만 또한 막대저울 물시계라는 것을 구체적으로 암시하는 구절도 전혀 없었다. 따라서 새로운 정보가 추가로 밝혀질 때까지는, 두 가능성 사이에서 어느 한쪽을 선택할 수 있는 근거를 찾을 수 없다.

15. 천평일구(그림 2.19)

잠깐 옆으로 빠져서 행루에 대하여 언급한 후에, 김돈은 해시계 주제로 돌아가서 쓴다.

『세종실록』 권 77: 10b(1437)
(馬上不可不知時인 것처럼) 신속하게 시간을 아는 것이 필요한 경우를 위하여, 몇 개의 휴대용 천평일구가 제작되었다. 천평일구는 전체적으로

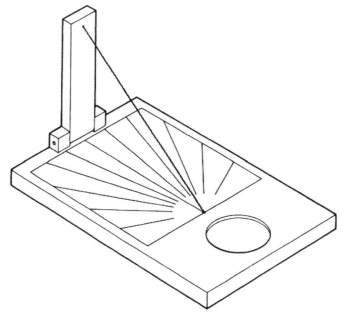

그림 2.19 천평일구: 복원도.
수평의 문자판은 못을 가지고 있는데 아마도 여기에 나침바늘을 띄워서 수평을 잡았을 것이다. 판 위에
반시로서 눈금이 새겨진 것이 보인다. 서울의 북극고도 37.5°에서 한줄기 실이 표를 만들고 있는데, 그것의
위쪽 끝은 수직기둥에 의해서 지탱되고 있다. 그림에 보이는 대로 이 기둥은 가지고 다닐 수 있도록
돌쩌귀로 접을 수 있도록 되었다고 추측되었다.

보면 현주일구와 비슷하나. 다른 점은 못만 받침대의 남쪽에 파 놓았고,
기둥은 북쪽 끝에 세웠다는 것이다. 한 가닥 실이 받침대의 중앙에서 기
둥의 꼭대기로 이어져 있다. 천평일구는 치켜 올려져 있고 남쪽을 가리
킨다. 이것이 차이이다.

이 서술도 어느 정도 애매하게 표현되어 있다. 김돈은 이 해시계가 "전체적으로 현주일구와 유사하다."라고 했다. 하지만 이 말은 읽는 사람에게 적도 위에 올라앉은 문자판을 기대하게 할 것이다. 또 한편 이 서술은 다만 받침대, 못, 기둥과 극 실표(polar thread-gnomon)만을 명기하고 있다. 이 의기의 이름인 '천평'은 그것이 평면형임을 가리키는 것처럼 보인다. 문제는 김돈이 무슨 의미로 '전체적으로 유사한'이라는 말을 했느냐 하는 것이다.

만일 천평일구가 말 그대로 휴대용 지평면 해시계였다면(그림 2.19), 그것이 17세기를 통하여 전 세계적으로 유행했던 실표 '주머니시계' 해시계의 원조였을지도 모른다.[*90] 그러나 이 초기의 모형은 반드시 접는 것은 아니었다.[*91] '못'은 나침반 바늘을 띄워서 방향을 잡거나 또한 대략적인 정확성을 얻기 위한 수평기로서 이중의 역할을 했을 것이다(이 의기는 보통 더 큰 의기의 받침대에서 볼 수 있는 수평기로서의 도랑은 없었다고 추측된다). 실제로 사용을 할 때는 못은 적은 양의 물로도 쉽게 채우고 또 쉽게 비울 수 있었을 것이다. 그래서 의기는 필요하다면 문자 그대로 '말 등 위에서' 사용할 수도 있었을 것이다(물론 움직이는 말 위에서는 안 되겠지만). 만일 수평을 잡기 위한 것이 아니었다면, 못은 핀 같은 작은 표를 가진 미니 오목 해시계였을지도 모른다고 상상해 볼 수 있다. 이 의기에 실표가 있었다고 가정한 것은 천평일구가 현주일구와 '유사했다'는 김돈의 말에 근거를 두었기 때문이다. 만일 우리가 추측하는 대로 적도 문자판이나 앙부가 없었다면, 적도해시계나 오목해시계 위에서의 시간 읽는 방식을 간단히 참고함으로써 경험적으로 바닥판 위에 시나 반시를 나타내는 시간 눈금선을 용이하게 새겨 넣었을 것이다. 실표를 가진 지평면 해시계를 예수회가 중국 문화권에 도입했다는 가정은 이제 버려도 좋을 것이다.[*92)]

실표의 사용은 간의와 그와 유사한 것들에서 확립되었다. 그러므로 보통 중국의 적도식 해시계의 양 방향으로 '극을 가리키는 표(pole-pointing gnomon)'[*93)]에서 나타나는 초기의 적도식 현주일구(no.13, 그림 2.18 상단)에서와 같은 '극 실표'에 의한 교체는 자연적인 발전이었을 것이다. 거기서부터 이 항에서 서술한 휴대용 지평면 모델로 이행하는 데는 별로 시간이 걸리지 않았다. 이 모델은 모든 지평면 해시계와 마찬가지로 그 얼굴이 1년을 통하여 내내 햇볕을 듬뿍 받도록 되어 있다는 이점이 있다.

양우(楊瑀)는 1360년경 항주(杭州)에서 저술한 『산거신화(山居新話)』에서 길이가 겨우 9센티미터인 한 간이 소일구(簡易小日晷)를 서술하고 있는데, 이것이 여기서 서술한 천평일구의 선조였다고 해도 좋을 것이다.[*94)] 양우의 설명에는 '마상(馬上)'이라는 '비밀 폭로적인 글귀'가 들어 있다. 그는 "말 등 위에서(혹은 '신속하게'), 사람이 손으로 의기를 잡고 시간을 읽을 수 있어서 여행할 때 매우 편리했다."라고 말하고 있다. 유감스럽게도 양우는 그 간이 소일구가 적도 형인지, 지평면 형인지 혹은 어떤 형의 표를 가지고 있었는지에 대해서 자세한 사항은 밝히지 않았다.

16. 정남일구(定南日晷)(그림 2.20)

김돈은 계속 말한다.

『세종실록』 권 77: 10b(1437)

만일 누군가가 하늘을 관찰하여 시간을 알기를 원했다면, 이전에는 반드시 정남침(定南針)을 쓰지 않을 수 없었고, 때문에 또한 사람의 개입이 필요했다. 그래서 정남일구라 불리는 의기가 만들어졌다. 나침반을 사용하지 않아도 스스로를 북남의 축에 맞추기 때문에 그렇게 불렸다. 받침대는 길이가 1.25척이었다. 양쪽의 두 끝은 2촌의 거리에 넓이는 4촌이다. 받침대의 중앙 길이 8.5촌은 넓이가 1촌이다. 받침대의 가운데에 지름이 2.6촌인 둥근 못이 있고 받침대의 양쪽 끝으로 도랑이 이어져 있어물이 양쪽의 두 기둥 주위를 돌게 했다. 기둥이 두 개 있는데, 북쪽 기둥의 높이는 1.1척이고, 남쪽 기둥의 높이는 5.9촌이다. 북쪽 기둥에는 꼭대기에서 1.1촌 아래와, 남쪽 기둥에는 꼭대기에서 3.8촌 아래로 선회축하나가 지나가고 있어서 사유환[四游環(mobile declination ring)]을 받는다. 사유환은 동에서 서로 회전한다. 사유환의 절반은 주천도로 눈금이 새겨져 있는데, 각 도는 4분을 가진다. 북에서부터 16^d에서 167^d에 이르기까지 고리 속에 슬롯이 있어서 마치 혼의 속에 있는 쌍환의 모양과 같다. 나머지 부분은 전환(全環)이다. 고리의 안쪽에는 한 줄로 중앙선이 새겨져 있다. 아래쪽에는 네모난 구멍이 있다. (고리를) 가로질러서 십자지주를 고정시켰는데, 가운데에 6.7촌 길이의 슬롯이 있고, 또 규형(窺衡)을 갖고 있다. 규형은 위로는 쌍환 사이를 꿰고 있고, 아래로는 고리의 전환 부분에 거의 다다랐다. 규형은 남북으로 오르고 내릴 수 있다.

고정된 지평환(地平環)이 설치되었는데, 남쪽 기둥의 꼭대기와 수평을 이루고 있으며, 하지(夏至)에 일출과 일몰의 '의기상의 방위각'을 균등하게 하는 데 사용한다. 또한 지평환의 수평면 밑으로 적도 반환(半環)을 가로질러서 설치했는데, 그것의 안쪽 표면에는 사유환의 아래 부분에 있는 네모난 구멍을 마주보면서 '각(刻)'으로 눈금이 새겨졌다.

받침대의 북쪽 끝에는 십자가 새겨져 있고, 바로 그 위에는 북쪽 축 굴대의 튀어나온 부분에 매달린 추가 내려와 있다. 이것은 수평을 잡기 위한 것이다.

규형은 매일 태양의 북극거리에 따라서 재설정된다. 사유환이 바르게 위치를 취했을 때는, 사유환에 그려진 중앙선 위에 태양의 광선이 둥근 점을 만들게 된다.

다음에 네모난 구멍을 통하여 내려다보면, 시간은 적도 반환에 새겨진 각(刻) 눈금 위에서 읽을 수 있다. 이 의기는 그래서 자동적으로 남쪽을 정하고 시간을 말해 준다.

정남일구는 모두 15개를 만들었는데, 그중 10개는 구리로 제작되었다. 몇 년이 지나서 일이 끝났다.

이 의기의 제작과 사용에 대하여는 그림 2.20에 있는 설명문에서 서술하고 있으므로, 여기서는 더 언급할 필요가 없겠다. 우리는 정남일구에 대해서 전상운과 몇 가지 중요한 점에서 다르게 이해하고 있다.[*95)]

17. 주척(周尺)

정남일구를 논한 다음에, 김돈은 이 장을 시작할 때 이미 인용했던 긴 후문(後文)으로 간의대에 관한 기록을 끝낸다. 김돈의 기록에 따르면서, 실록의 저자들은 앞에서 서술한 모든 의기를 제작함에 있어서 표준 척도로 사용된 주척을 논의하는 긴 단락(77:11ab)을 추가한다.[*96)] 거기에는 주척으로 알려진 척도가 모든 천문의기에 사용되어야 한다고 명기되어 있다. 이 척도에 대한 지식은 주회(朱熹)와 사마광(司馬光)의 저술에 남아 있으며, 더욱이 (후대의?) 주 시대부터 전해지는 구 주척도 보존되어 오고 있다. 이것들이 세종대왕의 의기에 눈금을 새기는 데 사용되었다.

전상운은 세종 때의 1척의 길이를 21.27센티미터의 값으로 이끌어 내 제시했다.[*97)] 그러나 최근 중국에서의 연구에 비추어 볼 때 주척의 문제는 앞으로 더 조사할 필요가 있을 것 같다.[*98)] 이세동(伊世同)은 전에 북경에 있다가 현재 남경에 있는 자금산 천문대에 있는 동표(銅表)가 명의 정통 재위 기간(1436~1449)의 '양천척(量天尺)'으로 눈금이 새겨졌다는 것을 보여

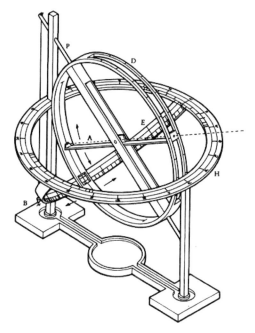

그림 2.20　정남일구(定南日晷, South-Fixing Sundial). 복원도.

이 해시계의 받침대, 기둥 및 축의 버팀목의 치수가 매우 자세히 기록되어 있어서 실물 크기의 그림을 마련하는 것이 가능하다. 그로부터 이 투시도가 비롯되었다.

움직이는 태양적위환 D(바깥쪽 지름 9주촌: 221mm)는 태양의 북극으로부터의 거리를 재기 위해 눈금이 새겨졌다. 고정된 지평환 H(바깥쪽 지름 11.6주촌: 284mm)는 중국의 24방위 지점과 함께 24기 동안의 일출과 일몰의 방위를 가리키기 위하여 눈금이 새겨졌다. 고정된 적도반환(equatorial half-ring) E(안쪽 지름 9.4주촌: 230mm)는 완전한 시로 짝지어지는 낮 시간의 12반시를 나타내기 위하여 눈금이 새겨졌고, 또 각 반시 속의 4⅙각을 보여 주기 위하여 다시 세분되었다. 수평을 잡기 위한 다림추 B는 적도반환의 북쪽 부분 뒤로 살짝 보인다.

이 의기를 사용할 때, 중앙에 선회축을 둔 계형 A는 현시(現時)의 기(氣, Fortnightly Period)에 있어서의 태양의 북극거리에 맞추어서 놓는다. 의기의 받침대는 일출과 일몰의 관측된 점이 의기의 북남 중앙선의 양쪽으로 대칭을 이루면서 떨어지도록 방위를 잡아서 놓는바, 이렇게 해서 의기의 올바른 방향을 나침반 없이도 고정시킨다.

시간을 결정하기 위해서, 적위환은 다음에 그의 극축 P 위에서 회전해서는 계형의 남쪽 끝에 있는 작은 구멍에서 나온 햇볕의 점(point)이 적위환의 중앙선 위로 가운데 선을 따라서 떨어지도록 한다. 혹은 햇볕의 점이 적도반환의 시간 눈금 위로, 적위환에 있는 사각형의 구멍을 통해서, 주야평분시(equinoxes) 가까이에 있는 날(dates)에 떨어지도록 한다. 그러면 태양 시간은 사각의 구멍 중앙에서 적도반환 위에서 읽힌다.

세종대왕 영도하 왕립 천문기상대의 대혁신　　151

주었다. 길이가 24.525센티미터인 이 척도는 궁극적으로 후기 주(周)왕조(557~580)의 '철척(鐵尺)'에서 유래했다. 명의 동표가 쓰인 기간이 세종 천문대의 재장비 기간과 정확히 일치하기 때문에, 같은 척도의 눈금자가 양쪽 경우에 사용되었을 가능성은 충분히 있다 하겠다.

모든 중국의 척도는 십진법에 따라서 촌(寸)으로 나뉜다. 일반적으로 촌을 '인치'로 번역하면 어떤 문맥에서는 '1피트가 12인치'라는 함의에 의해서 잘못 인식케 할 수도 있다. 그러나 현재의 문맥에서는 그것이 실제로 의기들의 치수를 시각화하는 데 도움이 될 수도 있는데, 왜냐하면 2.4525 값의 '주촌(周寸)'이 근대 서양의 1인치 2.54센티미터와 크게 다르지 않기 때문이다.

18. 측우기(測雨器)(그림 2.21)

『세종실록』권 96: 7ab와 함께 『증보문헌비고』권 2: 32a에 있는 세종의 왕립 천문대의 재장비에 관한 설명 속에는 측우기가 1442년에 만들어졌다고 기록되어 있다. 중국적 전통에서는 천문 현상과 기상 현상 사이에 분명한 구별이 이루어지지 않았다. 둘 다 천문(天文)의 범주 속에 포함되어 있었다. 그래서 측우기 역시 서운관의 관할 밑에 있었다. 국가적 업무를 행사하는 데에 천문학적인 데이터가 점성술적 수단에 의해서 쓰인

그림 2.2| 세종의 15세기 측우기의 18세기 복제품.

반면, 강우의 데이터는 실제적인 일에 사용되었다. 즉, 농경 지세(地稅)의 평가를 좀 더 효율적으로 하기 위한 것이었다.

세종대왕의 측우기는 강우량을 과학적으로 측정하기 위하여 만들어진 세계 최초의 의기로 서술되어 왔다.[99] 그러나 실제로 조선의 측우기는 초기 중국의 의기에서 유래한 것으로 보인다. 우량계가 13세기에 중국에 알려져 있었다는 분명한 증거가 있으며,[100] 축가정(竺可楨)은 우량계가 중국에서 일찍이 당대(唐代)부터 사용되어 왔을 것이라고 주장했다.[101] 세종대왕의 측우기는 전상운에 의해서 충분히 서술되어 왔으므로,[102] 그 이상의 언급은 여기서 필요하지 않을 것이다. 우리는 세종 시대 한국의 왕립 천문대의 의기들에 대한 우리의 설명을 완성하기 위하여 세종대의 측우기를 언급하는 것이며, 또한 18세기에 만들어진 세종 측우기의 정확한 복제품의 도해(그림2.21)를 여기에 포함시킨다.

여기 많은 쪽에 걸쳐서 서술한 의기들을 뒤돌아볼 때, 우리는 '원나라의 곽수경도 이 이상 잘할 수 없었을 것'이라는 김돈의 자부심은 과장된 것이 아니었다고 생각한다. 다음 장에서 우리는 조선 시대가 이후 3세기를 지나는 동안 이 뛰어난 의기들이 어떻게 다양한 경로로 소실되고 보존되고 수리되거나 혹은 교체되었는지를 보겠다.

제3장 문종에서 영조까지(1450~1776)

From Munjong to Yŏngjo(1450-1776)

이 장에서 우리는 세종 재위의 끝 무렵부터 영조의 통치에 이르기까지 조선 왕립 천문기상대의 천문의기와 관련한 활동을 개관함으로서, 4장과 5장에서 볼 좀 더 자세하고 구체적인 연구 두 편의 서문으로 삼고자 한다.

배경

1450년 세종대왕의 서거 때, 조선의 왕립 천문기상대는 세계에서 가장 정교하고 완벽한 천문의기 일습(一襲)을 소유하고 있었다. 이어지는 150년 동안에 이 의기들을 잘 수리하여 보관하려는 노력이 행해졌으며,

그리고 때때로 기존의 의기를 교체하거나 혹은 보강하기 위하여 새로운 의기가 제조되었다. 서운관은 충실히 역법을 계산하고, 기상 및 천문 관측의 기능을 수행했으며, 결과물로서 명 왕조의 연대기에 포함되어 있는 기록에 비견되는 하늘의 일에 대한 기록을 만들어 냈다.[*1] 16세기 말부터 17세기 초에 걸쳐 사건들이 있어서 왕립 천문대의 장비를 거의 전적으로 새로이 해야만 했다. 그러나 효종(孝宗, 1649~1659)의 재위까지는, 천문학과 천문의기 제작의 한국적 전통은 혁신적이라고 할 수 있는 것은 거의 만들어 내지 못했다. 결국 세종의 사망 후 거의 200년 동안, 그의 위대한 유산은 유지되었지만 그러나 실질적으로 보강되지는 못했다.

여기에서는 아무것도 놀라울 것은 없다. 중국에서도 역시 곽수경의 13세기 의기들은, 몇 개의 15세기 복제품이나 추가품목과 함께, 그것들이 17세기 예수회 중국 선교회 회원들이 만든 새로운 종류의 의기들로 대체될 때까지 황실 천문대의 주요 기기들로 쓰였다. 중국과 한국 양쪽 조정이 소유하고 있는 의기는 세계 최상의 것에 비교될 수 있는 것으로서, 그것을 그 이상 개량하도록 자극할 만한 것은 거의 없었다. 더욱이 한국에서는 세종대왕처럼 존중받는 선조에게 유산으로 물려받은 의기가 숭상의 대상이었을망정 교체의 대상은 아니었다. 게다가 세종의 뒤를 이은 문종의 시대부터 16세기 말까지, 한국은 이 분야에 있어서 변화를 꾀할 만한 자극을 상대적으로 매우 적게 받았다. 태조와 그의 계승자들에 의해 1400년 무렵에 확립된 명 조정과의 우호적인 관계는 계속되었다.

그러나 명대는 우리가 방금 언급한 대로 천문학에서는 위대한 혁신의 시대가 아니었다. 그래서 두 나라 조정을 오가는 사절들은 새로운 종류의 의기에 대한 정보를 상대적으로 매우 적게 주고받았다.

15세기에 왕립 천문대의 재장비 사업이 착수된 것은 크게는 원 왕조와 고려 왕국의 몰락이라는 결말에 대한 반응이었다. 새로 창건된 조선 왕국은 스스로 꽤 괜찮은 최신의 천문의기를 갖출 필요성을 느꼈다. 조선 시대 동안에 천문학적 발명의 두 번째 위대한 시기는 또한 엄청나게 큰 파괴적인 사건들을 배경으로 하고 있었다. 그 사건들이란 일본의 폭군 히데요시의 침략과 새로 성립한 만주 부족 연합국에 의해 이어진 침략, 명 왕조의 몰락, 그리고 중국 주재 예수회 선교사를 통해 수입된 새로운 서양 사상과 기술의 충격이다.

16세기 말, 조선 조정은 일본의 침략 위협 가능성을 심각하게 받아들이지 않았다. 그리하여 1592년에 성능이 우수한 화기로 무장한 히데요시의 군대가 조선 해안에 도착했을 때, 조선은 국가 방어를 위한 어떠한 준비도 하고 있지 않았다. 방어를 위한 전시 체제를 구축하려는 결정이 내려졌다 하더라도, 조선의 행정 및 병참상의 구조를 보면 국방 노력을 위한 합당한 기초가 성공적으로 마련되었을 것 같지는 않다.[*2]

침략이 개시되었을 때, 조선 조정은 성급히 서울을 비워 도시 군중에 의한 폭동과 약탈을 야기했다. 사람들은 지배자들에게 배신당했다고 느꼈던 것 같다. 많은 세종의 의기가 궁궐 건물들이 불탈 때 파괴된 것으로 보이는데, 이것은 왜군이 서울을 점령하기도 전의 일이다.[*3] 6년이나 계속되는 전쟁 속에 남아 있었을지도 모를 의기가 거의 모두 파괴되었다.[*4]

궁정 천문학자의 동반자라 할 수 있는 공식 역법과 천문의기 세트는 동아시아의 지배자의 권위에 필수불가결한 것이었다(전설적인 요와 순 임금의 시대로 거슬러 올라가는 전통에 의해서 그렇다). 때문에 일본군이 한국에서 물러간 후에 왕립 천문대를 재건하는 것은 우선순위의 일이었다. 이 일은 크게는 전통적인 선을 따라서 이루어졌다. 우리가 뒤에서 보겠지만 17세기 초의 의기 제작 과정에는 세종 시대의 의기를 복원하고 복제하는 시도 이상의 것은 거의 포함하지 못했다.

그러나 사업이 착수되자마자 새로운 재앙이 갑자기 일어났다. 만주의 부족들이 명의 노쇠를 감지하고 대략 1615년경부터 대연합체를 형성하기 시작한 것이다. 조선 조정의 친명(親明) 정서는 자연히 조선을 만주족의 적으로 만들었다. 만주족은 세력 확장의 실행 가능한 목표로서 이미 명을 전복시키고 그 다음에 조선의 항복을 얻어 냄으로서 남쪽 지역을 확보하려고 했다. 그래서 1627년 10년에 걸쳐 조선 북부를 침략하기 시작하면서 일련의 전쟁이 일어났다. 이것은 히데요시의 침략보다 결코 덜 파괴적이지 않았는데, 히데요시의 재앙이 끝나마마자 곧이어 일어남으로써 심리적 타격이 갑절이나 컸다.[*5] 다른 분야에서와 마찬가지로 왕립 천문대의 회복은 만주족의 침략이 있던 10년 동안 늦추어졌지만, 그 회복 움직임이 아주 정지된 것은 아니었다. 1637년에 조선 조정은 굴욕적인 위치에 놓였다. 조선은 만주족과는 별도의 화평조약을 맺으면서 한편으로는 명에 대한 충의를 계속 유지하려고 노력했다.

1368년 원 왕조의 멸망은 1392년 고려의 멸망으로 이어졌다. 그러나 조선 왕국은 1644년 만주족의 승리 후에 소멸해 버린 명을 따르지 않았다. 물론 중국 왕조 변화의 영향은 조선의 대(對)중국 위상에 대단히 크게 작용했다. 몇 년간에 걸친 망설임과 혼란 끝에, 1651년 조선 왕권은 청의 역법을 채용함으로써 새로이 창건된 청 왕조에 조선의 항복을 의식의 형태로 표명했다.[*6)]

조선의 이론천문학 전체는 곽수경의 수시력(1280)과 그에 뒤따르는 중국과 조선의 개정력(redactions)에 근거하고 있었다. 이것은 마치 세종의 의기가 곽수경의 기술에 크게 바탕을 두었던 것과 같다.[*7)] 청에 의한 근본적으로 다른 새로운 역법의 채택은 조선의 서운관에 대응을 요구했고, 나아가서는 새로운 창조기를 맞을 기회를 제공했다. 이것은 우리가 보았던 세종 시대의 창조 기간과 유사한 것인데, 그것은 전체적으로 명의 성립에 대한 반응이었다. 효종(1649~1659)과 현종(顯宗, 1659~1674)의 재위 기간에 주목할 만한 천문시계의 생산을 포함해 조선 천문학의 문예부흥이 연출되었다.

표 3.1   조선 중기의 의기 제작 및 연관된 활동의 연대순적 요약, 1450~1777.

1455~1469	보루각의 자격루가 1455년에 고장이 나서 1469년에 수리함. 이 몇 년 사이의 기간 동안은 손으로 작동되었던 것 같음.
1489	천문기상대의 수리.
1494	세종이 새로운 소간의를 주조할 것을 명함.
1505	자격루가 창덕궁으로 옮겨짐.
1525	목륜(目輪, astrolabe; 혹은 관천기)이 중국에서 수입된 설계에 기초해서 만들어짐.
1523	세종의 수력(水力) 실연용(demonstrational) 혼의가 수리됨.
1534~1536	자격루가 다시 한 번 수리되고, 복제품이 만들어짐. 복제품은 다시 보루각에 안치됨.
1549	세종의 수력 실연용 혼의가 원작의 복제품으로 교체됨. 새로운 의기는 홍문관에 설치.
1554	홍문관이 옛터에 다시 세워지고, 세종 옥루의 복제품이 설치됨. (원래의 흠경각과 옥루는 1553년에 경복궁의 세 건물을 파괴한 화재로 없어졌다.)
1592	왕립 천문기상대와 궁궐의 다른 곳에 있던 대부분의 의기가 히데요시의 침략으로 파괴됨. 간의대, 일성정시의 및 보루각에 있던 자격루(아마도 손상됨)는 살아남음.
1601	이항복은 (세종의 옛 의기의 잃어버린 1549년 복제품을 대치하는) 새로운 혼의와 혼상을 제작하도록 명을 받음.
c. 1601	이경창은 (아마도 자동으로 회전하는) 혼의의 작동 원리를 서술하는 소론을 씀.
1607	자명종(아마도 서양 설계의)을 조선에서 일본에게 줌.
1614	흠경각이 이충에 의해서 새로운 터에 재건됨. 그러나 옛 흠경각에 안치되었던 옥루가 다시 거기에 놓였다는 암시는 없음.
1614	이충은 또한 보루각을 새로운 곳에다 다시 짓고, 자격루(1536년의 복제품)는 복구되었는데, 적어도 어느 정도는 침략에 살아남은 부품들을 사용함.
1631	정두원에 의해서 중국부터 천리경을 수입. 그러나 그것이 천문학적인 목적에 사용되었다는 암시는 없음. 정두원은 또한 서양 시계를 가지고 돌아왔음.
1636	샬 폰벨(J. A. Schall von Bell)의 의기에 기초한 신법지평일구(新法地平日晷, new Model Horizontal Sundial)가 중국에서 수입됨.
1651	청의 시헌력이 조선 조정에 의해 채용됨.
1653	자격루의 인형장치가 철거되고, 의기는 수작동과 시보로 개조되었음.
1650s	유흥발은 일본에서 수입된 무게로 추진되는 시계를 연구함.
1657	홍처윤은 선기옥형, 즉 (수력 작동의) 혼의를 만듦. 그러나 그것은 제대로 작동하지 못함.
1657	최유지는 새로운 선기옥형을 만들어서 누국(漏局)에 설치함. 새로운 의기는 제대로 작동함. 2~3개의 복제품이 만들어졌을 것임.
1664	송이영과 이민철은 최유지의 자동적으로 회전하는 혼의(들)를 수리하라는 명을 받음.
1669	송준길은 세종의 옛 옥루를 재건할 것을 요청하는 상소를 올림. 그 결과 송이영과 이민철은 하나 혹은 그 이상의 새로운 (혹은 수리된) 의기를 만듦. 이 활동 10년의 끝에 적어도 2개의 천문시계가 나타났음. 송이영과 연계되는 추동식(錘動式) 시계와 이민철과 연계되는 수격식 (水擊式) 시계임.
1669	김석주는 송이영과 이민철의 시계를 서술하는 기록을 씀.

1660s~70s	히데요시의 침략으로 사라진 세종대왕의 앙부일구들이 다시 놓임. 이들은 궁중 의기임. 일반의 사용을 위한 옛 앙부일구들은 분명히 다시 놓이지 못했음.
1687	송이영의 추동식 천문시계가 이진정에 의해 수리됨. 이민철은 그 자신의 수격식 천문시계를 수리함.
1704	안중태는 이민철의 천문 물시계의 (더 큰) 복제품을 만듦. 규정각에 안치되었음.
1715	중국의 서구형 추동식 시계 복제품이 서운관을 위하여 만들어짐.
1723	또 하나의 서구형 추동식 시계가 중국에서 수입됨.
1732	안중태는 1704년에 자신이 만든 이민철의 혼의 물시계 복제품을 수리함. 영조는 그것을 서술하는 기록을 씀.
1759~1761	홍대용이 자신의 개인 천문대를 갖추기 위하여 추동식 혼의, 추동식 자명종 및 수격식 혼상 등의 의기를 만듦.
1777	이민철의 원작 혼의 물시계가 다시 한 번 수리됨.

이 배경을 염두에 두고서, 우리는 여기서 간략히 효종 재위 이전의 조선 의기 제작자의 작품을 검토하겠다. 다음에는 효종의 재위 중 생산되기 시작한 혁신적인 의기들을 더욱 자세히 살펴보고 또 그에 이어지는 역사를 보겠다.

표 3.1은 우리가 이 장에서 살펴보는 기간 동안의 의기 제작 및 관련 활동에 대한 연대순 요약이다.

효종 등극 이전의 사건들

1. 자격루

세종의 자격루(제2장 no.1 참고)는 보루각에 안치되어 있었는데, 1455년에 고장이 났다. 이 의기가 완전히 작동을 멈추었는지 혹은 다만 자동 장치만이 고장이 나서 시보 기능은 누국(漏局) 관리의 손으로 다시 한 번 다루어져야만 했는지는 확실하지 않다. 어떤 경우든 의기는 1469년에 수리되었다. 1505년에는 보루각에서 창덕궁으로 옮겨졌다. 자격루는 1534년에 다시 고장이 났고, 수리하라는 명이 내려졌다. 동시에 복제품 하나가 만들어져서는 보루각에 재설치되었다. 수리된 의기와 복제 의기는 둘 다 1536년에는 작동되고 있었다. 세종 당시에 크게 수리되었던 의기는 1592년에 히데요시의 침략에 의해서 파괴되었다. 1536년의 복제품을 수용하고 있었던 보루각도 그때 파괴되었지만, 복제 의기(혹은 그 일부)는 확실히 알 수 없는 손상을 입은 채로 살아남았다. 보루각은 이충(李冲)에 의해서 1614년에 새로운 장소에 재건되었고, 1536년의 복제 의기는 다시 한 번 복원되었다.[*8]

조선은 새 청 왕조의 예수회가 고안한 시헌력을 1651년에 채용했다. 이와 함께 낮과 밤을 12시로 나누고 또 100각으로 나누는(혹은 실제로 96각으로 나누고, '나머지 분'을 배분하는) 옛 중국의 체제를 버리고, 서구식의 15분

4반시의 24시간 체제로 대치했다. 시헌력은 또한 계절에 따라 변하는 경점도 버렸다. 자격루의 자동장치가 시, 각 및 분 그리고 계절에 따라 변하는 경점이라는 옛 체제에 따라서 작동했기 때문에, 새로운 역법에 의해 자동장치는 쓸모없게 되어서 1653년에 해체되었다. 물시계 자체는 계속 사용되었지만, 시간은 누국의 관리가 읽고 손으로 종, 북 및 징을 침으로서 알렸다.[*9] 1536년의 복제 물시계 일부는 1653년에 변형되었으며, 1950~1953년의 한국전쟁 때까지 남아 있었으나 그때 더욱 파괴되었다. 살아남은 구성 요소들은 부분적으로 복원되었고, 현재 서울에 있는 세종대왕기념관 뜰에 서 있다(그림 2.2 참고).

2. 옥루

1430년대의 옥루(제2장 no.11 참고)는 대단히 복잡했지만, 명종(明宗) 재위 중인 1553년에 경복궁의 건물 세 동을 파괴한 대화재로 그것이 안치되어 있던 흠경각이 불타 없어질 때까지 잘 작동하는 상태를 유지했다. 흠경각은 1554년에 본래의 옛터에 재건되었고, 옥루의 정확한 복제품이 거기에 설치되었다.[*10] 보루각의 재건자 이충은 또한 흠경각도 1614년에 새로운 장소에 재건했다. 옥루가 그때 다시 복원되었다고 생각할 만한 이유는 없으나, 오히려 복원되지 않았다고 생각할 만한 이유는 있다.[*11] 1669년이라는 늦은 시기에, 송준길(宋浚吉)은 옛날에 흠경각에 안치되어 있던 물시계가 재건되어야 한다고 요청하는 상소문을 올렸다.[*12] 그 상소문의 영향이 옥루를 원래의 형태로 재건하는 데까지는 이르지 못했지만, 송이영과 이민철의 시계 제작 활동을 이끌었다. 이것은 뒤에서 자세히 검토하겠다. 그러나 옥루 자체는 이제 거론되지 않고 만다.

3. 세종대왕의 수격식(水擊式) 실연용 혼의 및 그와 관련된 의기들

세종의 실연용 혼의와 그것과 연관된 혼상(제2장 no.9 그리고 no.10 참고. 우리가 언급한 대로 혼의와 혼상은 모두 공유하는 물시계 기계장치에 의해서 회전한다고 추측할 수 있다)은 아마도 1526년까지 계속해서 작동한 것으로 보이며, 이 해에 수리가 명해졌다.[*13] 1549년에는 분명히 수리도 할 수 없을 만큼 나빠져 있었을 것이다. 그해에 그 한 쌍의 의기가 복제품으로 교체되었고,[*14] 홍문관(弘文館)에 설치되었다.[*15] 복제품은 히데요시의 침략 때 파괴되었다.

1601년에 이항복(李恒福)은 새 혼의와 혼상을 만들라는 명을 받았다. 이것들은 방금 언급한 잃어버린 의기들의 대치물인 것처럼 보일 것이다. 하지만 새로운 의기들이 수격식 추진 장치를 갖추었는지 아닌지에 대한 어떤 기록도 없다.[*16)] 거의 같은 시기에 이경창(李慶昌)은 자신의 '주천(周天)' 우주 체제에 관한 논문을 썼다. 이 우주 체제는 혼천설(渾天說)을 좀 더 다듬은 것으로서, 여기서 그는 선기옥형이라고 표현된 수격식 혼의를 서술했다.[*17)] 우리는 이들 17세기 초의 의기에 대해서 이 이상의 정보를 가지고 있지 않다. 다만 이 의기들은 1650년대와 1660년대의 의기들에 의해서 대체되었을 것이다.

4. 그 밖의 의기들

1494년에 성종(成宗)은 새 소간의의 제작을 명했다[*18)](제2장 no.7 참고. 곽수경의 적도 간의(torquetum)의 축소판인데, 명백히 세종 때 왕립 천문기상대의 재장비 기간에 만들어진 의기들을 교체했다기보다는 증보했다. 성종의 의기는 히데요시의 침략에도 살아남아 1614년에 보루각에 안치되었다.[*19)] 이후 그것의 운명은 모른다.

1525년에 목륜(目輪) 하나가 이순(李純)에 의해서 제작되었는데, 중국에서 수입되었고 아마도 아랍 유래의 도형에 근거한 것이었다.[*20)] 이것은 우리가 그에 대한 한국의 기록을 발견할 수 있었던 최초의 목륜이다. 전상운은 그 목륜이 양면 사용 가능한 것이라고 서술했고, 또한 이순에 의해서 제작된 실제의 의기로서 도해하고 있다.[*21)] 1681년에 제작된 중국의 양면 목륜 하나는 『황조예기도사(皇朝禮器圖史)』에서 도해 설명되고 있다.[*22)] 분명히 한국에 기원을 둔 그러나 날짜가 없는 보통의 목륜들이 루퍼스에 의해서 예증되고 있다.[*23)] 그래서 우리는 한국에서는 조선 시대를 통하여 사용되고 있었음을 본다. 목륜은 이슬람 세계나 유럽에서는 천문 관측에 있어서 두드러진 위치를 점유하고 있었다. 그러나 중국에서와 마찬가지로 조선에서는 그랬던 것 같지 않다고 보아도 좋을 것이다.[*24)]

해시계는 가장 한국적인 계시의기로서 조선 시대를 통하여 계속해서 생산되었다. 그러나 대부분의 기본 설계는 세종 시대에 이미 확립되었다.[*25)] '주머니' 유형의 해시계는 아마도 15세기 초의 천평일구(제2장, no.15, pp.144~147)를 바탕으로 삼은 것으로 보이는데, 17세기부터 널리 사용되었다. 신법지평일구(新法地平日晷)는 명나라 후기에 중국에서 이천경(李天經)에 의하여 제작되었는데, 샬 폰벨[Johann Adam Schall von Bell, 탕약망(湯若望), 1592~1666]의 의기를 모델로 했으며 1636년에 조선으로 수입되었다. 전상운은 이것을 '평면 모델 위의 앙부일구 버전'으로 서술하고 있다.[*26)] 즉, 아마도 실표는 없었으나 첨-표(point-gnomon)를 가지고 있었고, 앙부일구의 그물 모양 격자 눈금의 입체화법식 투사를 보여 준다.[*27)]

이 시기의 해시계 제조 분야에서 또 하나 지적할 만한 발전이 있다. 바로 우리가 아는 한에서는 히데요시의 침략으로 잃어버린 세종 때의 앙부일구가 1660년대와 1670년대에 현종과 숙종(肅宗)의 명령에 의해서 다시 설치되었다는 것이다. 간의대 위에 놓인 옛 의기(앙부일구—옮긴이)들에 대한 김돈의 기록을 보면(제2장, no.12, pp.136~139) 그것들은 간단하고 튼튼했고, 그물 모양의 눈금이 아니라 12시신(時神)의 그림으로 시간 표시가 되어 있었다. 그것들은 일반인을 위해서 만들어졌다. 그러나 이 특별한 의기들은 다시 설치되지 않은 것이 분명하다. 17세기의 새로운 앙부일구들은 궁정에서 사용되기 위해 만들어졌던 다른 초기의 것들을 대체했다. 그것들은 화려하게 장식되었으며 보통의 방법으로 눈금이 새겨져 있었다. 하지만 그물 모양의 격자 눈금은 96의 서양식 4반시로 눈금이 새겨짐으로써 예수회의 시헌력을 반영하고 있는바,[28] 시, 각 및 분으로 새겨지지는 않았다.

루퍼스는 규표(窺表)가 1491년 성종 재위 중에 만들어졌다고 본다.[29] 이것은 지상의 관측의기를 하늘의 관측을 위하여 개조한 것 같다.[30] 물론 그것은 망원경이 아니었다. 망원경은 중국에서 1631년에 수입되었지만, 그것이 천문학적인 목적 아래 체계적으로 사용된 것 같지는 않다. 중국 주재의 예수회 선교사들이 망원경을 통하여 무수히 많은 은하수의 별들을 관측하는 경이로움을 크게 찬양한 이래, 망원경을 하늘로 들이대는 매력에 누구도 굴복하지 않았다고 상상하는 것은 어렵다. 하지만 그런데도 이 새로운 의기는 한국의 천문학에는 어떤 심각한 충격도 주지 않은 것이 분명하다. 망원경은 군사적으로 응용할 수 있는지에 대한 관심을 제외하고는 단순한 호기심의 대상이었다.[31]

5. 시헌력의 수용

시헌력은 1645년에 청 왕조에 의해서 채용되었다. 이는 청이 중국에서 권력을 잡고 난 1년 후의 일이다. 로[Jacob Giacomo Rho, 나아곡(羅雅谷), 1593~1638], 샬 폰벨과 몇몇의 예수회 선교사들이 만든 1634년의 『숭정역서(崇禎曆書)』를 기초로 삼는 시헌력은 방법에 있어서 전적으로 서양적이었다. 나카야마는 그것을 '예수회 선교사의 최고 업적'이라고 서술한다.[32]

중국 제국의 한 제후국으로서 조선 왕국은 청을 명의 정통 계승자로 받아들여야만 했고, 그래서 신의를 표시하는 의식적 행위로서 청의 역법을 채용해야만 했다. 조선은 1637년에 조선·만주 평화조약으로 당시로는 그리 강하지 못했던 청에게 굴복했으나, 한편으로는 아직도 명에게 우의와 충의를 가지고 있었다. 이 사실은 중국의 지배자들도 잘 알고 있어서, 상황이 이상하게 전개되었다. 한국은 청의 역법을 받아들여야만 했고, 결국 1651년에 받아들였다. 그렇지만 청은 조선 조정의 충성심을 의심스럽게 여겨, 새로운 역 체제를 이해하는 데 필요한 기술적인 정보를 조선에 제공하는 것을 크게 내켜하지 않았다. 중국을 방문하는 조선의 사신은 그러한 정보를 얻기 위하여 우회적으로 꾀를 써야만 했다. 그리하여 조선이 시헌력을 완전히 세부적으로 이해하기까지는 거의 반세기나 시간이 걸렸다.[33]

우리는 이미 새로운 역법의 채용이 어떻게 자격루의 인형 시보 장치를 철거하도록 이끌었는지를 보았다(pp.162~163). 새로운 역법에 맞는 새로운 의기 제작이 시급히 필요했고, 그것은 1650년대와 1660년대의 물시계 및 시계 제작의 국가적 계획으로 이어졌다. 이 계획으로, 비교적 전통적으로 설계된 혼천 자격 물시계 몇 개와, 서양풍의 추동식(錘動式) 기계장치를 갖춘 과학기술사상 주목할 만한 혼천시계 하나를 생산했다.

효종과 현종의 천문시계

효종과 현종의 실록과 『증보문헌비고』에 실려 있는 정보에 따르면 1650년대와 1660년대에 계시학적 활동이 엄청나게 많이 일어난 것은 분명하다. 하지만 정확히 얼마나 많은 의기들이 생산되었는지 혹은 그때부터 우리에게 이름이 전해진 몇몇 의기 제작자들이 어떠한 역할을 수행했는지는 원전부터가 전혀 명확하지 않다. 최소한 3개의 계시 의기가 생산되었다고 하겠으나, 6개 혹은 그 이상일 수도 있다. 우리는 먼저 누가 무엇을 했는지를 명확히 밝힐 것이며, 다음에 의기들 자체에 대해서 논하고자 한다.

1657년에 홍처윤(洪處尹)은 효종에게 혼의를 만들라는 명을 받았다.[*34]

언급된 문맥으로 볼 때, 이 의기는 분명히 어떤 종류의 물시계 장치에 의해 자동적으로 회전하고 있었을 것이다. 그러나 그 계시 장치는 '매우 부정확한' 것으로 서술되어 있고, 그 이상은 아무것도 나와 있지 않다.[*35)]

그로부터 얼마 안 지나서, 홍문관이 김제(金堤) 군수 최유지(崔攸之)에게 더 나은 것을 만들도록 명했다. 그것은 분명히 수격식 장치로서 "선기옥형은 물의 힘으로 자동적으로 회전했다."라고 서술되어 있다.[*36)] 또 최유지가 만든 의기는 잘 움직였으며 "해시계와 비교할 때 조금도 어긋나지 않았다."라고 되어 있다.[*37)] 그것은 '누국'에 안치되었으며, 2~3개의 복제품이 만들어졌다.[*38)]

1664년에 현종은 "누국에 설치된 최유지의 혼천시계에 몇 군데 개조할 곳이 생겼다는 것을 알게 되었다."라고 말했다.[*39)] 이에 따라서 송이영과 이민철이 필요한 개량을 하도록 명을 받았다. 그리고 개량된 의기들은 궁중에 설치되었다. 유감스럽게도 송이영과 이민철이 확실히 무엇을 했는지에 대한 기록은 확실하지 않다. 그들의 노력을 서술하는 데 사용된 말은 '개조(改造)'이다. 이는 'repair', 'rebuild', 혹은 'alter'를 의미하는 것으로 이해할 수 있다. 우리가 살필 이후의 기록에는 일관되게 이 시기의 두 시계가 언급되는데, 송이영과 연관된 추동식 시계와 이민철과 연관된 수격식 시계가 그것이다. 이 두 시계가 최유지의 시계를 잇따라 개량한 결과물인지 혹은 송이영과 이민철이 1664년 혹은 그 후에 전혀 새로이 제작한 것인지를 결정하기는 어렵다.

이미 앞에서 언급한 대로 1669년에 송준길은 전에 흠경각에 설치되었던 옛 옥루를 복원할 것을 청원하는 상소를 올렸다. 이 상소가 제대로 실현되지는 못했지만, 그 대신 이민철이 '『서경(書經)』의 한 항인 「순전(舜典)」에 대한 채씨(蔡氏)의 논평에 근거해서' 새로운 혼의를 주조할 것을 명받았다.[*40] 『현종실록(顯宗實錄)』은 이민철과 송이영 두 사람 모두 이때에 의기를 만들도록 명받았다고 쓰고 있다. 여기서도 정확히 무엇이 일어났는지가 확실하지 않다. 이민철이 단순히 1664년에 자신과 송이영이 개조한 최유지의 시계(들)에 맞는 새로운 혼의를 (아마도 송이영의 도움을 받아서) 만들었을 수도 있다. 혹은 그 두 사람이 그 해에 만들었을 (가설상의) 새로운 시계들에 맞는 혼의를 만들었을 수도 있다. 그러나 이 사건들에 대해 『현종실록』에 간략히 언급되어 있는 바에 따르면, 이민철의 두 의기 중 하나는 1669년에 송이영이 만든 추동식 기계장치를 갖춘 새로운 시계에 사용되었고, 이민철 자신은 동시에 자신의 두 새 혼의 중에서 더 큰 것을 합체시키면서 새 수격식 의기를 만들었을 것 같다.[*41] 전상운은 이민철과 송이영이 1669년에 각각 시계를 만들었다고 주장하면서, 우리가 제4장에서 길게 서술할 의기를 '송이영과 이민철의 서울 혼천시계'라고 이름 붙인다.[*42]

우리도 역시 1669년에는 이민철의 혼천의 한 개와 송이영이 만들었
거나 혹은 개조한 추동식 시계 제작 장치가 하나의 의기를 형성하기
위하여 합쳐졌고, 오늘날 서울에 남아 있는 것이 그것이라고 본다.
뒤에서 자세히 설명하겠지만, 그렇게 믿는 이유는 다음과 같다. 첫째,
송이영은 1669년에 분명히 '서양식 자명종'을 제작할 것을 명받았다.
둘째, 송이영이 서양식 추동식 의기를 생산했다는 것은 같은 해 김석
주(金錫冑)의 소론에서 확인된다. 셋째, 지금까지 남아 있는 의기는 초기
일본의 추동식 시계가 지니는 특징을 보여 주는 시계 제작 기계장치를
합체하고 있다. 우리는 적어도 송이영 자신이 개조하거나 혹은 복제할
수 있는 종류의 시계 장치 하나를 1669년에 잠재적으로 얻을 수 있었
다는 것을 안다. 넷째, 지금까지 남아 있는 의기의 혼의는 이민철의
더 큰 수격식 혼의에 대한 자세한 서술과 아주 근접하게 들어맞는다.
게다가 더 분명한 것은 혼의가 시계 장치와 다른 솜씨로 제작되었다는
것이다. 즉, 혼의의 톱니바퀴 장치는 더 구식으로 설계되어 있었다.
현존하는 의기의 혼의와 시계 장치가 서로 다른 두 사람의 작품으로
보인다는 것은 그 의기가 송이영과 이민철의 협동에서 얻어진 산물이
라는 믿음을 뒷받침한다.

1669년에는 물의 힘으로 움직이며 현존하는 것보다 큰 또 하나의
혼의가 오직 이민철 한사람의 이름과 연관되어서 존재했다. 두 의기
가 궁극적으로 최유지의 1657년의 의기(들)에서 유래했는지 혹은 둘

중의 하나만 그러했는지 혹은 둘 다 아닌지에 대해서는, 최유지 작품의 거의 모든 특징이 1669년에 개조되고 사라져 버려 알 수 없을 것이라고 추측해도 좋다. 현종의 재위 기간에는 그 이상의 새로운 계시의 기가 언급되지 않는다. 그래서 송이영과 이민철의 의기들은 확실히 시계 제작의 역사에서 주목할 만한 15년 동안의 절정을 상징하는 것이다.

이민철의 수격식 혼천시계

1669년에 김석주는 송이영과 이민철의 시계에 대한 서술을 남겼다. 김석주는 이민철의 시계에 대해 "흐르는 물의 힘에 의해 자동적으로 회전하는 혼의를 만드는 방법은 전통적이다."라고 진술했다.[*43] 그는 혼의의 여러 고리에 대해 서술한 후에(우리는 영조에 의하여 저술된 소론을 번역함으로써 뒤에서 더욱 자세히 서술할 것이다), 계속해서 말했다.

『증보문헌비고』 권 3: 2a-3a(1669)
큰 물그릇 하나를 기계장치를 감추고 있는 나무 상자 위에 설치했다. 물그릇에서 흘러내린 물은 서서히 분출되어서 상자 속의 작은 물그릇으로 들어가고, 물그릇이 꽉 차면 바퀴가 돌아간다. 매일 물은 계속해서 그치지 않고 일정한 속도로 흐른다. 그래서 삼진의(三辰儀)는 조금의 오차도 없이 이미 정해진 속도에 따라서 회전했다. 또한 옆에는 이빨 달린 바퀴들이 층층이 있고, 구슬이 굴러가는 길과 커다란 종을 쳐서 시간을 알리는 시보 장치도 있었다. 해시계와 맞추어 보면 그것은 모두 완전히 맞았다.

이민철의 시계는 그래서 정말로 전통적으로 보이는데, 왜냐하면 이 서술은 1430년대의 자격루와 옥루의 구동 장치와 시보 장치에 똑같이 잘 적용될 수 있기 때문이다. 김석주의 서술문에 보충되고 있는 주석은 다음의 정보를 추가한다.

『증보문헌비고』 권 3: 3ab(1669)

커다란 상자 속에는 물 흐르는 관(管)과 '구슬이 달리는 장치[영도기관(鈴道機關)]'가 설치되었다. 상자의 남쪽에는 혼의가 설치되었는데 옛날의 설계와 똑같이 육합의(六合儀)와 삼진의를 갖고 있다. 해와 달은 각각 자신의 고리를 갖고 있으며, 중앙에는 규형이 없었고, 대신에 지구의 표면을 나타내기 위하여 그 위에 산과 바다가 그려진 종이로 된 지구 모형이 있었다. 물이 지나는 관은 그 힘이 고리들을 돌릴 수 있도록 북남의 극축에 연결된 장치와 이어져 있다.

상자의 서쪽에는 벽감(壁龕) 속에 목인형이 있어서 종을 쳤으며, 또한 시를 알리는 시패를 든 몇몇 인형들이 있었다. 모든 것이 해시계와 비교해 보았을 적에 완벽히 작동했다.

물은 상자 위에 있는 큰 그릇에 담겨 있어서, 배수관으로 흘러내려 들어간다. 기계장치의 모든 작동은 물의 힘으로 수행되었다.

혼의는 구동 장치와 시보 장치를 안치하고 있는 상자를 따라서 있었다. 이민철 의기의 구조는 현존하는 송이영 의기의 구조와 매우 유사한데, 다만 이민철의 수격식 기계장치는 송이영의 조밀한 추동식보다는 훨씬 컸음에 틀림없다.

이민철은 1687년에 '현종 때부터 있었던'[*44] 자신의 시계를 수리하라는 명을 받았는데, 이것은 의심할 바 없이 위에서 서술된 1669년의 의기를 말하는 것이다. 1704년에 안중태(安重泰)는 이민철 의기의 복제품을 만들어서 규정각(揆政閣)에 설치했다.[*45] 1732년에 안중태는 자신이 만든 복제 의기를 수리하라는 명을 받았다.[*46] 안중태가 복제 의기를 다 수리한 후 1732년에 영조가 저술한 「규정각기(揆政閣記)」라는 제목의 소론(小論)에서는 안중태가 복제한 이민철 의기의 설계에 대한 설명이 있다.

『증보문헌비고』 권 3: 6b-7a(1732)

규정각에 있는 혼의의 설계는 다음과 같았다.

지평단환은 수평이 맞추어져서 놓였고, 그 표면에는 24방위가 표시되었다. 똑바로 선 자오선 쌍환의 측면에는 주천도로 눈금이 새겨져 있다. 고정된 적도단환의 뒤에도 주천도로서 눈금이 새겨져 있다. 북남의 극축은 수평에 36^{d}의 각도로 설치되었다. 수평, 자오선 및 적도환의 세 구성 요소는 고정되어서 움직이지 못한다. 그들의 둘레는 12척이 넘었다.

이 첫 번째 배열을 육합의(六合儀)라 부른다.

이 일습의 고리들에 꿰어져 극 굴대에 붙어 있는 것들은 움직이는 이지경선(二至經線) 쌍환, 적도단환 및 황도환이다. 황도환은 적도를 24^{d}의 각도로 가로지른다. 황도단환의 측면에는 목성의 12구역과 24기가 새겨져 있다. 철사와 비단 끈으로 설치된 태양 모형이 황도환의 둘레를 돌며 움직여 낮과 밤의 시간을 구별한다. 이들 세 고리는 함께 붙어 있으며 동에서 서로 회전한다.

황도환 속에는 백도단환이 붙어 있다. 그것은 황도환의 북과 남으로 6^{d}보다 약간 작은 각도로 앉혀져 있다. 가장 안쪽에 고리 하나가 있는데, 축 굴대에 붙어 있으며 백도환을 직각으로 가로지른다. 그것은 달의 모형(그림 4.19 비교)을 붙들고 구동한다. 달의 모형은 동쪽으로 움직이면서 달의 삭망을 재현한다.

이 두 번째 배열을 삼진의라 부른다.

남극의 선회축에서 갈퀴 혹은 발톱 모양의 쇠막대가 돌출하여 육지 지도[아마도 지구의?]를 받들고 있다. 지평환 밑의 네 모퉁이(NE, SE, SW, NW)에서 나무로 된 용 모양의 기둥들이 의기를 받들고 있다.

그것이 더 크다는 것을 제외하면, 영조의 소론에 서술된 이 혼의는 실질적으로 현재 남아 있는 송이영의 시계(그림 4.11-19 아래)에 있는 혼의와 동일하다. 영조의 소론에 서술되어 있는 혼의가 분명히 이민철의 것이라고(그가 직접 만든 것이든 혹은 안중태가 만든 똑같은 복제품으로서든) 볼 수 있기 때문에, 우리는 현존하는 송이영의 시계에 있는 혼의 또한 이민철의 작품이라 믿을 수 있다고 안전하게 결론을 내릴 수 있다.

36^{d}라고 명시된 북극고도는 이민철이 자신의 혼의를 '채씨의「순전」에 대한 논평'을 모델로 했다는 견해에 비추어 볼 때 흥미롭다. 문제의 '채씨'는 아마도 틀림없이 채심(蔡沈)일 것이다. 채심은 주희의 제자였고, 그래서 그의 견해는 신유교주의에 헌신하고 있던 조선에서는 큰 영향력을 가지고 있었을 것이다. 채심의『서경』에 대한 논평인『서집전(書集傳)』은 혼의(그림 4.10 아래)의 도해와 함께 1620년경 조선에서 재간된『서전대전(書傳大全)』에 수록되어 있다. 우리는 이민철이 그 도해를 자신의 혼의의 근거로 사용했다고 본다. 그 도해는 북극고도를 36^{d}라고 명시하고 있는데, 이는 북송(北宋)의 수도 개봉(開封) 기준으로 옳다. 그러나 우리가 이민철의 것이라고 말하는 현존하는 혼의는 서울에 맞는

북극고도(37° 41', 혹은 약 37.4^d)를 가지고 있다. 한국의 위도는 영조가 소론을 썼던 당시에 꽤 정확하게 알려져 있었다. 이 시기의 해시계들을 보면 서울의 고도가 37.2^{d}나 37.4^d 등으로 명시되어 새겨져 있다. 틀림없이 영조는 그 숫자를 의기가 아니라 그 책에서 얻었을 것이다.

영조의 소론은 계속해서 규정각에 있는 의기의 수격식 기계장치를 다음과 같이 서술한다.

『증보문헌비고』 권 3: 7a-b(1732)

수격 작동 장치는 다음과 같다.

높이가 9척이고 넓이가 5척으로, 넓이보다 높이가 두 배인 나무로 된 '틀 상자' 속에 인형 장치를 한 바퀴들이 혼의의 옆으로 자리 잡고 있다. 혼의는 틀 상자의 남쪽 공간 위에 설치되었고, 그 중앙 축은 북극을 통해서 틀 상자 속으로 들어가 있는데, 톱니바퀴가 붙어 있다. 남동쪽의 구석에 청동 물그릇이 있어서, 틀 상자와 높이가 같은 수수호를 거느리고 있다.

소론은 계수해서 틀 상자의 남쪽에 설치된 보통 종류의 시보 인형 한 벌의 모습을 서술하는데, 나무로 된 시보 인형들은 종을 울리고 또 시의 이름이 쓰인 시패를 잡고 있다. 소론은 아래와 같이 계속된다.

금속 구슬이 24개 있는데, 각기 크기는 비둘기 알만 하다. 틀의 동쪽 위에 구멍이 있어서 통로로 연결되는데, 거기에서 구슬이 90도 각도로 떨어져 내린다.

청동을 주조하여 부표를 만들어서 청동으로 된 물시계의 수수호 속에 놓았다. 파수호에서 흘러든 물이 수수호를 채우면 부표가 떠오르고, 다음에 기계장치의 바퀴들이 회전한다. 전체 장치의 위에서는 삼진의(의 콤포넌트)가 마치 스스로 움직이듯이 하늘의 운동을 따른다. 쇠구슬들은 하나씩 차례로 그들의 통로를 통해서 떨어져서는 시보 인형의 바퀴를 구동한다. 매 시마다 종치기가 종을 치고 시보(時報)하는 관리가 불쑥 나타난다.

안중태가 복제한 이민철 의기의 구동 장치는 결국 아마도 옛 자격루(제 2장, pp.53~84 참고)의 구동 장치와 유사한 구슬 방출 장치를 갖춘 물시계 부표에 의해 움직였을 것이다. 혼의를 구동시키는 톱니바퀴를 제외하면, 영조의 소론에서 언급된 바퀴들은 단순한 회전목마 같은 수평의 바퀴로서 시간을 알리는 인형을 잡고 있거나 혹은 작동시킨다. 그렇다면 옥루가 재건되어야 한다고 청원한 송준길의 1669년 상소는 실제로는 옥루와 그 동료인 자격루 전통 속에 있는 새로운 의기가 창조되는 대단한 결과를 가져왔다고 볼 수밖에 없다.

이민철의 수격식 혼천시계(분명히 현종 시대로부터 있었던 그의 원래의 의기)

는 1777년에 다시 수리되었으며,[*47)] 그리고 아마도 그것과 안중태의 모조품 둘 다가 그로부터 몇 년간 여전히 작동되고 있었을 것이다. 이 의기들은 수격식 시계의 고대의 한·중 전통 속에서 마지막으로 살아남은 몇몇 의기들에 속할 것이다. 이 의기들이 우주를 나타내는 형식과 작동 방식은 전적으로 전통적이었다. 그러나 18세기 이래로 한국에서 왕의 후원 아래 만들어진 시계들은 송이영이 개척한 종류의 추동식(鍾動式) 구동 장치를 갖고 있었다.

송이영의 추동식 혼천시계

김석주의 1669년의 기록은 이민철의 수격식 혼천시계에 대해서 훌륭한 정보를 제공하지만, 송이영의 의기에 대해서는 훨씬 적게 서술하고 있다. 기록은 이렇게만 말한다.

『증보문헌비고』 권 3: 3a(1669)
송이영에 의해 설치된 혼의는 전체적인 설계에 있어서 이민철의 것과 크게 같은데, 다만 물그릇을 쓰는 대신 서양 시계의 톱니바퀴를 사용했다. 이들 톱니바퀴는 적당한 크기로 제작되어 상호간에 물려 있다. 해와 달의 운동, 새벽과 황혼 및 시와 각의 알림, 이 모두가 조금의 틀림도 없다.

　김석주는 두 혼천시계에 대해, 양쪽이 유사하게 설계되어 있고 하나는 전통적인 수격식 기계장치에 의거해 작동하고 다른 하나는 서양의 추동식 장치에 의거하고 있지만 둘 다 중국·아랍적인 시보 인형을 갖춘 회전목마 같은 수평의 바퀴를 쓰고 있다고 서술한다. 이 서술은 조선왕조가 서양의 기술을 자신의 전통적 천문의기 제작에 합체시키는 바로 그 순간에 있음을 극적으로 보여 준다.

　서구형 시계가 송이영의 시대 이전에 한국에 전혀 알려지지 않았던 것은 아니다. 자명종의 한 종류가 1607년에 한국에서 일본으로 보내졌는데, 이때 조선 조정은 히데요시의 후계자인 도쿠가와 막부와 외교 관계를 재개하고 있었다. 전상운은 이 의기가 서구형 시계라고 본다.[*48)] 정두원(鄭斗源)은 1631년에 처음으로 중국 명나라에서 천리경을 조선에 가져온 인물로서, 그때 서양의 시계도 함께 가지고 왔다. 김육(金堉)은 자신이 1636년에 북경에서 본 다른 의기와 함께 이를 언급하고 있다. 감탄에 가득 찬 논평에서 김육은 어떻게 기계장치가 작동하는지 전혀 모르겠다고 솔직히 말한다.[*49)]

　서양식 시계 장치에 대한 지식은 또한 일본을 통해서 한국에 도달했다. 서양의 추동식 시계는 일찍이 1551년에 일본에 소개되었으며[*50)] 그리고 17세기 초에는 일본에서 복제되기 시작했다.[*51)] 아마도 일본에서 가장 처음에 만들어진 추동식 시계의 기계장치는 유럽 것을 직접 복제한 것이었겠지만, 17세기를 지나면서 계절에 따라 변하는 일본의 계시제도에 맞추어 변형되기 시작했다. 일본의 계시 제도는 6개의 균등한 낮 시와 6개의 균등한 밤 시로 되어 있다. 이는 다섯으로 균등하게 나누었지만 계절에 따라 변하는 '어스름'부터 '새벽'까지 달리는 고대 동아시아의 경점 제도와 다소 비슷하다[천문학적 목적을 제외하면 기계식 시계 제작이 등장할 때까지 서양에서도 변하는 시간(의 길이)이라는(밤 시간을 나타내는 경의 길이가 계절에 따라서 달라지는 것이 좋은 예이다─옮긴이) 유사한 제도가 널리 사용되었다]. 시계의 기계장치가 똑딱거리는(going) (속도의) 비율에 간섭을 가하지 않은 채로 변형하기 위해 원둘레를 조정할 수 있는 판을 갖춘 24시가 새겨진 회전하는 문자판을 도입했다. 이 판은 시를 보여 주고, 필요한 곳에 반시를 나타내는 보충 판을 거느리며, 또한 타격 장치가 설비되어 있는 경우에는 그것을 격발시키는 데 쓰인다. 다른 방법은 굴대폴리오트 지동(止動) 장치(verge-and-foliot escapements)를 유지하는가에 달려 있다. 그러나 이때 유럽에서는 굴대균형바퀴 지동 장치에 의해서 이미 교체되어 있었다. 그러나 굴대폴리오트 지동(止動) 장치는 일본에서는 계절에 따라서 기(氣)마다(매 24절기마다─옮긴이) 변하는 양만큼의 비율을 하루 두 번 손으로 혹은 뒤에는 자동적으로 조절하는 것을 용이하게 하여 주었다.[*52)] 이것은 마치 세종대왕의 자격루에 있는 '구슬 선반이 경점의 길이가 달라지는 것에 따르기 위하여 매 15일마다 바뀌었던 것과 같다(제2장, pp.57, 71 참고). 우리의 흥미를 끄는 일본 시계의 또 다른 특성은 그것이 타격하는 '일련의 연속'에 있다. 초기의 예를 보면, 타격 열(列)은 각각의 낮과 밤(하루) 동안에 6개의 시를 단위로 하는 두 '일련의 연속'을 달린다. 여기서 6개의 시는 각기 아홉 번, 여덟 번, 일곱 번, 여섯 번, 다섯 번, 네 번의 종치기라고 하는 (숫자가) 내려가는 순서로 가리켜지고, 각 반시마다 한 번 치는 것으로 가리켜진다. 후기의 예를 보면, 짝수의 종치기에 의해 가리켜진 시를 뒤따라온 반시는 두 번 치기로 가리켜지고, 다른 반시는 한 번 치기로 가리켜진다.[*53)] 타격 열은 회전하는 24시가 표시된 문자판 위에 있는 원둘레를 조절할 수 있는 시와 반시가 표시되어 있는 판의 뒤쪽에서 나와 있는 돌기에 의해서 작동된다. 큰 시계의 경우에 이것은 마찰의 문제를 제기했을 것이고, 그래서 연속적으로 힘을 전달하는 수단으로서 금속 구슬을 사용하는 쪽으로 기울게 되었을 것이다(제4장, pp.202~203 참고).

효종의 재위 기간 중, 즉 1650년대의 어느 때에 일본의 자명종 하나가 한국으로 들어와 유흥발(劉興發)이 세밀히 연구했다. 우리는 이 사실을 다만 김육의 글을 통하여 2차적으로 얻고 있다.[*54)] 김육은 유흥발이 그 시계의 기계장치를 완벽하게 이해했다고 말하는데, 자신은 그것에 대해 깊이 들어가지는 않고 있다. 그러나 이 시계가 각 6개의 시의 연속에 대하여는 아홉 번, 여덟 번, 일곱 번, 여섯 번, 다섯 번, 네 번의 타격 순서를 가지고 있고 반시에 대하여는 단 한 번 타격을 한다고 명시한다.

이것은 이 시계가 유럽이 아닌 일본에 기원(起源)을 두었다는 분명한 증거이다.

이것은 다시 우리를 송이영의 시대로 이끄는데, 그는 1669년에 한국에서는 최초로 서양식 기계장치를 합체하는 시계를 제작한 사람이었을 것이다. 그런데도 송이영이 한 일의 정확한 본질이 무엇인지는 분명하지 않은 상태이다. 역사 기록에도 송이영 자신이 이때 만든 혼의에 동력을 공급하기 위한 완전히 새로운 추동식 기계장치를 제작했다는 것이 명약관화하게 드러나지 않는다.[*55] 그 시계가 초기의 일본 시계에서 발견되는 바로 그 타격 순서를 갖고 있고 더욱이 종과 구동하는 추가 전형적인 일본적 설계이기 때문에(제4장, pp.194, 205~208, 그림 4.2 아래 참고), 송이영이 당시에 이미 존재하고 있었던 일본제 추동식 (톱니바퀴) 기계장치를 손에 넣었고, 그것을 이민철의 혼의를 회전시킬 수 있도록 개조해서는, 다시 전통적인 한·중의 인형기계장치에 의거한 시각적 시보 체제를 운영하도록 했다고 보는 것이 더욱 타당하다. 물론 이것만으로도 기술적으로 대단히 독창적인 작품이었을 것이다. 송이영이 만든 시계의 추동식 기계장치가 그의 손으로 만들어진 것이 아니라 오히려 얻은 것이라고 말한다고 해서 한국 최초의 근대 시계 제작자로 기록되어 있는 그의 지위가 도전받는 것은 아니다.

현존하는 톱니바퀴 기계장치가 일본에서 기원했을 것이라고 보는 또 하나의 이유는 '가는 열[going train, 시계를 움직이게 하는 데 쓰인다. 서로 맞물려 있는 일단의 톱니바퀴와 심축(心軸)으로 구성된 장치를 '가는 열'이라 하고, 시간을 알리기 위하여 종을 타격하는 데 쓰이는 일단의 톱니바퀴와 심축으로 구성된 장치를 '타격 열'이라 한다─옮긴이)' 자체가 타격 열을 작동시키는 눈에 보이는 어떤 수단도 가지고 있지 않다는 점이다. 이것은 그 톱니바퀴 장치가 원래 만들어질 때는 타격 열이 일본의 변하는 시간을 보여 주는 24시가 표시된 회전하는 문자판 위에 있는 둘레를 조절할 수 있는 시와 반시가 표시된 판(plate)으로부터 작동되도록 하는 것이었음을 암시한다(p.182쪽 및 제4장, p.196 하단 참고).[*56]

숙종 재위 때의 기록을 보면 1687년에 송이영의 시계를 이진정(李鎭精)이 수리했다고 되어 있는데,[*57] 지구가 회전하는 체제를 나타내기 위해서 그 시계의 혼의를 개조하거나 혹은 개조하려는 시도가 그때 당시 혹은 그 이후에 있었을 것이다.

중국의 자명종 하나가 한국의 관상감(觀象監)을 위해 1715년에 복제되었고, 또 1723년에 한 중국사행이 서구형 시계 하나를 조선 조정으로 가지고 왔다.[*58] 유명한 수학자이자 천문학자인 홍대용(洪大容, 1731~1783)은 1760년대에 개인 천문대를 세웠으며, 추동식 혼의와 추동식 자명종과 함께 수격식 혼상도 가지고 있었다. 단편적인 증거를 통해서 볼 때, 홍대용의 추동식 의기들은 개념에 있어서 일본이 아닌 유럽의 것으로 보인다.[*59]

한국에서의 시계와 시계 제작의 후기 역사에 대해서는 해야 할 연구가 아직도 많이 남아 있지만, 그 과제는 이 책에서 연구되는 역사 기간 너머로 우리를 데려갈 것이다. 한편 이 후대의 사건들에 대해서는 전상운의 개관을 읽으면 좋을 것이다.[*60] 동시에 기억해 두면 좋을 것은, 어떤 시계든 간에 시계 제작은 조선 시대가 끝날 때까지도 한국에서는 꽤 예외적인 일로 남아 있었다는 것이다.[*61] 보통의 한국인은 시간을 알고 싶을 때 시계에 의존하기보다는 한국에서 가장 전형적인 계시의기인 해시계(아마도 '주머니' 앙부일구나 혹은 실표 모형)에 의존했다.[*62]

만일 송이영의 혼천시계가 그 모든 어려운 시기를 거쳐서 오늘에 이르기까지 보존되지 못했다면, 1669년 김석주의 시계에 대한 서술은 한국 계시의기의 서구화 과정을 이해하는 데 아주 애를 먹이는 존재로 남았을 것이다. 아직도 거의 완전한 상태로 존재하는 송이영의 시계는 다음 장에서 제시하는 자세한 분석에 착수할 수 있도록 우리를 도와주었다.

제4장 송이영과 이민철의 혼천시계(1669)

The armillary clock of Song Iyŏng and Yi Minch'ŏl(1669)

앞에서 본 바와 같이 『증보문헌비고』[*1)]에 포함되어 있는 한국의 역사 기록의 조사 결과 고려대학교 박물관에 소장되어 있는 혼천시계가 송이 영에 의해서 이민철의 혼의를 합체시키면서 1669년에 제작되었다는 것 은 거의 의심의 여지가 없다. 다행스럽게도 이 의기가 현종 때부터 보존 되어 우리는 앞의 장에서 제시했던 역사적 서술을 증명하고 또 보충할 수 있게 되었다.

콤브리지가 자세한 의기 사진에 근거해 수행한 연구를 통해, 전에 알려지지 않았던 특징들이 드러났다. 아마도 그 시계에 독창적이라 할 기계적이고 천문학적인 특징이라 할 것이다.[*2)] 연구의 결과는 여기서 이민철 혼의의 원형 중에 있는 전통적인 중국의 의기에 대한 언급과 함께 제시될 것이다.

전반적 설명(그림 4.1-2)

편의상, 이 설명은 혼천시계가 천극(celestial poles) 위에 정렬한 혼의의 극축(polar axis)과 방위를 맞추고 있다고 가정한다. 시계를 감싸는 궤의 기본적인 치수는 다음과 같다.

길이, 북에서 남으로 3척 11촌(120센티미터)

넓이, 동에서 서로 1척 9촌(52센티미터)

높이, 대좌를 제외한 3척 2촌(98센티미터)

고려대학교 박물관 당국에 의해서 추가된 품목들

(i) 나무로 된 대좌

(ii) 혼의를 위한 유리로 된 울타리. 이 울타리 밑의 3개 및 옆의 2개의 나무로 된 '틀 부재'는 사진 속에서 볼 수 있다. 이 틀 부재와 대좌는 원래의 나무 궤와 비교해서 색이 연하기 때문에 사진 속에서 쉽게 알아볼 수 있다.

(iii) 없어진 나무로 된 지붕을 대신하는 유리 지붕. 이것을 맞추어 넣음
으로써 루퍼스의 사진 속에서 볼 수 있는[*3)] 장붓구멍이 제거되었다.

없어진 옆의 판들도 역시 새로이 만들어졌는데, 그러나 이것들은 유리
상자와 함께 사진을 찍는 동안에는 제거되었다.

시계의 궤는 한국의 고급 가구와 같은 양식으로 만들어져 있는데, 금속
보강물은 일부 혹은 전부가 후대에 추가된 것일 수도 있다. 이 시계는
편의상 다음의 세 구성 부분으로 나누어 생각할 수 있다.

(i) 혼의를 싣고 있는 남쪽 끝의 상자 모양의 낮은 대좌.

(ii) 궤의 동쪽과 서쪽에 똑바로 선 판벽에 의해 한정되는 좁은 중앙 부분
으로서, 추와 '타격 열'을 포함하고 있다.

(iii) 궤의 나머지 북쪽 부분으로서, 그 위쪽 반에는 '가는 열', 시보자(時
報者) 및 타격격발 기계장치, 그리고 종을 포함하고 있다. 동쪽 중앙
에 있는 사각형의 후미진 곳 바닥에 흰 슬롯이 있는데, 그것을 통해
서 각 시에 해당하는 한자가 새겨진 큰 메달이 그 시(時)의 초(初)에
타격 열이 작동되는 순간 나타난다.

가는 열(Fig.4.3−4)

'굴대[봉(棒)]추진자' 식의 '가는 열', 그림 4.3은 높이가 약 10촌이다. 수평 심축 4개와 수직 심축 1개로 구성되어 있는데, 사각형의 바탕 틀 위에서 북남을 향한 수직의 틀 속에 있다.

(i) 주심축 A1(그림 4.4)은 하루에 세 번 회전한다. 틀 밖으로 연장되어서는 남쪽 끝에서 혼의를 구동하는 열두 이파리를 가진 우산 모양의 작은 핀톱니바퀴 A2를 거느린다. 주심축 A1은 마찬가지로 틀 밖에서 그 중심에 세 팔을 가진 톱니가 없는 평범한 바퀴 A3을 거느리고, A3에는 추진하는 체인 바퀴 A4가 깔쭉톱니바퀴 A5와 톱니멈춤쇠 A6에 의해서 연결된다. 북쪽 끝에서 이빨 64개짜리 주바퀴 A7을 거느리는데, A7은 두 번째 심축을 구동시킨다. A7은 장식못 4개에 의해서 이빨 120개짜리 바퀴 A8을 부착시키고 있고, A8은 이빨 360개짜리 톱니바퀴 B2를 수단으로 해서 시보자 바퀴를 구동한다. 주바퀴 A7은 3개의 평행측면 팔을 가지고 있다.

(ii) 두 번째 심축 C1은 여덟 이파리를 가진 핀톱니바퀴 C2에 의해서 하루에 24번 회전한다. 그리고 세 번째 심축을 구동시키며 이빨 48개가 있는 두 번째 바퀴 C3을 거느린다. 그의 북쪽 끝은 일본형의 거꾸로 된 U자 모양의 까치발 C4에 선회축을 두고 있다. 까치발은 이빨

그림 4.1 동쪽에서 보는 송이영 혼천시계의 외관.
이 전경은 김성수 선생이 고려대학교 박물관에 기증했을 때의 모습 그대로의 시계(時計)를 보여 준다.
그러나 나중에 박물관 당국에 의해 토대가 마련되었고 그리고 혼의를 위한 유리 지붕 밑 유리 울타리를
설치하기 위한 준비가 마련되었다. 시보자가 위치한 파인 공간이 오른쪽에 보이고, 거기에는 서양의
시간으로 오전 3시부터 5시 사이를 의미하는 시인 인(寅)이라는 한자를 가진 큰 메달이 나타나고 있다.

120개짜리 바퀴 A8 위로 넘어가면서 틀 안쪽에 대갈못으로 고정되어
있다.

(iii) 세 번째 심축 D1은 여섯 이파리의 핀톱니바퀴 D2에 의해 1시간에
여덟 번 회전한다. 이는 네 번째 심축을 구동하며 이빨 42개가 달린
세 번째 바퀴 D3을 거느린다.

그림 4.2 서쪽에서 보는 송이영 혼천시계의 외관.
이 전경에서는 모든 떼어낼 수 있는 판벽이 궤로부터 제거되어서, 시보자 바퀴, 타격 작동 장치, 타격
열, 종 및 추가 모습을 드러낸다. 서양의 시간으로 오후 5시부터 7시 사이를 의미하는 유(酉)와 오후 7시부터
9시 사이를 의미하는 술(戌) 및 9시부터 11시 사이를 나타내는 해(亥) 시의 한자가 새겨진 큰 메달이
나타나고 있다.

(iv) 네 번째 심축 E1은 여섯 이파리 핀톱니바퀴 E2에 의해 1시간에 56번
회전하는데, 이빨 36개에 네 팔을 가진 가로톱니바퀴 E3을 거느린다.
이것은 왕관바퀴의 심축을 구동한다.

(v) 짧은 수직의 심축 F1은 여섯 이파리 핀톱니바퀴 F2에 의해 1시간에
336번 회전하는데, 이빨 15개가 있는 왕관바퀴 F3을 거느리면서, 1분
에 168번의 진자 치기를 요구한다. F1의 위 끝은 C자 모양의 까치발
F4 속에 선회축을 두고 있다. 그래서 굴대 G1에 대하여 여유 공간을

그림 4.3 남동쪽에서 본 가는 열.
지동(止動)장치(escapement)가 톱니바퀴 열(列)의 꼭대기에 보이고, 바닥에는 계시 바퀴의 주(主)
수평톱니바퀴가 보인다. 가는 열은 궤의 주요 (북쪽의) 부분의 위쪽 남·중앙 구획 속에 위치하고 있다.

만들고 있고, F1의 아래 끝은 틀 안쪽에 대못으로 고정된 L자 모양의
까치발 F5 속에 선회축을 두고 있다. 심축의 아래 끝은 끝 용수철 F6
에 의해 지탱되고 있다. 이 끝 용수철에는 나사못 F7이 있어서 바퀴
멈추개 G6의 맞물림의 깊이를 조절한다.

수평의 굴대 G1은 칼처럼 뾰족한 끝 G2를 그의 북쪽 끝에 가지고
있는데, 그것은 틀 밖에 있는 까치발 G4 위에 있는 V자 모양의 받침
G3 속에서 지탱되고 있다. 까치발 속에는 굴대 G1을 위한 틈새 구멍
G5가 있다. 이 구조는 전형적인 영국의 굴대추진자 지동 장치로서 시먼
즈(Robert Symonds)[*4]가 도해하여 설명하고 있다. 진자 추는 그의 막대기
G7에서 사라져서 없다. 사진에서는 이 굴대추진자 지동 장치가 굴대폴리
오트나 굴대균형바퀴를 개조한 것이라는 어떤 증거도 볼 수 없다.

왕관바퀴 F3은 팔이 넷이고, 가는 열의 다른 바퀴들은 팔이 셋이다.
대조적으로 혼의의 극축 위에 있는 바퀴들은 '속이 비지 않은 원반'이다.
이 바퀴들은 혼의를 구동하는 우산 모양의 작은 핀톱니바퀴 A2처럼, 가
는 열과 타격 열의 바퀴들보다는 눈에 띄게 원시적인 외관을 하고 있다.
작은 핀톱니바퀴 A2는 만족할 만한 경사의 각도를 찾기 위해서 실험이
가해진 흔적을 나타낸다.

사진에서는 가는 열 안에 타격 열을 작동시키기 위한 어떤 수단이
있다는 증거도 볼 수 없다. 그래서 우리는 그 톱니바퀴 장치가 원래는

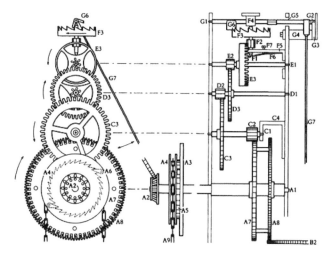

그림 4.4 가는 열 설명 스케치.

A1 하루 밤낮에 세 번 회전하는 주심축.
A2 열두 이파리를 가진 우산 모양의 작은 핀톱니바퀴로서
    혼의의 북극에 있는 36개 이빨의 바퀴를 구동한다.
A3 세 팔을 가진 톱니가 없는 평범한 바퀴로서 깔쭉톱니
    멈춤쇠(ratchet-pawls) A6을 거느린다.
A4 체인 바퀴 ⎫ 함께 쌍을 이루는데 심축 A1 위에서
A5 깔쭉톱니바퀴 ⎭ 자유롭다.
A6 깔쭉톱니 멈춤쇠로서 A3에 선회축을 가진다.
A7 64개 이빨을 가진 주바퀴로서 C2를 구동한다.
A8 120개 이빨의 톱니바퀴로서 시보자 바퀴의 톱니바퀴 B2를
    구동한다.

B2 시보자 바퀴의 360개 이빨의 톱니바퀴.

C1 두 번째 심축으로서 하루 밤낮에 24번 회전한다.
C2 여덟 이파리를 가진 핀톱니바퀴로서 A7에 의해 구동된다.
C3 48개 이빨의 두 번째 바퀴로서 D2를 구동한다.
C4 두 번째 심축을 지탱하는 까치발.

D1 세 번째 심축으로 1시간에 8번 회전한다.
D2 여섯 이파리의 핀톱니바퀴로서 C3에 의해 구동된다.
D3 42개 이빨의 세 번째 바퀴로서 E2를 구동한다.

E1 네 번째 심축으로서 1시간에 56번 회전한다.
E2 여섯 이파리 핀톱니바퀴(pinion)로서 D3에 의해 구동된다.
E3 36개 이빨의 가로톱니바퀴로서 F2를 구동한다.

F1 왕관바퀴의 심축으로서 1시간에 336번 회전한다.
F2 여섯 이파리 핀톱니바퀴(pinion)로서 E3에 의해 구동된다.
F3 15개 이빨의 왕관바퀴.
F4 위쪽의 지지 까치발로서 굴대 G1을 위한 여유 공간을
    지닌다.
F5 밑의 지지 까치발로서 심축 E1을 위한 여유 공간을 지닌다.
F6 F1을 위한 끝지 용수철(End-bearing spring).
F7 왕관바퀴 F3을 바퀴멈추개 G6에 맞도록 조절하기 위한
    나사못.

G1 굴대(verge).
G2 칼처럼 뾰족한 끝.
G3 V자 모양의 받침 베어링(bearing).
G4 G3을 위한 까치발.
G5 굴대 G1을 위한 틈새 구멍.
G6 바퀴멈추개.
G7 추진자 막대로서 1분에 168번 친다.

일본 시계의 것이라고 본다. 시간을 가리키고 또 타격 열을 작동시키기 위하여 둘레를 조절할 수 있는 시와 반시가 표시된 판을 거느리고, 24시(오늘날 우리는 오전과 오후의 개념을 사용하므로 시계판 위에는 1부터 12까지의 숫자만 쓰여 있지만, 당시에는 1터 24까지의 숫자가 전부 쓰여서 하루 24시간을 표시했다—옮긴이)가 표시된 회전하는 문자판을 가진 일본 시계 말이다(pp.202~203 및 제3장, pp.184~185 참고).

추(그림 4.1-2)

가는 열과 타격 열을 구동시키는 각 추는 거의 원통형인 일본 풍[*5]의 무거운 외부 주물(鑄物)과, 안쪽의 굴대 막대 위에 있는 육각형의 암나사에 걸려 있는 몇 개의 부수적인 무게 조절을 위한 원반으로 구성된다. 진자시계에 무게 조절을 위한 설비를 한다는 것은 물론 시대착오적인 면이 있다. 이는 제작자가 굴대균형바퀴 지동 장치에 더 익숙했다는 것을 암시한다. 그런 장치를 가지고 있는 설비는 '가는 비율(going rate)'의 조절을 용이하게 했을 것이다.[*6] 육각형의 암나사는 만일 그것이 원래 있었던 것이라면 유럽의 산물이 아니라는 말이 된다. 그런데 시계 궤의 금속의 '묶는 막대' 위에 비슷한 암나사가 있는데, 그것은 나중에 추가된 것이리라는 것을 말해 두어야겠다. 추는 긴 고리와 짧은 고리가 교대로 오는 사슬에 의해서

들려지고 있다.

긴 사각형의 추(그림 4.12)는 혼의의 항성 콤포넌트의 1년 운동(annual-motion)을 추진하기 위한 노끈 H1과 H2를 팽팽히 당겨 주는 역할을 하는바, 구동 추와 같은 시계 궤의 공간에 들어 있는 좁은 수직의 슈트(chute: 쓰레기, 우편물, 세탁물 등을 수직으로 낙하하게 하는 장치 혹은 공간─옮긴이) H5 내부에 감추어져 있다.

시보자 바퀴(그림 4.5-6)

시보자 바퀴는 얇은 원통형의 두드려서 만든 얇은 원통형의 틀 모양으로 만들어졌고, 시계 궤의 중앙에 있는 사각형의 수직의 심축 B1(그림 4.6) 위에서 바퀴 B2에 의해 하루에 한 번 회전한다. 바퀴 B2는 직경이 약 34센티미터이고 360개의 방사형(放射型) 이빨을 가지고 있는데, 이들 이빨은 위쪽 끝이 가는 열의 주심축 위에 있고 이빨 120개가 있는 바퀴 A8(그림 4.4)과 가로 톱니바퀴의 방식으로 맞물리기에 알맞은 모양을 하고 있다. 시보자 바퀴는 12개의 방사형 팔 B3(그림 4.6)을 가지고 있는데, 안쪽 끝에 회전축이 있고, 바깥쪽 끝은 슬롯 모양의 유도 장치 B4 속에서 자유로이 오르고 내린다. 각 팔의 끝에 거의 수직으로 고착되어 있는 큰 메달들 B5에는 12시를 나타내는 한자가 양각으로 새겨져 있다. 예를 들면 자시(子時)는 11p.m.부터 1a.m.까지, 축시(丑時)는 1a.m.부터 3a.m까지 등이다.[*7] 3p.m.부터 5p.m.까지의 신시 (申時)를 알리는 큰 메달은 지금 그 팔에는 없다. 각 팔은 시보자 바퀴의 회전에 의하여 차례로 북북동에서 동북동으로 옮겨진다. 이 때문에 그의 바깥 끝은 기울어진 철사 유도 장치 C 위로 미끄러져 올라서는 시계 궤의 동쪽에 있는 움푹 들어간 시보자 공간(그림 4.1)의 바닥에 있는 슬롯의 북쪽 끝을 향한다. 타격 열 격발의 순간, 즉 시의 초에, 팔은 수직의 시보 막대 D2의 T자 모양 꼭대기 D1에 의해서 올라가는 데, 그러면 큰 메달은 밑으로부터 슬롯으로 들어가서는 다음에 움푹 들어간 시보자 공간에 나타난다(그림 4.1). 팔은 금속 유도살의 수평의 위 부분(굽어진 아래 부분은 그림 4.1, 4.2와 4.5에서 볼 수 있음)에 의해서 올려 진 자세로 계속 유지된다. 이는 그 시의 끝을 향하는 큰 메달이 슬롯의 남쪽 끝에 접근할 때까지이다. 그 다음에 팔이 떨어져서 메달은 시계 (視界)에서 사라지고, 아마도 동시에 그 다음 차례의 큰 메달이 나타날 것이다.

타격격발 장치(그림 4.1–2, 4.5, 및 4.7)

시계 궤의 북쪽 끝 중심에는 꽃병 모양의 나무로 된 바퀴통 H1(그림

그림 4.5 북북동에서 보는 시보자 바퀴와 타격 격발 장치.

9a.m부터 11a.m.까지의 사시(巳時)를 의미하는 한자가 새겨진 시보자 메달을 나르는 팔이 옷걸이 모양의 철사로 된 유도 장치 C(그림 4.6) 위에서 쉬고 있고, 그 유도 장치는 시보자 슬롯을 향하여 오르고 있다. 11a.m.부터 1p.m.까지의 오(午)와 1p.m.부터 3p.m.까지의 미(未)가 새겨진 큰 메달이 또한 보인다. 또 하나의 유도 장치의 굽어진 부분이 철사의 왼쪽 끝 가까이의 시계 궤 속의 틈새에 보인다. 이 유도 장치의 수평의 꼭대기 부분은, 수직의 시보자 막대 D2의 T자 모양의 꼭대기 D1에 의해서 메달을 나르는 팔이 올라간 후에, 각 메달을 차례로 시보자의 슬롯 속에 붙들어 둔다. 같은 유도 장치의 다른 부분이 그림 4.1-2 속에 나타난다. 앞에 보이는 꽃병 모양의 나무로 된 바퀴통(hub) H1(그림 4.7)이 그의 멀리 남쪽 끝에서 한 작은 금속의 '칸막이북(compartment-drum)' 바퀴 H3을 거느리고 있는 것이 보인다(그림 4.2에서 더욱 잘 보인다). 이 북은 '타격격발 구슬(strike-release balls)'의 시간을 맞추기 위한 9개의 '측판 날개(shrouded vanes)' H4를 가지고 있으며, 거기서 가까운, 즉 북쪽의 끝에는 9개의 긴 방사형의 팔 H6이 있다. 이 팔은 구슬을 사용한 뒤에 다시 구슬을 올리기 위한 '날 모양의(bladed)' 끝 H7을 가지고 있다.

4.7)이 남북으로 수평의 금속 심축 H2에 앉혀져 있다. 바퀴통은 남쪽 끝에 작은 금속 '칸막이북' 바퀴 H3을 거느리고 있고, 이 북은 '타격격

발 구슬'의 시간을 맞추기 위한 9개의 '측판 날개' H4를 가지고 있다. 그 북쪽 끝에는 9개의 긴 방사형 팔 H6이 있다. 이 팔 끝에는 정사각형의 날 H7이 부착되어 있다. 이 작은 칸막이북 바퀴는 북쪽부터(그림 4.5 및 4.7) 보이는 바대로 그의 날개가, 24쌍의 밑을 향하고 있는 이빨 J1과 맞물림으로써 시계 반대 방향으로 회전한다. J1은 시보하는 팔을 나르는 원통형의 틀 밑에 있는 바퀴 J2에 부착되어 있다. 이 북의 기능은 각 시의 초와 정에 지금은 일실된 일련의 작은 금속 구슬 중 하나를 수직 슈트 속으로 내보내는 것이다. 이 슈트는 칸막이북 바퀴 H3의 아래쪽 반을 둘러싸고 있는 하우징(housing) K2의 서쪽 밑에서 입을 열고 있다.

수직 슈트의 바닥에서 낙하하는 구슬이 그림 4.1과 4.2에 보이는 타격 작동 페달의 북쪽 끝을 때리고 누르면, 이 페달의 남쪽 끝이 올라와서 그림 4.2와 4.8에 보이는 수직의 타격격발 막대를 수단으로 해서 타격 열을 작동시킨다. 동시에 타격격발 페달의 북쪽 부분이 시보 페달 D3(그림 4.6)의 서쪽 끝을 누르면, 이 페달의 동쪽 끝 D4가 올라오고, 또 시의 초에 수직 시보 막대 D2의 T자 모양의 꼭대기 D1을 수단으로 해서 시간을 가리키는 큰 메달 B5 중 하나를 올려서는 움푹 들어간 시보자의 공간으로 들여보낸다. 이는 이미 설명한 대로다.

타격격발 페달을 작동시킨 후, 구슬은 경사진 주로(走路) M1(그림 4.7)을 북서로 달려 내려가서는 시계 궤의 북서쪽 구석에 있는 거의 수직으로 굽은 슬롯으로 되어 있는 슈트 M2의 바닥으로 들어간다(그림 4.2). 다음의 시가 오는 동안에, 구슬은 날(blade) H7에 의해 슈트 위로 올라가서는 나무로 된 바퀴통 H1의 북쪽 끝에 있는 방사형의 팔 H6 중 하나 위로 올라간다. 슈트 M2 꼭대기 가까이의 한 곳에서 구슬은 J자 모양의 경사진 주로 M3으로 들어간다. 그리고 주로를 따라서 동과 남으로 달려가서는 작은 칸막이북 바퀴의 아래 부분을 위해 있는 하우징 K2의 동쪽으로 들어가고, 재사용될 때까지 머문다. 1936년에 루퍼스와 이원철은 그 기계장치가 '몇 개의 금속 구슬'을 가지고 있다고 보고했다.[*8]

왕승(王昇)이 만든 중국의 굴대폴리오트 시계(1627)는 추동식 시계에 있어서 금속 구슬을 사용한 명백한 전례를 제공한다.[*9] 우리는 이제 그 구슬의 기능이 직접 때리거나 혹은 간단한 망치 지레를 운용하여 북이나 종을 울리는 제한적인 것이었다고 믿는다. 그리고 시계 바닥 가까이에 있는 서랍들의 존재는 구슬들이 재사용을 위해서 손으로 꼭대기로 올려졌다는 것을 의미한다고 본다. 마치 세종의 자격루(제2장, p.67)가 그랬던 것처럼 말이다.

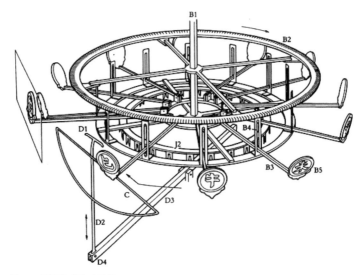

그림 4.6 시보자 설명 스케치.

B1 정사각형의 수직 심축으로서 하루 밤낮 태양일에 한 번 회전한다.
B2 360개 이빨의 톱니바퀴로서 120개 이빨의 톱니바퀴 A8 (그림 4.4)에 의해 구동된다.
B3 12개의 방사형의 시보 팔 중의 하나로서, 이들 팔은 안쪽 끝에 선회축을 가진다.
B4 12개 수직의 유도 장치 중의 하나.
B5 12개 시보 메달 중의 하나.

C 철사로 된 비스듬한 유도 장치로서, 이 그림에는 나타나지

않지만 그림 4.5의 설명문에서 언급한 또 하나의 유도 장치의 수평의 꼭대기로 인도된다.

D1 T자 모양의 D2의 꼭대기.
D2 시보 막대.
D3 시보 페달로서, 타격격발 페달(그림 4.1과 4.2에서 보이는)의 북쪽 끝에 의해서 매 반시마다 움직여진다.
D4 D3의 동쪽 끝.

J2 24쌍의 이빨 J1을 거느리는 바퀴(그림 4.7).

　　현재 송이영의 시계에서 타격 열을 격발시키기 위해 구슬을 사용한 것은 매우 독창적인 것으로 볼 수 있다. 하지만 이것은 특히 큰 시계에서 나타나는 문제로서, 가는 열에 의해 직접적으로 타격 열을 격발시키는 데서 일어나는 마찰의 문제를 피하기 위한 정교한 수단이라고 볼 수 있

다. 이 문제는 특히 일본의 시계 같은 유형에서 특히 골치 아팠을 것이다. 일본 풍의 시계에서는 타격 열은 24시(時)가 표시된 회전하는 문자판 위에 있는 둘레를 조절할 수 있는 시 판(그리고 필요에 따라서는 반시 판)에 의해 작동되었다. 만일, 우리가 추측하는 대로 현재 시계의 톱니바퀴 장치가 원래 그러한 일본형 시계에 사용되었거나 혹은 사용되려 한 것이었다면, 이 사실은 구슬이 가지는 현재의 또 다른 기능, 즉 시각적 시보자를 작동시키는 기능이 추가되기 전에 이미 동력 잇기 장치로서 금속 구슬을 사용했음을 의미하는 것이 틀림없다.

우리는 동아시아, 특히 일본에서 이제까지 기록되지 않은 중간 종류의 추동식 시계가 있었는지에 대해 생각해 본다. 이 시계는 원래 그 시계에 사용되기 위해 만들어진 것이든 아니든 간에 현재의 시계와 같은 톱니바퀴 장치를 가지고 있었고, 또 구리 구슬이 타격 열을 격발시키기 위하여 사용되었다. 반면에 구리 구슬을 재사용하기 위해서는 그 구슬들을 현재 송이영의 시계에서처럼 가는 열에 의해 자동적으로 올리는 대신에 사람의 손으로 올려야만 한다. 우리가 제2장에서 보았던 대로(pp.79~84) 물시계에서 동력의 전달 장치로서 금속 구슬이 사용된 것은 동아시아에서는 그 역사가 길다. 현재의 시계의 경우에, 그러한 구슬의 사용을 새로이 유입된 유럽의 기술에서 인지된 문제를 극복하기 위하여 개조된 전통적인 동아시아의 기술의 한 예로 볼 수도 있을 것이다.

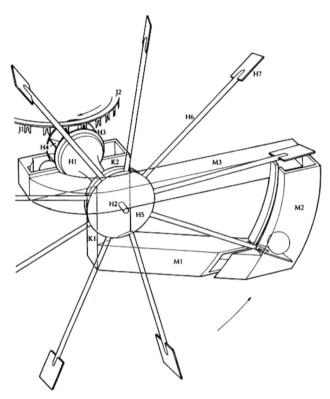

그림 4.7 타격격발 구슬 장치 설명 스케치.

H1 나무로 된 바퀴통.
H2 금속 심축으로서 하루 밤낮 동안에 5⅔번 회전한다.
H3 아홉 칸막이로 된 '구슬의 작동시간을 맞추는'(ball-timing)
　　 칸막이북 바퀴.
H4 H3의 아홉 날개 중의 하나.
H5 금속 원반.
H6 구슬 올리는 9개의 팔 중의 하나.
H7 구슬 올리는 9개의 날(blades) 중의 하나.

J1 H3을 회전시키는 24쌍의 이빨 중의 하나.
J2 24쌍의 이빨 J1을 거느리는 바퀴.

K1 구슬이 낙하하는 슈트.
K2 구슬시간 맞추는 칸막이북 바퀴 H3을 위한 하우징(housing).

M1 구슬이 회귀하는 주로(runway).
M2 구슬을 올리는 슈트.
M3 구슬을 공급하는 주로.

204　조선의 서운관

타격 열(그림 4.8-9)

타격 열(그림 4.8)은 가는 열과 비슷한 수직의 틀에 동서로 선회축을 두는 5개의 심축을 가지고 있다. 그러나 타격 열은 그것에 비스듬하게 부착된 보조적 판들을 가지고 있는데, 이는 두 심축 F3과 L7(그림 4.9)의 선회축을 마련하기 위한 것으로, 두 심축은 타격 열을 잠그고 또 격발하기 위한 지레들, F1, F2, L6을 거느린다.

(i) 주심축 A1은 72개 이빨의 주바퀴 A2를 거느린다. A2에는 사슬바퀴가 깔쭉톱니바퀴 A4와 톱니 멈춤쇠 A5에 의해서 연결되고 있다.

(ii) 두 번째 심축 B1은 여덟 이파리의 핀톱니바퀴 B2에 의해서 주바퀴로부터 구동되며, 이빨 56개가 있는 '걸쇠톱니바퀴' B3을 거느린다. B3에는 종 망치를 작동시키기 위한 8개의 걸쇠 B4가 심축에 평행하게 부착되어 있다(그림 4.2에 나타난다). 틀의 서쪽 밖에는, 셈바퀴(count-wheel)를 구동시키기 위한 8개의 깔쭉톱니 모양을 한 이파리를 가진 '셈핀톱니바퀴(count-pinion)' B5가 심축 B1의 끝에서 사각형에 끼워져 있다.

(iii) 세 번째 심축 C1은 일곱 이파리의 핀톱니바퀴 C2에 의해서 56개 이빨의 걸쇠톱니바퀴 B3에서부터 구동되며, 이빨 54개가 있는 테잠금(locking-hoop) 바퀴 C3을 거느린다. 틀 밖에서는 깔쭉톱니바퀴 45개가

그림 4.8 남남동쪽에서 본 타격 열(列)(Striking train)
타격-격발 막대의 위쪽 부분이 바른쪽으로 보일 것이다. 그 아래쪽 부분은 그림 4.2에서 보인다. 기계장치 전체에 대한 타격 열의 상대적인 위치는 그림 4.2와 4.11에 보일 것이다.

달린 네덜란드의 16세기형 셈바퀴 C5가 이 세 번째 심축의 끝에서 자유로이 회전한다. 여기서 이 심축은 바늘 C6과 세 다리의 용수철에 의해 보지(保持)되고 있다.

(iv) 네 번째 심축 D1은 여섯 이파리의 핀톱니바퀴 D2를 수단으로 해서 이빨 54개가 있는 테잠금 바퀴 C3으로부터 구동되면서, 다섯 번째 심축을 구동하는 이빨 42개짜리 네 번째 바퀴 D3을 거느린다.

(v) 다섯 번째 심축 E1은 여섯 이파리의 핀톱니바퀴 E2를 수단으로 해서 이빨 42개짜리 네 번째 바퀴 D3에서부터 구동되며, 심축 위에 있는 마찰 그립(grip)을 지닌 이중 날개의 유럽형 플라이(fly)를 거느린다.

셈바퀴에는 아직도 제작자가 설계할 적에 그렸던 선이 남아 있다. 그 바퀴는 12시[hours: 6시(double-hours)]의 매 시 동안에 시간을 알리는 종을 치는 순서가 아홉 번, 한 번, 여덟 번, 한 번, 일곱 번, 한 번, 여섯 번, 한 번, 다섯 번, 한 번, 네 번, 한 번이 되도록 설계되었다. 이것은 일본 시계의 타격 순서를 변형한 것이다. 뒤에 나타나는 또 다른 변형을 보면, 홀수의 시(double-hours)에 뒤따르는 시(hours)는 단 한 번의 타격으로 가리켰고, 짝수의 시(double-hours)에 뒤따르는 시(hours)는 두 번의 타격으로 가리켰다.[*10] 이러한 타격 순서가 효종 재위 기간(1650~1659) 중에 조선에 소개되었다는 것이 1645년에 조선의 관상감 제조(提調)였던 김육의 글에서 언급되고 있다.[*11]

수직의 타격격발 막대의 아래 끝이 그림 4.2에서 보일 것이고, 그 꼭대기는 그림 4.8에서 보일 것이다. 타격 열의 모든 바퀴는 셈바퀴를 제외하고는 팔이 3개이다. 가는 열에서와 마찬가지로 아래쪽에 있는 바퀴들은 팔이 직선이고 위쪽에 있는 바퀴들은 팔이 곡선의 외형을 하고 있다. 그림 4.2에 보이는 종은 전형적인 일본 종의 모양이다.[*12]

혼의(그림 4.11-20)

송이영 시계의 실연용 혼의는 고전적이고 중세적인 중국 혼의[*13]의 여러 특징을 구체적으로 구현하고 있으며, 동시에 중국이나 일본을 통해서 받은 유럽적 영향의 결과를 보여 준다. '기계'라는 측면에서 볼 적에, 혼의는 현재 런던 시 소재의 워십풀(Worshipful) 시계제작회사의 길드홀 도서박물관과 그 밖의 몇 곳에 있는 19세기 초 중국의 용수철 구동식 시계 장치의 천구의(天球儀)보다 훨씬 정교하다.[*14] 혼의는 원래 최소한 다섯의 컴포넌트 단계 혹은 층을 갖추고 있었다.

(i) 고정된 바깥쪽 평지—기준 컴포넌트 B(그림 4.14, 4.17).

(ii) 태양의 컴포넌트 C: 시계에 의해서 고정된 극축 주위를 하루에 한 번 돌면서, 하늘에서 태양의 외견상으로 나타나는 하늘에서의 1년 중 움

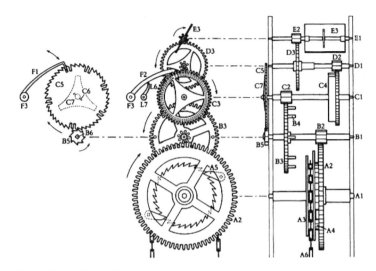

그림 4.9 타격 열: 설명 스케치.

A1 주심축(Main arbor).
A2 72개 이빨의 주바퀴.
A3 사슬바퀴 } 함께 쌍을 이루는데 심축 A1 위에서
A4 갈쭉톱니바퀴 } 자유롭다.
A5 갈쭉톱니 멈춤쇠로서 A2에 선회축을 가진다.
A6 무게(추)를 달고 있는 사슬.

B1 두 번째 심축.
B2 여덟 이파리의 핀톱니바퀴로서 A2에 의해 구동된다.
B3 56개 이빨의 걸쇠톱니바퀴로서 C2를 구동한다.
B4 해머를 들어 올리는 8개 걸쇠 중의 하나.
B5 여덟 이파리의 핀톱니바퀴로서 셈바퀴 C5를 구동한다.
B6 핀톱니바퀴 B5의 중심에 있는 정사각형 구멍.

C1 세 번째 심축.
C2 일곱 이파리의 핀톱니바퀴로서 B3에 의해 구동된다.
C3 54개 이빨의 태잠금 바퀴로서 D2를 구동한다.
C4 잠금테(locking-hoop).
C5 45개 이빨의 셈바퀴로서, B5에 의한 회전을 허락하고 또 필요할 때에 재조정 (resetting)을 가능   케 위해서 심축

C1 위에서 자유롭다.
C6 바늘.
C7 셈바퀴 C5를 위한 세 발모양의(three-legged) 유지 용수철.

D1 네 번째 심축.
D2 여섯 이파리의 핀톱니바퀴로서 C3에 의해 구동된다.
D3 42개 이빨의 네 번째 바퀴로서 E2를 구동한다.

E1 다섯 번째 심축.
E2 여섯 이파리의 핀톱니바퀴로서 D3에 의해 구동된다.
E3 심축 E1 위에 있는 마찰 그립(grip)을 지닌 플라이(fly).

F1 셈지레(Count-lever) } 둘 다 심축 F3 위에 있음.
F2 잠금지레. } 그림 4.8 참조.
F3 셈지레 F1과 잠금지레 F2를 거느리는 심축.

L6 방면(放免, letting-off)지레.
L7 방면지레 L6과 타종격발지레(strike-release lever)를 거느리는 심축으로서 그림 4.8에 보인다.

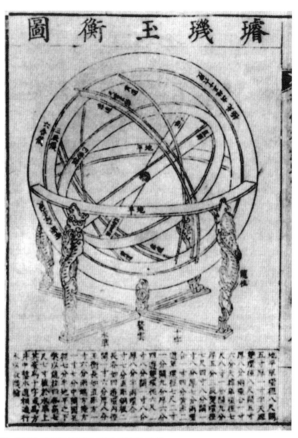

그림 4.10 중세 중국의 관측용 혼의에 대한 후대의 묘사.
이 그림은 『서경대전(書經大典)』의 1620년경에 출판된 한국판에서 재현한 것인바, 궁극적으로 양갑의
1160년경의 『육경도(六經圖)』에 있는 도해에서 유래한다. 이 그림은 아마도 이민철이 현재 우리가 다루고
있는 시계에 있는 혼의를 설계하는 데 쓰였을 것이다. 그림의 제목은 '선기옥형도(璇璣玉衡圖)'인데,
원전은 바깥쪽 고리들의 직경을 8척으로 적고 있다. (See above, Chapter 2, n.11, and Chapter 3, n.34, on
the terms 璇璣 and 玉衡; 또한 이 두 용어가 후에 여기서와 같이 혼의를 의미하게 되는 의미의 연장에
대해서도 참조.) 자오선 바퀴 위에 적힌 북극고도, 중국의 36천도(天度)는 북송의 수도 개봉(開封)의 것이다.
여기에 있던 모든 중국의 의기가 1126년에 여진 타타르족에 의해 약탈되었다(Needham, Wang, and Price,
HC, pp.132, 134)

210　　조선의 서운관

그림 4.11 그림의 꼭대기를 북으로 두면서, 위에서부터 보는 이민철의 실연용 혼의.
이 각도에서는 혼의의 모든 바퀴가 보인다. 그중에서도 눈의 띄는 것은 수로와 같이 움푹 파인 태양케도
길(channel) D6(그림 4.16)과 돌출한 네모난 태양 운반체 못(peg)을 지니고 있는 황도환 D5(그림 4.12)와,
둘레를 따라서 정렬한 27개의 달의 삭망 모양의 변화를 작동시키는 못(pegs) D8을 가진 백도환 D7(그림
4.19)이다. 북극의 선회축에는 36개 이빨의 태양시(時) 바퀴 C2(그림 4.12)와 열두 이파리의 핀톱니바퀴
C4, 그리고 48개 이빨의 1년 운동 가로톱니바퀴 G2가 보일 것이다. 1년 운동의 구동을 위한 노끈 H2의
일부가 북극 선회축에서 나와서는 가로톱니바퀴의 심축 G1의 가느다란 중앙 부분을 휘감고 있으며,
다음에 다른 부분이 선회축의 위 오른쪽에 있는 그의 도관(導管)에서 나타나서는 네모진 당김무게(tension-
weight) H4가 있는 슈트로 들어가는 것이 보일 것이다.

직여 가는 길에 상응하는 얕은 나선형 자취를 따라 모형 태양 C9(그림 4.16)를 구동한다. 이 컴포넌트는 지금은 사라졌지만, 모형 태양을 위한 운반체 C7과 지지 못 C8, 그리고 극의 선회축에 있는 태양시(時) 파이프와 바퀴는 남아 있다.

(iii) 항성의 컴포넌트(그림 4.14, 4.17): 적도, 황도 및 백도(白道)를 가지고 있으며, 1년 운동을 상쇄하는 구동에 의해 태양의 컴포넌트에 연결되어서, 1년이 지나는 과정에서 태양의 컴포넌트보다 한 번 더 고정된 극축의 주위를 돌도록 되어 있다. 그래서 항성시가 지구 주위 천구의 눈에 보이는 회전과 상응하도록 되어 있다.

(iv) 달의 컴포넌트 E: 달 운동 열(列)(그림 4.17)을 수단으로 해서 태양의 컴포넌트로부터 구동되고, 태양의 컴포넌트의 매 29½회전에 대하여 고정된 극축 주위를 28½번 회전한다. 이 컴포넌트는 매달 한 번씩 항성의 컴포넌트의 달이 지나는 궤도 둘레로 모형 달(지금은 없지만)을 구동한다. 그리고 이 운동의 1년 진로에서 지금은 없어진 달의 삭망을 보여 주는 장치가 매년 대략 12½의 달의 주기를 통해서 작동되었다.

(v) 고정된 안쪽의 컴포넌트는 정지 상태의 회전하지 않는 극축 F1(그림 4.14, 4.17)에 의해 지탱되고 있으며, 그 위에 위선 경선과 함께 지리학적인 표시와 한자 이름이 새겨져 있는 지구의(地球儀)(그림 4.20)가 있다.[*15]

혼의에 고정된 바깥쪽 컴포넌트

이 컴포넌트는 고전적이고 중세적인 중국 혼의의 '육합의(六合儀)'에 상응한다.[16) 그것은 구리로 된 하나의 쌍환과 2개의 단환으로 구성되어 있다.

(i) 평지단환 B1(그림 4.12)은 직경이 41.3센티미터로서 그 위쪽 표면에 한자로 24방향이 새겨져 있다.[17) '지구의 네 구석', NE, NW, SE, SW에 있는 양식화한 나무 용 기둥 4개 위에 있는 나무 받침 고리에 의해서 운반된다.

그림 4.12 이민철의 실연용 혼의. 설명 스케치.

B1 고정된 바깥쪽의 평지단환.
B2 자오선 쌍환.
B3 고정된 적도단환.

C2 36개 이빨의 바퀴.
C3 바깥쪽 태양사(柱) 관(pipe).
C5 열두 이파리의 핀톱니바퀴.
C6 57개 이빨의 태양사(柱) 톱니바퀴.
C7 태양 운반체로서, 황도환 D5의 바깥쪽 위에 타고 있는 태양궤도 파인 길(channel) D6 속을 미끄러져 움직인다.
C8 모형 태양 C9를 위한 네모진 지탱 못(peg)(그림 4.16).

D1 이지경선 쌍환.
D2 D1의 한 부분인 속이 빈 위쪽의 사분원(四分圈).
D3 안쪽의 항성사(柱) 관.
D4 회전하는 적도단환.
D5 황도환으로서, 태양궤도 파인 길(channel) D6(그림 4.16)이 그의 바깥쪽 끝 위에 타고 있다.
D7 백도단환으로서, 달 운반체 고리를 거느린다(그림 4.19).

E1 운월(運月)단환.
E3 59개 이빨의 달 운동 톱니바퀴.

F 지구의.

G1 1년 운동 장치(annual-motion-work) 가로톱니바퀴 G2의 심축으로서, 노끈 H1, H2가 직경이 줄어든 가운데 부분을 감고 있다.
G2 48개 이빨의 가로톱니바퀴로서, 4일 밤낮에 한 번 회전한다.

H1 노끈으로서, 태양 운반체 C7부터 시작해서 태양궤도 파인 길(channel) D6(그림 4.16), D2 및 D3을 지난다.
H2 노끈 H1이 계속해서 H3를 경유하면서 당김무게 H4로 이어진다.
H3 노끈을 수용하는 금속관으로서, 수직의 나무틀 속에 감추어져 있다.
H4 노끈 당김무게로서, 네모진 부분의 나무로 된 슈트 속에 있다.
H5 네모진 부분의 나무로 된 슈트

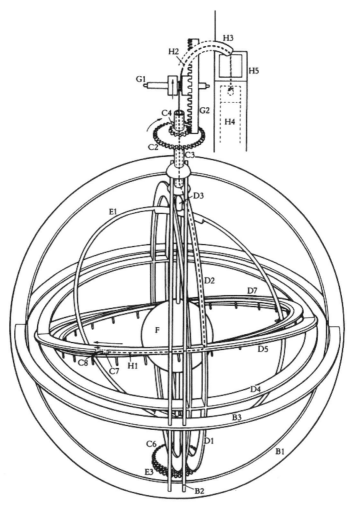

그림 4.12 이민철의 실연용 혼의. 설명 스케치.

(ii) 자오선 쌍환 B2는 직경이 약 39센티미터로서 북과 남의 지평점을 수직으로 가로지르면서, 서울의 위도인 37° 41′ 에 상응하는 북극고도에서 회전하는 컴포넌트를 위한 북과 남의 선회축을 거느린다. 가장 낮은 점은 양식화된 청동 현무(玄武) 기둥에 의해 중앙이 지탱되고 있다.[18]

(iii) 고정된 적도단환 B3은 직경이 약 40센티미터로서 자오선 쌍환 B2를 직각으로 가로지르고 또 동쪽과 서쪽의 지평점을 약 52½°로 가로지른다. 이 단환에는 그의 북극과 남극 쪽의 바탕면 안쪽 끝 가까이에 유럽의 360도가 새겨져 있는데, 조금 더 길게 한 눈금 표시로서 10단위와 30단위를 묶고 있다.

나무 용 기둥과 청동 현무 기둥은 십자 모양의 나무로 된 받침대 위에서서 혼의를 받들고 있다. 이 받침대는 시계 궤 대좌 위 표면의 나머지 부분과 끝을 가지런히 하고 있지만 구조상으로는 다르다. 이 받침대는 중국의 고전적이고 중세적인 혼의에 사용되었던 'X 모양의 수준기(를 갖춘) 받침대'[19]에 상응한다. 이러한 대는 적어도 송대(宋代)까지 사용되었으나, 대략 1276년경 곽수경의 혼의에 쓰인 정사각형의 수준기(를 갖춘) 받침대에 의해서 대치되었다.[20]

지평환을 지지하는 네 개의 용 기둥들은 많이 양식화된 형태로서, 1160년경 양갑(楊甲)의 『육경도(六經圖)』 이후 후대의 변형에서 보인다.[*21] 이『육경도』의 용 기둥은 중국의 출판물과 마찬가지로 서양의 출판물에서도 종종 복제되었다.[*22] 『증보문헌비고』를 보면 1669년에 이민철이 '『서경』의 「순전」에 대한 채씨의 논평에 근거해서' 청동을 부어 혼의를 만들도록 명을 받았다고 기록하고 있다.[*23] 채심의 책의 원본은 1209년에 인쇄되었는데 도해는 없었다. 그러나 그의『서경』 논평은 다른 저자들의 논평과 양갑의『육경도』에서 발췌된 도해 목록과 함께 후에『서전대전』에 포함되었고, 그것의 도해 판본이 1620년경 한국에서 인쇄되었다. 그림 4.10은 그 판에 있는 혼의를 보여 주는 도해의 복제로서, 아마도 이민철이 현재의 의기를 설계하는 데 이것을 사용한 것으로 생각된다.

만일 베끼는 과정에서 왜곡하지만 않았다면 이 그림은 아마도 대략적인 스케치 이상을 의도한 것 같지는 않다. 왜냐하면 송과 원의 혼의들에서 용 지지대는 실제로 매우 '실물처럼' 자세히 모형화되어 있었기 때문이다. 현존하는 최상의 그림은 979년 장사훈의 수은 구동 시계 탑 꼭대기에 설치된 비(非)기계장치의 관측용 혼의에 있는 것으로, 지평환의 수직으로 선 기둥 지지대를 휘감고 있는 용의 그림이다. 이것은 『신의상법요』의 시원지(施元之)의 1172년 판에 인쇄되어 있다.[*24] 이 저작의 원전은 직선의 용 기둥 지지대가 고대의 모델에서 사용되었지만 원풍연간(元豊年間, 1078~1085 C.E.)에는 굽어진 용 지지대가 관측자에게 더욱 편리하다는 것이 알려지게 되었고, 이 개량이 1088년의 굴대 구동

관측용 혼의에 편입되었다고 설명한다.[*25] 어쩌면 가장 진화한 시점이었을지도 모를 당시 용의 실제적인 모습이 그 책에는 나와 있지 않지만, 곽수경(1276 C.E.)의 비기계화된 혼의에 있는 용을 통해 이해가 가능하다.[*26] 곽수경의 용은 1088년의 용을 모델로 했고, 그것의 15세기의 복제품이 아직도 존재한다.[*27]

현무 기둥 중앙 지지대가 기록된 역사는 한층 더 길다.[*28] 그것은 위(魏) 왕조의 옹성(雍星) 통치 기간(409~414 C.E.)에 쇠로 주조한 혼의에 처음으로 사용되었다. 원풍연간 때의 시계 구동의 관측용 혼의에서는 갈라진 현무 기둥이 사용되었는데, 이는 구동하는 사슬을 위한 중앙의 공간을 마련하기 위해서였다.[*29] 속이 빈 원통형의 현무 기둥은 1088년의 혼의의 개량된 수직 굴대 구동을 감추기 위하여 도입되었다. 곽수경이 자신의 1276년의 비기계화된 관측용 혼의에서 자세히 사실적으로 복제했던 것은 바로 이 마지막의 속이 빈 원통형의 현무 기둥이었다.[*30] 양갑의 그림에서 더 전통적으로 표현된, 그래서 한국판으로 축소화된 구현(realisation)에 나타나는 기둥은 큰 허리 정도 높이의 실연용 혼의에 적합한 더욱 짧은 비율의 것으로서, 뒤따르는 원전에서 언급된 8척 직경에 눈 위 정도 높이의 관측용 혼의와는 뚜렷이 구분된다.

혼의의 태양 컴포넌트(현재 일실됨)[31]

이 컴포넌트는 전에는 고정된 바깥쪽 지평기준 컴포넌트 B(그림 4.14, 4.17)와 회전하는 항성의 컴포넌트 D 사이의 비어 있는 공간을 차지했다. 그것이 북극과 남극의 선회축에서 태양시 관 C3, C5에 고정되었던 위치는 현재 청동으로 된 빵 모양의 한국산 간격 띄우기 조각으로 채워졌다(그림 4.1-2, 4.11, 4.13).

이 컴포넌트는 가는 열의 주심축 A1의 남쪽 끝에 있는 열두 이파리를 가진 우산 모양의 작은 핀톱니바퀴(lantern-pinion) A2(그림 4.14)와 북극의 선회축에 있는 태양시 관 C3 위에 있는 이빨 36개짜리 바퀴 C2의 맞물림에 의해서 태양을 하루에 한 번 회전했다. 그것의 기능은 아직도 남아 있는 태양 운반체 C7(그림 4.16)을, 항성 컴포넌트의 황도환 D5의 바깥쪽 끝 위에 타고 있는 태양궤도가 파인 길 D6을 따라, 추진하는 것이었다.

그것의 형태는 아마도 극에 선회축을 둔 단환 C1(그림 4.16)의 형태일 것이며 현존하는 월운환 E1과 비슷할 것이다. 하지만 그림 4.16 속 C1에서 나타나는 대로 한쪽에서 갈라져서는 태양 운반체 C7부터 돌출한 네모난 못 C8을 감싸면서 또한 한 해를 통한 못의 적위의 변화를 허용하도록 되어 있었을 것이다. 이는 어떤 면에서는 조지 롤(Georg Roll), 이자크 하브레히트(Isaac Habrecht III)[32] 및 다른 사람들[33]의 유럽 풍 시계 구동 천구의에 있는 일운환 형태와 비슷하다.

그림 4.13   남서쪽에서 조망한 혼의의 북극 시계 구동의 세부.

가는 열(그림 4.4)의 주심축 A1은 이 조망에서 왼쪽에 구동 사슬 바퀴 A4를 거느리고 중앙에서는 열두 이파리를 가진 우산 모양의 작은 핀톱니바퀴(lantern-pinion) A2를 거느린다. A2는 혼의의 북극 선회축에 있는 태양시 관 위에 있는 36개 이빨의 통(solid) 톱니바퀴 C2(그림 4.12)를 구동한다. 36개 이빨의 통 톱니바퀴 C2 위에는 12이파리의 통 핀톱니바퀴 C4가 있으며, C4는 48개 이빨의 4개의 팔을 가진 1년 운동의 가로톱니바퀴 G2를 구동한다. 가로톱니바퀴 G2의 수평의 심축 G1은 4일 밤낮 동안에 한 번 회전한다. G1의 가늘은 중앙 부분의 직경은, 노끈 줄 H2가 가늘은 부분을 휘감은 후에 북극 관(pipe) D3으로부터 끌어 나와서는 균등한 각 낮밤과 같은 길이를 통해서 황도환 위에 있는 중국의 1천도(天道)를 가게 하는 직경으로 되어 있다. 노끈 줄 당김무게 H4를 위한 수직의 슈트의 꼭대기는 가로톱니바퀴 G2의 뒤에 있다. 그리고 노끈을 위한 금속 관이 그 속에 숨겨져 있는 굽어진 길(channel)은 메워져 있는데, 그것은 수직의 중앙 목재의 앞 표면에서 볼 수 있다. 바깥쪽 고정된 자오선 쌍환 B2와 중간의 이지경선 쌍환 D1 사이의 빵 모양의 간격띄우개(spacer)는 없어진 일운(sun-transport)단환 C1(그림 4.16)의 위치를 점유한다. 안쪽의 월운(moon-transporting)단환 E1(그림 4.12)은 안쪽의 항성시 관 D3(그림 4.14)의 튀어나온 아래쪽 끝 주위를 자유로이 돈다. D3은 또한 지구의의 축 F1의 위쪽 끝을 지지하고 있다(38번 주 참고).

북극의 선회축에 있는 태양시 관 C3(그림 4.12, 4.14)은 이빨 36개짜리 구동 바퀴 C2 위에 1년 운동 구동을 위한 열두 이파리의 핀톱니바퀴 C4를 거느린다.

남극의 선회축에 있는 태양시 관 C5(그림 4.17)는 이빨 57개짜리 바퀴 C6을 거느리는데, 이는 자오선 쌍환 B2(그림 4.12) 위에 있는 완목(bracket) K2 속에서 움직이는 유동 핀톱니바퀴 K1을 수단으로 해서 안쪽의 달 운동 관(lunar-motion pipe) E2 위에 있는 59개 이빨의 바퀴 E3을 구동하기 위한 것이다.

혼의의 항성 컴포넌트

이 컴포넌트는 고전적 중국 혼의의 '삼진의'에 상응한다.[34] 그것은 다음과 같은 고리 4개가 서로 단단하게 연결된 형태로 구성되어 있으며, 그래서 항성시에 맞추어서 북극의 선회축을 통하여 정교한 노끈 줄의 1년 운동 부속 구동을 수단으로 해서, 하나의 단위로서 회전하도록 정렬되어 있다.

(i) 이지경선 쌍환 D1(그림 4.12)은 북극에서는 직경이 약 35센티미터로서, 태양시 관 C3 안에서 자유로이 회전하는 안쪽의 항성시 관 D3 위에

선회축을 가지고 있다. 그리고 남극에서는 바깥쪽 태양시 관 C5(그림 4.17)나 혹은 안쪽의 달 운동 관 E2의 위쪽 끝 주위를 자유로이 회전하는 베어링 위에 선회축을 두고 있다. 쌍둥이 이지환(二至環) D1 중 하나의 위쪽 사분환 D2(그림 4.12)는 속이 비어 있으며, 그래서 그에 의해 1년 운동이 정식으로 실행되는 노끈 줄 H1의 일부분을 감추고 있다.

(ii) 회전하는 적도단환 D4는 직경이 역시 약 35센티미터이다. D4의 북쪽 바탕면(그림 4.15)에는 24기[*35)]에 대한 한자가 새겨져 있고, 그의 남쪽 바탕면(그림 4.18)에는 28수[*36)]에 대한 한자가 새겨져 있다. 그리고 양쪽 바탕면에는 1도가 1년의 하루에 해당하는 $365\frac{1}{4}$ 중국 도(度)가 새겨져 있다. D4는 붉은 색소의 흔적을 가지고 있는데 아마도 옻일 것이다. 이 색소가 원래부터 있었는지 혹은 훗날에 추가되었는지는 확인할 수 없다.

(iii) 황도단환 D5(그림 4.12)는 직경이 약 36센티미터로서, 이지경선 쌍환 D1을 직각으로 가로지르고 또한 회전하는 적도환 D4를 약 $23\frac{1}{2}°$의 경사로 가로지른다. D5는 노란 색소의 흔적을 지니고 있다. 그것의 북쪽 얼굴(그림 4.15)에는 24기를 표시하는 한자가 새겨져 있고, 남쪽 얼굴(그림 4.18)에는 28수를 위한 한자가 새겨져 있다. 이것은 1도를 1년의 각 하루로 하는 $365\frac{1}{4}$ 중국 도가 이 고리의 바깥쪽 끝에 가볍게 표시되어 있었던 것처럼 보이는 세팅을 위한 사전 준비이다. 이 바

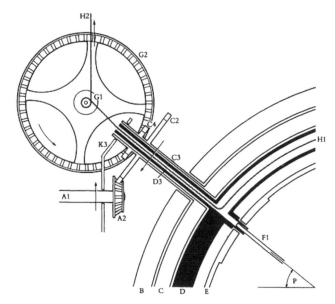

그림 4.14 혼의의 북극 시계 구동 장치. 설명 스케치.

A1 기는 열의 주심축으로서 태양일 하루 밤낮에 3번 회전한다.
A2 열두 이파리를 가진 우산 모양의 작은 핀톱니바퀴(lantern-pinion).

B 고정된 지평기준 컴포넌트.

C 태양의 컴포넌트로서 시계에 의해서 태양일 하루 밤낮에 한 번 회전한다.
C2 36개 이빨의 바퀴.
C3 바깥쪽 태양시 관(주 38번 참고).
C4 열두 이파리의 핀톱니바퀴.

D 항성의 컴포넌트로서 노끈 줄 H1의 행위에 의해 태양의 컴포넌트 위에서 1년에 한 바퀴 더 나아간다.
D3 안쪽의 항성운동 관(pipe)(주 38번 참고).

E 달의 컴포넌트로서 59 태양일 밤낮에 57번 회전한다.

F 지구의를 위한 극축(주 38번 참고).

G1 가로톱니바퀴의 심축으로서 노끈 줄이 가운데 부분을 두르고 있다.
G2 48개 이빨의 가로톱니바퀴로서, 나흘의 태양일 밤낮에 한 번 회전한다.

H1 태양 운반체 C7(그림 4.16)에서 나와서 황도환 D5 위에 탄 태양궤도 핀인 길을 경유하여 항성의 컴포넌트의 이지경선 고리 D1의 속이 빈 위쪽의 4분환 D2(그림 4.12)로 이어지는 노끈 줄.
H2 H1이 계속해서 수직의 나무 틀 속에 감추어진 금속 관 H3를 거쳐서 당김무게 H4(그림 4.12)로 이어지는 노끈 줄.

K3 태양시 관 C3를 위한 위쪽의 베어링 완목.

p 약 37½°의 북극고도.

항목 C는 도식적 복원. 다른 항목들은 존재한다.

깥쪽 끝에는 도(度) 표지 꼭대기에 태양궤도환(sun-path ring) D6(그림 4.16)이 부착되어 있다. 이 고리는 원둘레에 슬롯을 지닌 속이 빈 둥글게 파인 길(channel) 부분으로서, 슬롯의 양쪽에는 황도환의 몸체 자체에 표시된 365¼ 중국 도와는 별도로 365¼ 중국 도가 새겨져 있다. 이 파인 길은 미끄러져 움직이는 모형 태양 운반체 C7을 수용하는데, C7로부터 네모난 못 C8이 방사형으로 바깥쪽으로 돌출해서는 없어진 극에 선회축을 둔 일운환 C1과 맞물리고, 없어진 모형 태양 C9를 지지한다.

1년 운동 구동을 위한 노끈 줄 H1은 한쪽 끝에서 모형 태양 운반체 C7에 고정되어 있으며, 그리고 태양궤도 파인 길 D6 안에서 H1은 이 지경선 쌍환 D1의 속이 빈 사분환 D2(그림 4. 12)에 들어가기 전에 황도환 주위를 한 번 지나서는 북극의 선회축 위로 1년 운동 장치(그림 4.13, 4.14)로 간다.

(iv) 백도단환 D7(그림 4.19)은 황도에 대하여 약 5°의 기울기로서 이지점(二至點)부터 이분점(二分點)까지 동쪽으로 약 8분의 1 떨어져서 황도환 D5(그림 4.12) 안쪽에 고정되어 있다. 그것은 흰 색소의 흔적을 지니고 있다. 이 고리의 안쪽 끝에는 별도의 미끄러져 움직이는 월운환 E4(그림 4.19)가 있다. 이 미끄러져 움직이는 고리 E4에서 2개의 둥근 못 E5가 안쪽으로 방사형으로 돌출하면서 극에 선회축을 둔 월운환 E1을 감싸고 있다.

고정된 백도환 D7의 남쪽 면에는 27개의 둥근 못 D8이 그중 몇 개는 부러진 상태로 이 고리의 중심축에 평행하게 부착되어 있다. 이 못들은 전에는 달의 삭망 장치를 작동시켰고, 이 장치는 모형달 자체와 함께 미끄러져 움직이는 월운환 E4로부터 현재는 사라져서 없다.[*37)]

혼의의 1년 운동 장치(annual-motion work)

항성 컴포넌트의 황도 원에서 나온 1년 운동 노끈 줄 H1(그림 4.13, 4.14)은 북극의 선회축에 있는 안쪽의 항성시 관 D3에서 나타난 후에 심축 G1의 가느다란 중간 부분 둘레를 휘감는다. G1은 북극의 선회축 위에서 수평으로 선회축을 두고 있으며, 태양시 관 C3 위에 있는 열두 이파리의 핀톱니바퀴 C4를 수단으로 해서 나흘에 한 바퀴 도는 이빨 48개짜리 가로톱니바퀴를 거느린다. 노끈 줄의 계속 H2는 다음에 금속 관 H3(그림 4.12)을 통과하는데, H3은 나무로 된 수직 기둥 속을 잘라서 만든 후 곧 메워진 굽은 길 속에 감추어져 있다. 심축 G1 위에서 노끈의 효과적인 마찰 그립은 북극의 선회축 가까이에 있는 시계 궤 내부에 있는 수직 슈트 H5 속에 매달린 네모난 무게(추) H4가 그 노끈의 자유로운 끝에 가한 당김에 의해서 제공된다.

평행의 심축 G1의 중간 부분의 직경은, 그것이 한 번 회전하여 노끈

그림 4.15 북서쪽에서 조망한 혼의의 세부.

왼쪽에 있는 자오선 쌍환 B2(그림 4.12)를 오른쪽에 있는 고정된 적도단환 B3이 가로지르고 있다. B3은 유럽의 360도로 눈금이 새겨져 있으며 좀 더 긴 눈금으로 10단위와 30단위를 묶고 있다. 지평단환 B1은 배경에 있다. 안쪽에는, 오른쪽부터 왼쪽으로 보면 먼저 회전하는 적도단환 D4의 북쪽 바탕면이 나오며, 이 D4에는 365¼ 중국 도가 새겨져 있고(복제한 사진에서는 보이지 않지만) 24기를 위한 한자가 새겨져 있다. 두 번째로 황도단환 D5의 북쪽 바탕면이 나오며, 이 D5에는 365¼ 중국 도가 새겨져 있고 24기를 위한 한자가 새겨져 있다. 이 D5는 또한 24기 중 입하(立夏: 5월 7일 자정에서 8일 자정까지의 기간에 상응하는 여름의 시작)의 시점에서 (그의 바깥쪽 끝에 있는) 태양궤도 파인 길 D6으로부터 오른쪽에 방사형으로 돌출한 모형 태양 운반체 C7의 네모난 못 C8(그림 4.16)을 지니고 있다. 다음에 달궤도 단환 D7(그림 4.19), 마지막으로 이지경선 쌍환 D1(그림 4.12)이 보인다. 월운단환 E1(그림 4.17)은 밑에 있는 지구의 위로 희미하게 보인다. 황도환 D5(그림 4.12) 위에서 읽을 수 있는 한자로, 오른쪽에서 왼쪽으로 곡우(穀雨: 4월 21일), 입하(立夏: 여름의 시작, 5월 6일), 소만(小滿 : 곡(穀)이 덜 참, 5월 22일), 망종[芒種 : 귓속의 곡(穀), 6월 7일]이 보인다.

줄 H1을 북극의 관에서 끌어낼 때, 매일 황도환 위에 있는 중국의 주천도 1도의 길이와 같은 길이를 끌어내도록 되어 있다. 이것은 항성의 컴포넌트가 태양의 컴포넌트 위에서 점차로 앞서 가게 함으로써, 실제로는 항성 컴포넌트가 항성시에 맞추어서 회전했지만 1년이 지나는 동안에 태양의 컴포넌트보다 완전한 한 바퀴를 더 회전하도록 한다. 그래서 노끈 줄은 매년 황도 원에 맞도록 다시 감아야 할 필요가 있었다.

극에 선회축을 둔 일운환 C1(그림 4.16)이 없어졌기 때문에, 1년 운동 장치는 쓸모가 없다. 항성의 컴포넌트가 현재 북극과 남극의 선회축에서 태양시 관 C3, C5(그림 4.14, 4.17)와 독립적으로 회전했는지 혹은 그것이 이제 태양의 컴포넌트의 자취들에 고정되었는지는 확인하기가 불가능했다.[*38]

혼의의 달 컴포넌트(Armillary lunar component)

달의 컴포넌트는 극에 선회축을 두는 월운단환 E1(그림 4.17) 하나로 구성되어 있다. 이 고리는 남극에서는 바깥쪽 태양시 관 C5와 고정된 지상의 축 F1 사이를 회전하는 안쪽의 달 운동 관에 고정되고, 북극에서는 안쪽의 항성시 관 D3(그림 4.14)의 아래쪽 끝 주위를 자유로이 회전하는 베어링에 고정되어 있다. 고리 E1(그림 4.17)은 남극 안쪽 달 운동 관 E2

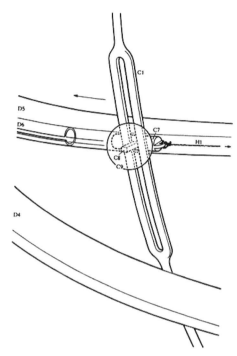

그림 4.16 혼의의 일운(日運, sun-carriage) 장치. 도식적 복원도.

C1 일운환으로서 왼쪽으로 (이 조망에서 보이는 대로 춘분점 가까이 있는 혼의의 중앙을 향하여) 태양의 비율로 시계에 의해서 구동된다.

C7 태양 운반체로서 항성의 컴포넌트의 황도환 D5 위에 탄 태양케도 파인 길 속에서 미끄러진다.

C8 모형 태양 C9를 위한 네모난 지지 못.

C9 모형 태양.

D4 항성 컴포넌트의 적도환으로서, 태양 운반 고리 C1의 태양의 비율에 노끈 줄 1년 운동 비율을 추가한 항성의

비율로 (이 조망에서는) 왼쪽으로 구동된다.

D5 황도환.

D6 D5의 바깥쪽 끝 위에 올라탄 태양케도 파인 길.

H1 태양 운반체 C7에서 나와서 항성의 컴포넌트의 이지경선 고리 D1의 속이 빈 위쪽의 사분환 D2와 안쪽의 항성시 관 D3(그림 4.12)을 경유하여 1년 운동 장치(그림 4.13, 4.14)로 이어지는 노끈 줄.

항목 C1과 C9는 도식적 복원. 다른 항목들은 존재한다.

위에 있는 59개 이빨의 톱니바퀴 E3에 의해서 돌아가는데, E3은 유동 핀톱니바퀴 K1에 의해서 남극 바깥쪽 태양시 관 C5 위에 있는 57개 이빨의 바퀴 C6과 짝으로 연결되어 있다. E1의 혼의를 구성하는 다른 컴포넌트와의 상대적인 운동은 다음과 같이 서술될 것이다.

(i) 태양 컴포넌트의 매 $29\frac{1}{2}$번 앞으로의 회전에 대하여, 즉 $29\frac{1}{2}$일로 된 각 달에, 고정된 지상의 축에 대하여 상대적으로 $28\frac{1}{2}$번 전진 회전한다.

(ii) $29\frac{1}{2}$일로 된 각 달에 태양의 컴포넌트에 대해 상대적으로 한 번 후진 회전한다.

(iii) 매년 태양의 컴포넌트에 대하여 상대적으로 약 $12\frac{1}{2}$번 후진 회전한다.

(iv) 매년 항성의 컴포넌트에 대하여 상대적으로 약 $13\frac{1}{2}$번 후진 회전한다. 이 여분의 상대적인 뒤쪽 회전은 1년 운동 장치로 초래된 항성의 컴포넌트의 여분의 1년에 걸친 앞쪽 회전 때문이다.

월운환 E1의 기능은 안쪽을 향하여 돌출한 2개의 방사상 못 E5를 수단으로 해서 항성 컴포넌트의 달 궤도 고리(moon-path ring) D7 주위로 미끄러지는 달 운반체 고리(moon-carriage ring) E4(그림 4.19)를 구동하는 것이다. 이것은 달의 적위(declination)에 있어서 필요한 변화를 허락한다. 약 2년의 진로에서, 달 운반체 고리 E4는 항성 컴포넌트의 달 궤도 고리 D7을 27번

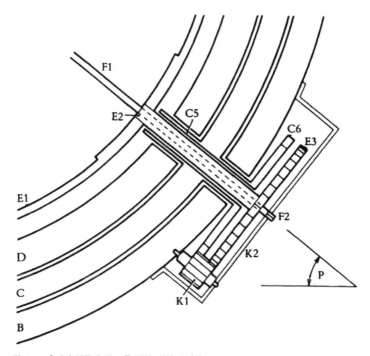

그림 4.17 혼의의 남극의 달 운동 장치. 설명 스케치.

B 고정된 바깥쪽 지평기준 컴포넌트.

C 지금은 사라진 태양의 컴포넌트로서 시계에 의해서 태양의
   비율로, 즉 59 태양일 밤낮으로 59번 회전한다.
C5 태양시 관.
C6 57개 이빨의 태양시 톱니바퀴.

D 항성의 컴포넌트로서 태양의 컴포넌트 위에서 1년에 한
   회전 앞서 나간다.

E1 월운단환으로서 59 태양일 밤낮으로 57번 회전한다.
E2 달 운동 관.

E3 59개 이빨의 달 운동 톱니바퀴.

F1 지구의의 축, 그림 4.20.
F2 네모진 끝으로서 축 F1을 지평기준 컴포넌트 B의 남극에서
   완목 K2에 고정시키고 있다.

K1 유동 핀톱니바퀴로서 C6과 E3을 연결한다.
K2 유동 핀톱니바퀴의 선회축 구멍을 마련하고 또 지구의의
   축 F1의 네모난 끝을 고정하기 위한 완목.

P 약 37½°의 북극고도.

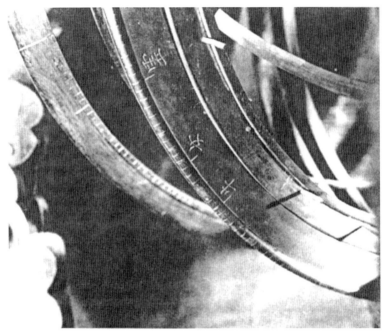

그림 4.18 남남서쪽에서 조망한 혼의의 세부.

눈에 보이는 고리들은 왼쪽부터 오른쪽 차례로 다음과 같다. ① 고정된 적도단환 B3(그림 4.12)으로서 360의 유럽의 도(degrees)가 새겨져 있는데 조금 더 긴 눈금으로 10단위와 30단위를 묶고 있다. ② 회전하는 적도단환 D4의 작은 부분으로서 365¼의 중국의 주천도가 새겨져 있다. ③ 태양궤도 파인 길 D6으로서 365¼의 중국의 주천도가 새겨져 있고, 황도단환 D5의 끝 위에 올라타고 있다. ④ 황도단환 D5의 남쪽 바탕면으로서 365¼의 중국의 주천도가 새겨져 있고, 28수에 대한 한자가 새겨져 있다. ⑤ 달궤도단환 D7(그림 4.19)로서 지금은 사라진 달의 삭망을 보여 주는 장치(그림 4.19)를 작동시키는 27개의 축상으로 늘어선 못 D8을 지니고 있다. ⑥ 미끄러져 움직이는 달 운반체 고리 E4 ⑦ 극에 선회축을 둔 월운단환 E1. 황도단환 D5(그림 4.12) 위에 보이는 한자들은 아래에서 위로 가면서, 수(宿) 번호 9의 우(牛), 10의 여(女), 11의 허(虛)이다. 이들 중 마지막 것은 보통 허 대신에 비표준적인 글자로 새겨져 있다.

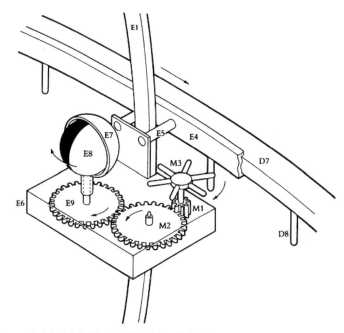

그림 4.19 혼의의 달의 삭망을 보여 주는 장치. 도식적 복원도.

D7 달궤도단환으로서, 365¼의 태양일 밤낮에 북극의 선회축에서 보이는 대로 시계 방향으로 366¼ 회전하는 항성시 비율로 항성의 컴포넌트에 의해서 움직인다.

D8 D7의 남쪽 바탕면에 있는 27개의 축상으로 정렬한 못 중의 하나.

E1 월운단환으로서, 29½의 태양일 밤낮에 북극의 선회축에서 보이는 대로 시계 방향으로 28½번 회전하는 달의 비율로 달 운동 장치(그림 4.17)에 의해 회전한다.

E4 달 운반체 고리로서 못 E5를 거치면서 E1에 의해 구동된다.

E5 E4의 안쪽 바탕면 위에 있는 2개의 방사상의(radial) 못 중의 하나.

E6 달 운반체로서 못 E5에 의해서 지탱된다.

E7 달의 삭망 E8을 위한 반구형의 덮개.

E8 상현(上弦)으로 보이도록 그려진 달의 삭망으로서, 29½의 태양일 밤낮에 자신의 축 위에서 한 번 회전한다.

E9 29개 이빨의 톱니바퀴.

M1 여섯 이파리의 핀톱니바퀴.

M2 유동 톱니바퀴.

M3 6개 팔의 별바퀴. 달궤도 고리 D7과 달 운반체 고리 E4 사이의 상대적인 운동은 이 별바퀴가 27개의 축상으로 늘어선 못 E8과 매 29½의 태양일 밤낮에 27 + 2 = 29번 맞물리게 한다. 그래서 달모형이 자신의 축 위에서 회전하면서 상(像)의 변화(phases)를 정확하게 보여 준다.

항목 D7부터 E5까지는 존재한다. 항목 E6부터 M3은 도식적 복원.

순회하기를 마쳤을 것이다. 그리고 그렇게 함으로써 그것 위에 있는 각 점은 고리의 남쪽 얼굴(그림 4.18) 위에 있는 27개의 축상(軸狀)으로 늘어선 못 D8$^{*39)}$의 각각을 지나서 27번 통과했을 것이다. 이 방법에 의해서 지금은 사라진 달의 삭망을 보여 주는 장치가, 요구된 매년 12½의 달의 주기를 통하여 작동되도록 되었을 것이라고 보는 것도 가능하다. 달의 삭망을 보여 주는 장치는 사라져서 그 실제 설계는 알려지지 않았지만, 개략적 복원도인 그림 4.19에서 한 가지 가능성이 예시되고 있는데, 둥근 모형 달 E8이 그것이다. 여기서 E8은 한쪽은 희고 다른 쪽은 검게 칠해져 있으며, 반구(半球) 모양 씌우개 속에서 29½의 태양일이 지나는 과정에서 27개 못 D8의 29와 맞물리는 별바퀴 (star-wheel) M3에 의해서 핀톱니바퀴 M1과 유동 톱니바퀴 M2를 경유하며 구동되는 이빨 29개짜리 톱니바퀴 E9에 의해 돌아간다.

아주 일찍이 중국 혼의에서 달의 삭망을 보여 주는 장치가 사용되고 있었다는 것이 『송사』에 나오는 왕보(王黼)의 1124년 수차 구동 시계 서술에 나와 있다.

> 태양과 달은 황도를 따라가고 있(는 것이 보인)다……. (하늘이 왼쪽으로 한 번 회전할 적에) 달은 13도(度) 1분(分)을 (오른쪽으로) 간다. 서쪽에서 밝게 시작하면서, 달의 모양은 (의기 위에서 보이기를) 처음에는 갈고리 같고, 다음에는 서쪽에서 그 아래쪽 반만 보이고, 다음에 한 달의 중간에는 가

득 차고 둥글게 되며, 그 후에 아래쪽 반이 서쪽에서 사라지기 시작하고, 다음에는 오직 반만이 동쪽에서 보이고, 마지막으로 한 달의 끝에는 달은 거의 감추어지고…… 옛 제도에 따르면 달의 몸체는 항상 둥글었기 때문에, 사람들은 상의 변화를 구별할 수 없었다. 그런데 지금은 달이 기계 작용에 의해서 회전하여서, 때로는 그것이 둥글게 보이고, 때로는 초승달 모양이 되고, 때로는 검고 때로는 보이니, 모든 것이 하늘의 현상과 일치한다.[40]

지구의(그림 4.20-21)

지구의는 나무로 되어 있고, 표면은 기름칠한 종이로 되어 있다. 직경은 대략 9센티미터이다. 한자로 쓰인 지리적 표지와 초기 항해상의 발견 외에도, 지구의에는 유럽의 10도 간격으로 공간을 나누어 경선과 위선이 그려져 있다. 지리학적 정보는 1644년의 전쟁에 뒤이어 조선의 왕세자가 북경에 머무르고 있을 때 예수회 선교사 샬 폰벨이 선사한 세계지도에서 얻었을 것이다.[41] 지구의는 아마도 한국이 맨 꼭대기에 수평으로 자리 잡은 형태로 움직이지 않게 설계되었을 것이다. 그러니까 지구의의 지지축 F1의 네모난 아래쪽 끝 F2(그림 4.17)가 본초자오선(本初子午線) 쌍환의 바깥쪽 위에 있는 달 운동 장치를 붙들고 있는 완목 K2 속에 있는 네모난

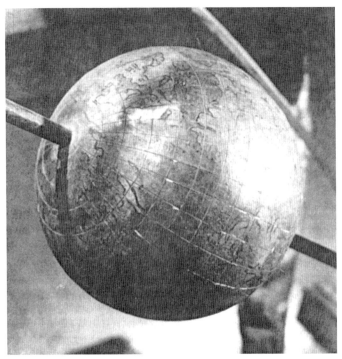

그림 4.20 북서쪽에서 조망한 지구의의 세부.
지구의를 이 각도에서 볼 때 초점은 대서양에 있다. 동쪽으로 유럽이 있는데 영국의 여러 섬이 없는 것은 지구의의 표면이 부분적으로 훼손되었기 때문이다. 서쪽으로 북미가 있다. 지도 제작자는 북미가 어떻게 생겼는지에 대해 매우 모호한 생각만을 가지고 있었다. 남미는 좀 더 잘 알려져 있었다. 아마존 강은 놀랄 만한 정확성을 가지고 나타나 있다. 이 구의 직경은 약 9cm이다.

구멍과 맞물려 있다. 축의 북쪽 끝 F1은 북극의 선회축에 있는 항성시 관 D3에 의해 회전하도록 원래부터 의도된 것은 결코 아니지만, 그 아래쪽 끝 속에 위치하고 있다.[*42]

요약

이 의기는 서구형의 시계 제작 기술을 합체하고 있다는 점에서 놀랍게 혁신적이지만, 동시에 고대 동아시아의 계시학적인 의기 제작 전통에 충실하다는 점 또한 주목할 만하다. 우리가 본 대로 혼의 중간의 고리 무리는 극축에 있는 굴대를 수단으로 해서 회전하도록 제작되었는데, 이는 당과 송의 중국 의기들이 그러했던 것과 똑같다. 혼의는 외부에 고정된 지평환을 가지고 있었는데, 이는 장형 이후의 모든 중국의 혼의가 그러했던 것과 같다. 그것은 또 중앙에 지구 모형이 놓여 있었는데, 기원 후 3세기의 왕번(王蕃)과 고흥(高興)의 의기도 그러했다. 이제 지구 모형은 주된 대륙들이 표시되어 있는 구인데, 자말 알딘이 페르시아에서 북경으로 들여와 곽수경이 참작하게 된 것과 같은 구이다. 또한 달의 궤도를 위한 특별한 고리도 보이는데, 633년의 이순풍(李淳風)의 설계(그 후의 다른 것들도 마찬가지이지만)에 합체된 것과 같다. 궤 안에서 타격 장치는 구슬이 주기적으로 방출됨으로써 작동되었는데, 그것은 세종대의 자격루와 같다. 구슬의 사용은 1120년의 왕보의 시계로 거슬러 가며 또한 13세기 초의 알자자리의 물시계와 같은 아랍의 물시계로 거슬러 간다. 더 멀리는 7세기에 안티오크에서 제작된 '막대저울' 물시계로 가는데, 이에 대해서는 10세기의 『구당서(舊唐書)』에 서술되고 있다. 또한 저장소로 보내기 위하여 다시 구슬을 떠올리는 두레박 같은 장치도 있었다. 마지막으로

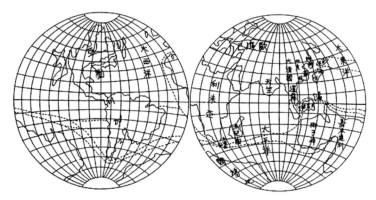

그림 4.21 두 평면천체도로 다시 그려진 지구의의 세계지도.
루퍼스와 리의 'Marking Time in Korea', p.257, Fig.3에서 온 이 그림은 그림 4.20에 있는 사진보다 이민철
혼의의 지구의 세계지도를 훨씬 더 명확하게 보여 주지만 그러나 세부적으로는 예를 들어 아마존 강처럼
보이지 않는 것도 있다.

창이 있었고 거기에는 원형의 시보 팻말이 차례로 등장했는데, 이 팻말은
유명한 중국의 시계탑과 한·중 시보 물시계의 전통적인 시보 인형의 후
예이다. 송이영과 이민철의 시계는 동아시아 시계학(計時學) 역사에 있어
서 하나의 획기적인 사건으로 널리 인식되어야 할 가치가 있다.[*43]

제5장 18세기 한국의 병풍천문도[*1]

A Korean astronomical screen of the eighteenth century

제1장에서 우리는 조선왕조의 창시자 태조가 평면천체도를 돌에 새겨서 서운관에 설치할 것을 명했다고 언급했다. 이 석각천문도는 그 명문과 함께 조선 시대 전반에 있어서 한국 천문학의 가장 근본이 되는 기록 중의 하나이다. 그것은 한국의 과학이 토대로 하고 있는 중국 천문학의 기본 원리들을 요약하고 있다.

그 평면천체도 외에는, 세종 때 왕립 천문기상대를 재장비했을 때를 포함해 그 후 17세기 후반에 이르기까지 한국에서 새로운 평면천체도가 만들어졌다는 기록에 대해서는 아는 바가 없다. 다만 때때로 이 1395년 석각천문도의 탁본이 만들어졌고 그것을 바탕으로 손으로 복제한 그림이 제작되었다는 것을 알고 있다. 지금까지 평면천체도의 주제에 대하여 침묵하여 왔지만, 이제 18세기의 8폭 병풍에 대해 자세히 서술하겠다. 이 병풍은 태조의 1395년 평면천체도를 그대로 보여 줄 뿐 아니라, 예수회 기원의 이중 평면천체도도 함께 보여 준다. 이 병풍(그림 5.1)은 중국의 전통 천문학이 18세기에 르네상스 시대 유럽의 천문학과 융합되어 하나의 근대과학을 형성하는 방식을 놀라울 정도로 잘 구현하고 있다.

오른쪽에서 처음의 세 폭은 1395년 평면천체도를 아름답게 재현하고 있다. 다음의 네 폭에는 2개의 평면천체도가 자리 잡고 있는데, 하나는 북반구의 것이고 하나는 남반구의 것으로 예수회 시대에 제작된 것이다. 이 두 평면천체도에는 긴 명문(銘文)이 2개 포함되어 있는데, 하나는 위에 또 하나는 아래에 있다. 맨 왼쪽의 마지막 폭은 18세기 중엽의 태양, 달 및 주요 행성들의 도형을 싣고 있다.

14세기의 평면천체도

오른쪽 꼭대기에는 '천상열차분야도(天象列次分野圖)'라는 제목이 있다. 그것을 영역하면 이렇게 될 것이다. "Positions of the Heavenly Bodies in their Natural Order, and their Allocated (Celestial) Fields." 이 평면천체도는 그림 5.2에 나와 있다.

별들은 채색이 되어 있고 고전적인 중국의 별자리를 따라 배열되어 있다.[*2] 광도에 따라 등급을 다르게 표현하려는 시도가 엿보이며, 별자리는 통상적인 표현 방법대로 그 구성원이 되는 별들이 가느다란 선으로 연결되어 있다. 별자리의 색깔은 각양각색으로, 별자리를 구성하는 별들은 붉은색이나 푸른색 혹은 아마도 금색이라고 생각되는 노란색으로 그려졌는데, 이는 기원전 4세기의 위대한 세 천문학자 신석(石申), 감덕(甘德) 및 무함(巫咸)의 전통적인 분류를 그대로 따른 것이다.[*3] 투영(投影)은 적도극으로, 적도는 평면천체도 안의 완벽한 붉은 원으로 표시되어 있다.[*4] 황도는 적도와 교차하는 완벽한 노란 원으로 표시되어 있다. 북극 지역(Purple Tenuity Palace, 자미궁: 제1장, p.29 상단)은 북극 출지도 약 38°에 있는 원으로 경계가 그어져 있다. 달의 수는 끝이 잘려 있는 부채꼴 모양의 구역으로 표시되어 있는데 그 넓이는 균등하지 않다. 측정되는 수의 별자리들은 언제나 적도 근처에서 발견될 것이다. 은하수의 진로는 확실히 보이는데, 그러나 이 평면천체도의 다른 버전에서처럼 검은색으로 보이지는 않는다.

바깥 변두리의 띠는, 남쪽 반구에 있는 하늘의 천정 주위의 요대(腰帶)를 나타낼 수도 있고 혹은 대략 적위 -55°에 있는 남쪽 천극을 향한 영원히 보이지 않는 원을 나타낼 수도 있는데, 12궁(宮)으로 나뉘어 있다. 각 궁은 3가지 방법으로 표시된다. 첫째는 그리스 수대(獸帶)인 12분할의 중국식 이름으로, 둘째는 중국의 주기적 부호인 12지(支)로, 셋째는 고대

그림 5.1 한국의 천문도가 그려져 있는 병풍의 전체 모습. 서울에서 찍음.

중국 봉건 국가의 이름이다. 이들 봉건국가는 전통적 점성술에 의하면 그 구역에 있는 별들에 의해서 지배된다.[*5] 예를 들어서 구역 1은 '백양궁무로지분(白羊宮戊魯之分)'으로서 영어로는 'The Palace of Aries, the cyclical sign *hsü*, the allocation [corresponding to the State of] Lu'이다. 또 하나 예를 들면 구역 6은 쌍녀궁사초지분(雙女宮巳楚之分)이라 하는데 이것은

'The Palace of Virgo, the cyclical sign *ssu*, the allocation [corresponding to the State of] Ch'u'이다.

그리스의 수대 기호를 중국 이름으로 사용하는 것은 고전적 중국 천문학 전통에서는 대단히 희귀하다. 수대 기호는 동아시아에 8세기가 되어서야 겨우 인도의 불교 경전을 통해 알려졌다.[*6)] 여기서 수대 기호는 한국의 평면천체도(다음 그림을 보라)의 1395년 개정판에 확실히 도입되었다. 그런데 그것은 그 평면천체도의 천문학에는 적합하지 못했는데, 왜냐하면 그 병풍 속에 있는 모든 것은 적도 기준이었지 황도 기준이 아니었기 때문이다.[*7)]

왼쪽 아래에 있는 명문의 내용은 다음과 같다.

> 서운관이 보관하고 있었던 것은 (고대의) 돌에 새겨져 있던 성도(星圖)의 복제물이었다. (1395년에) 기성(箕城, 평양)에 있던 옛 성도의 (탁본) 복사한 장이 태조에게 헌상되었다. 왕은 그것을 매우 귀하게 여겨서 서운관으로 하여금 다시 돌에 새기도록 명하셨다.

이 명문은 훨씬 더 많은 정보에 비추어 보아야만 비로소 이해가 가능하다.[*8)] 옛날부터 내려온 구전에 따르면, 몇 세기 동안 돌에 새겨진 평면천체도가 평양에 보존되어 있었는데, 672년에 고구려가 신라에 의해서 함락되는 전란 중에 강물에 빠져 소실되었다.[*9] 조선왕조가 1392년에 창건되었을 때, 최초의 지배자 태조(r. 1392~1398)는 학문과 과학을 재건하기 위해 자신이 할 수 있는 모든 것을 했다. 따라서 태조는 신하 중 한 사람이 자신의 가문이 보관해 왔던 석각천문도의 훌륭한 탁본 복사물을 궁정에 헌상했을 때에 매우 기뻐했던 것이다. 그래서 왕은 그것을 다시 돌에 새기도록 서운관에 명했고, 그것은 당시에 적합한 상태로 수정되어 실행되었다. 그 결과물인 1395년의 석각천문도는 아직도 존재하나 꽤 심하게 손상되어 있다.[*10]

『증보문헌비교』는 이 석비가 최초에는 경복궁에 보관되었다고 적고 있다.[*11] 1434년에 세종의 지시로 궁의 강녕전(康寧殿) 근처에 특별한 진열실인 흠경각이 세워졌고, 석비는 거기에 안치되었다.[*12] 후에 흠경각은 화재로 소실되었다가 재건되었고, 다시 1592년에 일본의 침략 시기에 파괴되었다. 숙종 재위(r. 1674~1720) 중에 새로운 석각천문도가 순백의 대리석으로 제작되었는데, 높이가 7척에 넓이가 3척이었다. 이것은 구 천문도에 있는 데이터를 영구히 보존하기 위해서였는데[*13] 아마도 1687년경에 이민철이 왕을 위하여 혼천시계를 수리할 때 행해졌을 것이다. 거의 100년 후인 1770년에 영조(r. 1724~1776)는 옛날의 석각천문도를 새로운 것과 함께 창덕궁에 있는 흠경각으로 옮기도록 했다. 창덕궁은 파괴된 경복궁을 17세기 초에 대체했던 궁이다. 두 석각천문도의 역사는 나무로 된 위패(位牌)에 기록되었으나 후에 일실되었다. 그에 대해

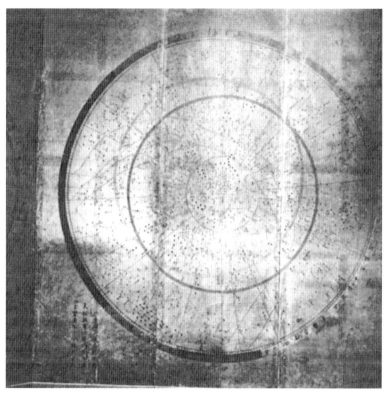

그림 5.2 1395년의 한국의 평면천체도로서 병풍의 오른쪽 폭을 자리 잡고 있다.

서 1913년에 루퍼스가 창덕궁에서 조사한 바 있으며, 우리는 그로부터 많은 지식을 얻고 있다.[*14)] 두 천문도는 1395년으로 날짜가 기록되어 있으며, 새로운 기념비는 옛것을 충실히 복제하고 있다.

1395년의 성도 제작에 대하여는 아래와 같이 성도 위에 기록되어 있다.[*15)]

돌에 새겨진 천문도 하나가 예전에 평양에 보관되어 있었다. 그러나 전
란으로 인하여 물에 가라앉아 사라졌다. 오랜 세월이 흘렀고 그것의 탁
본마저도 찾을 수 없게 되었다.

그러나 금조(今朝)가 시작됨에 이르러서 원본 탁본 하나를 소유한 자가
있어 그것을 조정에 헌상했다. 전하가 그것을 매우 귀하게 여기셔서 새
로이 돌에 새기도록 서운관에 명하셨다. 천문학자들이 답하기를, "그 천
문도는 너무 오래되었고 그래서 별의 위치에 있어서 (그에 따른 계절의
상응에 있어서도) 차이가 발생했으므로 새로운 추보(推步)에 따라서 수정
되어야 할 필요가 있을 것입니다. 정확한 태양의 지점(至點)과 분점(分點)
을 새로 결정해야 하며, 황혼과 여명 때의 별의 남중에 대한 자료를 수
집해야만 합니다. 그런 연후에야 비로소 새로운 천문도가 미래를 위하
여 설계되고 기록되며 그리고 돌에 새겨질 것입니다."라고 했다.

전하가 "그리 하도록 하라!"라고 응하셨다.

새로운 『중성기(中星記)』가 완성되어서 왕좌에 헌상된 것은 수년이 흐른
후의 을해년(乙亥年, 1395) 6월이었다.[*16)] 옛 천문도에서는 24기의 '입춘
(立春)'에는 수(宿) 자리 묘(昴)가 황혼 때 남중했지만, 지금은 위(胃)가 남
중한다. 24기가 하나씩 차례로 그렇게 상호 연관된 차이를 보였으므로,
천문학자들은 옛 천문도를 사용했지만 (표준적인) 남중하는 별과 일치하

도록 수정했다. 연후에 돌에 새겨졌고 그리고 곧 완성되었다.

그로부터 전하께서는 그의 충실한 신(臣)이요 관료인 권근(權近)에게 또 다른 명문 뒤에 올 기록을 짓도록 명하셨다. 나, 근(近)은 예로부터 황제들은 하늘과 칠정(해, 달 및 다섯 행성)을 공경하기를 게을리 하지 않았고, 또 역법을 세우고 의상을 만들고 백성의 일하는 사시(四時)를 바로 알려주는 것을 그들의 첫째 의무로 삼았음을 유념한다. 마치 요 황제가 희와 화에게 사시를 바로잡아 놓도록 명한 것이나,[*17] 순 황제가 칠정을 조화롭게 하기 위하여 선기와 옥형[*18]을 시험했던 것은, 바로 충실히 하늘을 공경하고 부지런히 백성을 보살핀 것이다. 삼가 생각하건대 이 의무는 결코 게을리 해서는 안 될 것이다.

지혜롭고 어지시고 강건하시고 뛰어나신 전하께서는 선왕의 양위로 권좌에 오르셨다. 그의 통치는 요와 순 임금의 덕에 비교될 수 있는 덕으로 온 나라를 통하여 평화와 번영을 가져왔다. 전하는 천문을 자신의 조사의 맨 앞에 놓으시어서 별의 자오선 통과 시간을 정정하시니, 마치 요와 순 임금이 7행성을 관찰한 것과 같다. 내가 믿건대, 이렇게 해서 천체를 관측하고 천문의기를 제작함으로써 전하는 요와 순 임금의 마음을 알아내고 그래서 그들의 가장 귀중한 예를 본받으려 노력하신 것이다. 전하는 이 귀감(龜鑑)을 모든 백성의 마음에 시범(示範)하셨으니, 위로는 하늘과 계절을 관측하셨고 밑으로는 부지런히 백성을 섬기셨다. 전하의 숭고한 업적과 번영을 향한 열정이 있으므로 요와 순 황제와 함께 나란히 서서 크게 칭송받는 것이다. 더욱이 전하는 이 성도를 좋은 돌에 새기도록 명하시어 영속하는 기쁨을 만 세대에 걸쳐서 그의 자손들이 느끼도록 하셨다.

읽을 줄 아는 모든 사람이 이 사실을 받아들일지어다! 신, 권근은 왕명에 따라서 이 기록을 쓰는 바이다. 유방택(柳方澤)이 추보를 지도했고 설경수(偰慶壽)가 명문을 지었도다.[19] (일에 참여한) 서운관 관리들의 이름은 다음과 같다. 권중화(權仲和), 최융(崔融), 노을준(盧乙俊), 윤인용(尹仁龍), 지신원(池臣源), 김퇴(金堆), 전윤권(田潤權), 김자수(金自綏), 김후(金候).[20]

(중국 명 왕조) 홍무(洪武) 재위 28년 12번째 달(1395년 12월) 기(記).

예수회의 평면천체도

이 병풍천문도의 제목은 '황도남북양총성도(黃道南北兩總星圖)', 즉 'General Map of the Stars in both Northern and Southern Hemispheres on Ecliptic Coordinates'이다. 이 평면천체도의 첫 번째 놀라운 점은 별자리가 모두 전통적인 중국의 것이고 유럽의 것이 아닌데(그림5.3-5 참조), 중국의 관측자에 의해서는 기록되지 않았던 남천극(南天極) 가까이 있는 몇 개의 성군(星群)이 예외적으로 나타나고 있다는 점이다. 이뿐 아니라 대단히 보수적인 처리 방법, 즉 고대의 천문학자들이 시작했다고 하는 3가지 색을 쓰는

그림 5.3 병풍 중앙의 폭들로서 위쪽과 아래쪽의 예수회 명문과, 북반구와 함께 남반구의 일부분을 보여 준다.

전통도 그대로 유지되고 있다(p.239 상단 참고). 그림 5.4를 보면 별자리들이

매우 명확하게 보이는데, 남쪽 황도극에 가장 가까운 점에서 은하수가

반구를 가로지르면서 수직으로 달리고 있음을 볼 수 있다. 기준은 황도이

다. 즉 하늘의 위도와 경도의 기준이 그러하다. 그러나 적도도 역시 눈금

이 새겨진 붉은 선으로 표시되어 있다. 한편으로 옅은 푸른색 원들이

있는데 열대 및 적위 원이다. 양 반구의 끝에서 황도 주위에 있는 바깥 변방의 띠 위에 수대 기호가 적혀 있지 않은 것이 흥미롭다. 실제로 수대 기호가 더 잘 어울렸을 텐데 말이다. 대신에 24기와 중국의 순환 기호인 12지가 각기 궁이라 불리면서 적혀 있다. 그러니까 우리가 앞으로 보겠지만 이 평면천체도를 만드는 데 주된 책임이 있었던 18세기의 예수회 선교사들은 근대의 것이 아닌 그리스의 좌표 체제를 수입했던 것이다. 다른 한편으로 그들은 중국의 전통적인 요소에도 충실했다. 선교사들은 모든 전통적인 별자리 표현 유형을 그대로 유지했고, 또한 전적으로 중국의 방식에 따라 황도를 표시했다. 다만 눈금을 새기는 데 있어서는 원둘레에 중국 전통인 365$\frac{1}{4}^{\mathrm{d}}$를 쓰는 대신에 유럽의 관습인 360°를 고수했다.

위쪽의 명문

'황도남북총성도.'

이 포괄적인 성도는 중심에 두 극을 가지고 있는데, 두 극에 있어서 황도는 원주(圓周)이다. 방사상의 선들은 12궁(수대 지역)을 나눈다. 12궁의 이름은 경계에 적혀 있고, 여기에 24기의 이름이 어울리게 추가로 적혀 있다. 각 수대 지역은 자연스럽게 30°를 차지한다. 만일 당신이 어떤 항성의 하늘의 위도(緯度)를 확인하고 싶다면, (주기적 기호인) 축(丑)의 경선

(經線)을 따라서 재면 된다. 여기서 경선은 중앙에서 원주까지 90°로 나뉘어 있어서, 그것으로 위도를 알 수 있다. 항성들의 위도는 절대로 변하지 않지만, 매년 항성들의 경도는 서에서 동으로 대략 51″ 움직임으로써, 71년에 1도를 움직인다. 성도 위에는 적도를 나누는 선이 표시되어 있다. 남반구에서 그 선은 경도 0°에서 180°까지 달리고, 북반구에서는 180°에서 360°까지 달린다. 매 30°마다 연한 선이 그것을 가로지르면서 적도의 남북극을 잇고 있는데, 그로부터 적경이 얻어진다. 이것에 의해서 항성이 하루 밤낮에 외견상 완벽한 1회전을 하는 방식을 볼 수 있다. 하늘의 표현 형식에 있어서도 역시 원들이 있었고 또 변화가 있었다. 고대에서 현재에 이르기까지 보이는 것들에 있어서도 어떤 변화가 있었다. 예를 들면 옛날에는 보이던 별들이 지금은 부분적으로 가려지고 옛날에는 보이지 않던 것들이 오늘에는 아주 밝게 보여서, 별들의 크기가 항상 같은 것 같지가 않다. 많이 아는 천문학자까지도 이 현상의 이유를 이해하는 데 어려움을 겪는다. 이런 종류의 변하는 별들은 일반적으로 은하수 안에서 발견된다. 은하수에서 우리는 함께 밀집되어 있는 무수한 수의 작은 별들을 본다.

여기 두 성도에 보이는 항성들 외에 칠정이 있다.[21] 태양의 모양을 보면 표면에 크고 작은 검은 점들이 있는데, 숫자는 결코 같지 않고 28일의 주기를 가지고 있다. 달의 얼굴은 태양의 빛을 반사한다. 태양빛이 달 위에 직접 떨어지면 만월의 상태가 되고, 비스듬히 비추면 달 위에 검은 그림

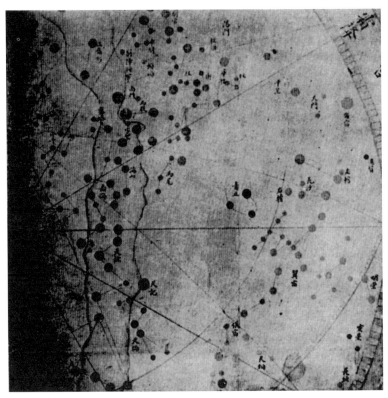

그림 5.4 남반구의 세부.

방위를 잡기 위해서 본다면, 노인성[老人星, Canopus, Greybeard (Schlegel, no. 205)]이 그림의 아래쪽 왼편에 있고, 남십자성[南十字星, Southern Cross(Schlegel, no. 36)]이 사진 중앙의 위와 왼쪽으로 확실히 보인다. 그 위로 두 별자리 남문[南門, Southern Gate(Schlegel, no. 244)]과 마복[馬腹, Horsebelly(Schlegel, no. 228)]이 있다. 남십자성 바로 아래로는 해산[海山, Ocean Mountain (Schlegel, no. 78)]과 마미[馬尾, Horsetail(Schlegel, no. 230)]가 있다. 이 모든 별은 붉은색으로 칠해져 있으며, 그 훨씬 밑으로 모두 검푸른 색으로 칠해진 별자리 3개가 오는데 천사[天社, Altar of Heqaven(Schlegel, no. 434)], 천기[天記, Heavenly Recorder(Schlegel, no. 470)], 천구[天狗, Heavenly Dog(Schlegel, no. 459)]가 그것이다.

자가 생긴다. 토성의 몸체는 어딘가 달걀 같은 모양이며 모양이 약간씩 변한다. 그것이 적도에서 가장 멀리 있을 때 고리의 부분이 가장 넓어져 있는데 마치 집 주위의 회랑(回廊)과 같다. 토성이 적도에 매우 가까이 있을 때고리 부분은 가장 좁게 보인다. 토성에는 일련의 작은 달(문자대로는 별)이 5개 딸려 있는데, 그것들이 회전하는 모양은 커다란 망원경을 사용하지 않고서는 관찰할 수 없다. 첫 번째 것은 토성에 가장 가까이 있는데 공전 기간이 1과 7/8일이다. 두 번째 것은 2와 7/8일에 한 번 돈다. 세 번째 것은 4와 5/8일에 한 번 돌고 네 번째 것은 비교적 커서 16일 걸려서 돌며 한편 다섯 번째 것은 80일 걸린다. 그들 각각은 그 시간에 맞춰 토성 주위를 한 번 돈다. 목성의 경우에는, 종종 그 표면을 가로질러 넘어가는 검은 그림자가 보인다. [이것은 목성의 행성상(planetary phases)을 언급하는 것에 틀림없다.] 덧붙인다면 목성은 작은 달(문자 그대로는 별) 4개를 거느리고 있다. 목성과 가장 가까운 첫 번째 것은 한 번 회전하는 데 1일과 73사반시[*22)]가 걸리고, 두 번째 것은 3일과 53사반시, 세 번째 것은 비교적 큰데 7일과 16사반시가 걸린다. 네 번째 것은 16일과 72사반시가 걸린다. 그들 각각은 그 시간에 맞춰 목성 주위를 한 바퀴 돈다. 화성의 표면에도 역시 명확하지 않은 검은 그림자(행성 상)가 있다. 수성과 금성도 마찬가지로 태양의 빛을 빌리는데, 마치 달이 차고 기우는 데 있어서 태양빛을 빌리는 것과 같다.

(중국 청 왕조, 1723년) 옹정(擁正) 재위 기간의 첫 번째 해, 기년(紀年) (주기적 기호들) 계묘년(癸卯年), 먼 서구에서 온 대진현(戴進賢, Ignatius Kögler,

S.J.) 기(記).[*23)] 이백명(利白明, Fernando Bonaventura Moggi, S.J.) 각(刻).[*24)]

　위쪽 명문에 대한 앞의 번역은 달리 논평이 거의 필요 없으며, 평면천체도에 대해 꽤 훌륭하게 설명하고 있다. 모두(冒頭)에 세차운동에 대하여 서술하는 것은 적절한데, 왜냐하면 그것은 한국의 천문학자들이 당시보다 328년이나 일찍이 가해야만 했던 그보다 더 옛날에 만들어진 성도(星圖)에 대한 수정사항(modifications)을 설명해 주기 때문이다. 두 번째 단락은 분명히 신성과 초신성에 대하여 언급하고 있으며,[*25)] 또한 변광성(變光星), 엄폐하는 동반성(同伴星) 및 혜성도 언급하고 있다. 이 현상들은 모두 18세기에는 전혀 이해할 수 없는 것이었다. 태양의 흑점에 대한 언급이 뒤따르는데, 흑점은 당시에 위대한 유럽의 발견으로 간주되었다.[*26)] 나머지는 태양계 행성들의 속성에 대하여 서술하고 있는데(그림 5.5), 특히 토성의 고리가 변화하는 모양은 중국 건축에서 딴 눈에 띄는 은유로 묘사되고 있다. 18세기 전반인 이때에 예수회 선교사가 코페르니쿠스 모델의 가장 중요한 증거의 하나인 행성들의 삭망을 강조했다는 것은 언급할 가치가 있는 흥미로운 일이다. 마지막으로 본문에는 갈릴레오와 그의 후계자들에 의에 이루어진 진실로 뛰어난 발견인 행성의 위성을 서술하고 있다. 목성의 위성은 아주 일찍이 예수회 선교사들이 망원경에 대해 중국어로 출판한 서적들을 통해 중국인에게 알려졌다.[*27)] 토성의 위성은 물론 17세기의 후반까지는 알려져 있지 않았다. 가장 큰 위성 타이탄(Titan)은

1655년에 호이겐스(Huygens)에 의해서 처음으로 발견되었다. 다음의 4개는 카시니[Cassini, 갈서니(喝西尼)]에 의해 이아페투스(Iapetus)가 1671년에, 레아(Rhea)가 1672년에 그리고 디오네(Dione)와 테티스(Tethys)가 1674년에 각각 발견되었다.

뒤에서 보겠지만, 이 평면천체도의 원래의 각판본(刻版本)과 위에서 번역된 서술문은 최근에 새로이 알려지게 되었다(그림5.6).

행성의 도해

여기가 태양, 달 및 보이는 행성들의 그림을 언급하는 가장 편리한 장소일 것이다. 그것들은 병풍천문도의 오른쪽에서 여덟 번째 폭을 차지하고 있다(그림 5.5).

비록 오늘날 정확히 알려져 있는 크기에 비례하지는 않지만 행성들은 위에서 아래로 내려갈수록 점차로 직경이 작아지면서 다음과 같은 차례로 그려져 있다.

해   태양(太陽), 한 줄의 붉은 점으로 된 붉은색, 적도 남쪽에서 고리
      모양으로 보임.
달   태음(太陰), 흰색.

그림 5.5 병풍천문도의 왼쪽의 세 폭으로서, 남반구와 해, 달, 오행성의 도해를 보여 준다.

토성　전성(塡星), 흰 갈색, 고리와 5개의 달을 가지고 있음.

목성　세성(歲星), 푸른색, 4개의 달을 가지고 있음.

화성　형성(熒星), 붉은색.

금성　태백(太白), 흰색.

수성　진성(辰星), 검푸른 색.

아래쪽 명문

제목이 없으며 아래와 같이 쓰여 있다.

『전한서(前漢書)』[전한(前漢) 왕조(206 B.C.E.~24 C.E.)의 역사로서 반고(班固)
에 의해 100년경에 쓰임]의 「천문지」에 따르면, 적도 남북 양쪽으로 28수
에 있는 별들은 118개의 별자리에 모여 있어서 총 783개의 별이 있다고
한다.[*28] 『진서(晉書)』[진한(晉) 왕조(265~420)의 역사로서 방현령(方玄齡)에 의
해 635년에 쓰임]의 「천문지」[*29]에 따르면, 오(吳) 왕국(222~280)의 궁정
천문학자 진탁(陳卓)은 옛날, 즉 기원전 4세기의 세 학자 신석, 감덕 및
무함이 서술했던 238개 별자리와 1,464개의 별에 대한 최초의 목록과 성
도를 만들었다고 한다.[*30] 그러한 연후에 단원자(丹元子), 즉 왕희명(王希
明, c.590)[*31]에 의해 저술된 『보천가(步天歌)』에 나온 별의 숫자는 진탁에
의해 주어진 것과 같았다. 이들의 시대 이래로 별자리를 논한 모든 사람
은 『보천가』를 모범으로 삼았다. 이제 강희(康熙) 재위 13년(1674)에 서양
인 남회인[*32]이 『의상지(儀象志)』[*33]를 편찬했는데, 거기에는 옛날에 알
려진 별자리 259개와 별 1129개가 언급되어 있었다. 이것은 『보천가』의
경우보다 별자리는 24개, 별은 335개가 더 적었다. 그러나 그는 추가로
597개의 별을 덧붙였다. 또한 남천극 가까이에도 별들이 좀 있는데, 여
기서도 그는 150개의 별로 되어 있는 별자리 23개를 추가했다. …… (누

락) …… 해에(이것은 1746년 전일 것이다) 서양인 대진현(戴進賢) …… (누락) …… 그러나 추가로 그는 1,614개의 별을 덧붙였다. 그래서 중국에서는 볼 수 없었던 남천극 가까이의 별들이 서양인에 의해서 관측되었고, 이전에 알려진 별과 합쳐서 별자리 300개와 별 3,083개에 이르게 되었으니 [이 숫자는 1759년의 건륭(乾隆, Ch'ien-lung) 별 목록의 것이다]……. 그래서 이후로는 하늘의 위도 및 경도와, 적위 및 적경이 이전보다 훨씬 정확하게 이 모든 별을 위하여 완벽하게 결정되었다.

따라서 본문에서 그 다음으로 이어지는 부분은 아래와 같이 편리하게 일람표로 만들 수 있다.

※ 이 별 목록에서 빠진 옛날 중국의 별자리들의 별들

『보천가(步天歌)』의 수(宿)	해당되는 별자리의 이름[34]	별의 수(數)	목록에 있는 별의 숫자의 감소
각 角 (Horn)	천주 天柱 (567) (Heavenly Pillars)	15	4
저 氐 (Root)	항지 亢池 (134) (Pool of 亢) [亢,'Neck'은 앞서는 宿]	6	2
	기 騎 (146) (The Riders)	27	17
심 心 (Heart)	적졸 積卒 (659) (The Serving-Men)	12	10
두 斗 ((Southern) Dipper)	천연 天淵 (624) (Heavenly Abyes)	10	7
	구 龜 (284) (Turtle)	14	3
우 牛 (Ox-(-Leader))	천전 天田 (579) (Heavenly Fields)	9	5
	구감 九坎 (168) (The Nine Canals)	9	5
여 女 ((Serving-)Woman)	이주 離珠 (209) (Brilliant Pearls)	5	1

위 危 (Ridgepole)	천전 天錢 (595) (Heavenly Knife-Money)	10	5
	인성 人星 (128) (The Man(-Star))	5	1
실 室 (Chamber)	팔괴 八魁 (268) (The Eight Chiefs)	9	3
벽 壁 ((Eastern) Wall)	천구 天廐 (485) (Heavenly Stables)	10	7
규 奎 (Stride)	천환 天圂 (452) (Heavenly Pigsty)	7	3
필 畢 (Net)	구주수구 九州殊口 (171) (Confusion of Tongues) [lit. 'Different Voices of the Nine Prefectures']	9	3
정 井 (Well)	군시 軍市 (179) (Military Marketplace)	13	7
성 星 ((Seven) Stars)	천직 天稷 (590) (Heavenly Millet)	5	5
	천묘 天廟 (524) (Heavenly Temple)	14	14
장 張 (Extension)	동와 東瓦 (640) (Eastern Goblet)	5	5
익 翼 (Wings)	군문 軍門 (180) (Military Gate)	2	2
진 軫 (Chariot-Platform)	토사공 土司空 (631) (Minister of Works)	4	4
	기부 器府 (148) (Store of Instruments)	32	32

본문은 다음과 같이 계속된다.

방법은 양 눈을 사용해서 하늘을 들여다볼 수 있는 큰 망원경을 만드는 것이다. 그러면 별의 숫자가 수십 배 증가한다. 선명도가 아주 좋다. 『묘수전(昴宿傳)』[*35)]은 7개의 별로 보이는 것은 실은 36개의 별이라고 말하고 있다.[*36)] 마찬가지로 게자리의 괴(鬼)[*37)] 수(宿)도 적시(積尸)[*38)]라 불리는 성운(星雲)을 가지고 있는데, 그것은 항상 흰 구름과 같은 기(氣, vapour)라고 말해 왔지만 실제로는 35개의 별이다. 그 별들은 차례로 셀 수 있다. 물병자리의 수(宿) 견우(牽牛)[*39)] 속에 있는 중남(中南) 별과, 전갈자리의 수(宿) 미(尾)[*40)] 속에 있는 동어(東魚) 별[*41)] 및 부설(傅說) 별[*42)]

도 마찬가지로 말할 수 있다. 마찬가지로 오리온의 머리에 있는 수(宿) 자(觜)[*43] 속에 있는 남쪽의 별들도 너무 작아서 잘 알 수 없다고 생각되었지만, 지금은 하나하나 모두 분명히 보인다.[*44] 그리고 마지막으로 은하수 속에는 무수한 작은 별들이 밀집해 있어서, 사람들에게 흰 강과 같은 인상을 준다.

  이 명문은 병풍천문도의 제작일자를 암시한다. 왜냐하면 앞에서 말한 건륭 시기의 별 목록은 『의상고성(儀象考成)』(pp.261~262 참고)의 1757년 판이 나오기 전에는 출판되지 않았기 때문이다. 따라서 병풍천문도는 대략 1760년경에서 그리 멀지 않은 때 그려졌을 것이다. 그러나 예수회를 통해 더 빨리 정보가 조선에 유입되었을 가능성도 꽤 있기 때문에, 병풍이 만들어진 것은 1755년경까지 거슬러 올라갈 수도 있다. 이 무렵(pp.270~272 참고)에 있었던 예수회와 조선의 접촉에 대해 우리가 가지고 있는 증거는 더 이른 날짜를 제시한다고 해도 무방하다.

  이 두 번째 명문은 본질적으로 천체항법도(天體航法圖)와 같은 것이다. 고대와 중세 초기 중국의 고전적인 별 목록을 언급한 후에, 1660년부터 예수회가 기여한 바에 대해 특히 페르비스트와 쾨글러의 별 일람표를 말하고 있다. 예수회 선교사들이 그때부터 1760년 사이에 중국 천문관서에서 공적인 직무를 맡아서 한 일 중에는, 희미해서 보기에 불편한 중국의 별들과 나아가서는 전체 별자리를 누락시키고는 초기의 중국 천문학자들이 기록해 놓는 데 실패했던 남반구에 있는 더 높은 광도의 별과 별자리를 추가하는 것이 있었다.[*45] 이 병풍천문도에 삭제된 별들을 왜 그렇게 정성스럽게 자세히 적어 넣었는지는 분명하지 않다. 그런데 삭제된 별들이 모두 28수 중에 오직 16수에 집중되어 있고 그래서 22개의 별자리가 훼손되었으며 그중에 6개가 완전히 폐기되었다는 것이 흥미롭다.

본문의 나머지는 다시 한 번 성운이나 성단(星團)과 관련해 망원경이 새로 발견한 것들을 강조하고 있다. 그러한 분석 능력은 우리가 이미 언급한 바와 같이 1626년 이래로 중국인에게 알려지게 되었다. 그러나 뛰어난 예는 물론 은하계의 면(面), 즉 은하수 그것이었다. 그리고 1615년 이래로 예수회의 저술가들은 망원경이 그 속에서 발견한 무수한 수의 작은 별들을 끊임없이 찬미해 왔다.[*46]

예수회 저작의 배경

병풍에서 언급하고 있는 예수회 천문학자들은 누구인가? 최초의 인물은 페르디난트 페르비스트로서, 뛰어난 수학자이자 천문학자인 벨기에 사람이었다. 그는 1673년에 샬 폰벨에 이어서 천문역산위원회의 위원장에 임명된 두 번째 서양인이었다. 페르비스트는 1673년경에 북경 천문대의 모든 의기를 전적으로 중국산으로 새로 제작해 교체했다. 그리고 강희제(康熙帝, r. 1662~1722)의 아주 절친한 친구로서, 황제의 요청에 따라서 자연과학의 여러 분야를 그에게 깊이 가르쳤다.

페르비스트가 사망하기 8년 전에 바이에른에서는 후에 한국의 병풍천문도에서 가장 이름이 두드러지게 나타나는 예수회 선교사 한 사람이 태어났다. 쾨글러가 바로 그인데, 1720년부터 사망하기 전까지 천문역산학위원회의 여섯 번째 위원장을 맡았다. 1744년에는 북경천문대에 놓을 아주 크고 정교한 적도혼천의의 주물 제작을 설계하고 감독했다. 그 혼천의는 아직도 그곳에 있다.[*47] 1713년에 천문역산학에 관한 논문을 모은 거대한 저술 『역상고성(曆象考成)』이 편찬되기 시작했고, 하국종(何國宗)과 뛰어난 수학자 매곡성(梅穀成)이 편집을 맡았다.[*48] 이것은 이론천문학, 실제 기술 및 천문도표의 세 부문으로 구성되어 있다. 그것은 17세기의 중국에서 예수회의 출판으로 이루어진 많은 진전 결과를 구체적으로 나타내고 있다. 하지만 아직도 티코 브라헤 부류의 톨레미 이론은 그대로 지니고 있었다.[*49] 그러나 원기(元期)는 티코 브라헤의 1628년이라는 해에서 1683년으로 변했다. 이 저작은 1723년에 황제의 서문을 싣고 출판되었다. (그러나 인쇄는 1730년까지는 끝나지 않은 것 같다.) 이 『역상고성』은 수학과 음악에 대한 논문을 포함하고 있는 『율력연원(律曆淵源)』이라는 더 큰 대계의 일부였다. 1723년이란 날짜가 병풍의 위쪽 명문의 날짜와 같은 것은 오직 우연일 뿐이다. 왜냐하면 명문은 『역상고성』에서 발췌한 것이라고 하기에는 너무 간결하게 보이고, 또 그때 쾨글러가 본격적으로 『역상고성』과 연관되어 있지는 않았기 때문이다. 1737년에 하국종은 황제에게 『역상고성』의 개정과 증보를 요청하는 건의서를 제출했고, 그것이 다음 해에 승인되었다. 이 업무는 쾨글러와 그를 돕는 위원장보 페레이라[Andre Pereira, 서무덕(徐懋德), 1690~1743]에 의해 수행되었다. 이 업무는 크게 카시니와 플램스티드[John Flamsteed, 불란덕(弗蘭德)]의 새로운 발견과 계통적 서술에 근거를 두고 있었고, 또 새로운 별 목록이 추가되었다. 타원 궤도가 부분적으로 주전원(周轉圓)을 대치했으나 아직도 체제는 지구 중심적이었는데, 그것은 고전적인 톨레미의 체제가 아니라 티코 브라헤의 체제였다.*50) 이 개정 및 증보는 1742년에 『역상고성후편(曆象考成後編)』으로 출판되었다.

이 무렵에 쾨글러는 수도에서 제국의 천문의기에 대한 공적인 서술을 준비했고, 이것이 1744년에 『의상고성』으로 출판되었다. 쾨글러는 이 일에 독일인 예수회 선교사인 할러슈타인[Augustin von Hallerstein, 유송령(劉松齡), 1703~1747]의 도움을 받았다.*51) 같은 해에 이 일단의 예수회 선교사는 별의 위치를 전반적으로 새로 측정하는 사업에 착수했는데 이로써 '건륭 별 목록'이라는 것이 만들어졌다. 이것은 거의 10년이 걸려서 1752년에 끝났다. 쾨글러가 죽은 후 할러슈타인은 새로 두 사람의 협력자, 바이에른의 고가이슬[Anton Gogeisl, 포우관(鮑友管), 1701~1771]과 포르투갈 사람인 다 로차[Felix da Rocha, 전작림(傳作霖), 1713~1781]와 손을 잡게 되었다. 그들이 사용한 천문 장비에 대한 마지막 기록은 1754년에 완성되었는데, 황제 자신이 1756년에 서문을 썼고 전 저작이 『의상고성』의 증보판으로 다음 해에 출판되었다. 적경과 적위를 알려 주는 자료 부분은 각 별자리에 대한 논평과 함께 쓰치하시(Tsuchihashi)와 슈발리에(Chevalier)가 완전히 번역해 일람표로 만들었다[리게(Rigge)는 그것을 요약했다].[52] 적도 반구도(半球圖)는 이 저작 속에 들어 있다. 그러나 황도 기준 데이터에는 관심을 덜 기울였는데, 이것은 한국의 병풍천문도와 연관해서 의미가 있다. 할러슈타인은 쾨글러에 이어서 천문역산위원회의 위원장이 된 후 거의 30년이나 그 자리에 있었다. 고가이슬은 페레이라와 할러슈타인을 이어 부위원장이 된 후 26년간 그 자리에 있었다. 북경 천문대의 사분의(四分儀) 중 하나는 아마도 그에 의해 설계되었을 것이다. 다 로차(Da Rocha)는 천문학자라기보다는 지리학자이자 탐험가였지만, 그런데도 별 목록 작성 팀에서 훌륭히 일했다.[53]

병풍천문도 명문에서 언급하고 있는 마지막 예수회 사람은 평수사 페르난도 보나벤투라 모기[Fernando Bonaventura Moggi, 리박명(利博明) 혹은 리백명(利白明), 1694~1761]이다.[54] 그는 피렌체 사람으로, 그림과 조각 및 건축을 공부했으며 중국에 교회들을 세웠고 항상 훌륭한 명문을 돌이나 나무에 새기기를 좋아했다.

한국의 병풍[위병(圍屛)]천문도는 중국에서 이루어진 예수회 선교사의 천문학적 활동 성과를 살린 그 방면 최초의 것은 결코 아니었다.

1633년에 예수회 천문학자 샬 폰벨은 황제를 위하여 벽화나 병풍으로 쓰기에 알맞은 여덟 폭으로 된 뛰어난 천문도를 제작했다. 그는 예수회 선교사인 이탈리아 사람 로와 몇 사람의 중국인 학자와 천문학자의 도움을 받았다. 그 중국인 중에는 저 유명한 서광계(徐光啓), 오명저(鄔明著) 및 8명의 젊은 관측자가 있었다. 명문의 서문은 서광계에 의해서 1633년 말 그가 죽기 불과 몇 달 전에 쓰였다. 그리고 다음 해에 커다란 중국 종이 위에 목판으로 인쇄가 되었을 것이다. 비록 제목은 '적도남 북양총성도(赤道南北兩總星圖)'이지만, 황도극들과 그들의 하늘의 경도를 나타내는 원들이 또한 보인다. 별자리는 중국의 것으로 유럽의 것이 아니다. 다만 남반구의 남쪽 부분의 별자리는 예외로서 그것은 예수회 선교사가 가져온 새로운 정보이다. 커다란 도표들 사이의 구석에 12개 의 더욱 작은 원반 모양의 도표가 있는데, 그중 어떤 것은 행성의 운동 과 역행에 대한 그래프를 포함하고 있고, 어떤 것은 보조적인 성도를 제시하고 있다. 추가로 천문기구를 보여 주는 4개의 작은 정사각형 그림이 있는데, 2개의 혼천의와 사분의 및 육분의(六分儀)가 그것이다. 바티칸 도서관에 보존되어 있는 두 복사본에 의거해서 연구한 파스콸 레 델리아(Pasquale d'Elia)는 작품 전체에 대해 서술하는 논문을 발표했는 데, 서광계의 서문과 샬 폰벨이 쓴 설명문도 번역해 놓았다.[*55] 한국의 병풍천문도와 마찬가지로 북반구는 오른쪽에 있고 남반구는 왼쪽에 있다.

비록 지극히 드물지만, 샬 폰벨과 서광계의 평면천체도가 유일한 것은 아니다. 우리 중 한 사람(JN)이 1956년에 런던에 사는 필립 로빈슨(Philip Robinson)이 소유하고 있는 다른 복사본 및 그와 비슷한 성도를 살펴볼 기회가 있었다. 여섯 매가 한 벌로 되어 있는 양 반구 천체도 하나는 델리아가 묘사하고 있는 여덟 매로 된 작품과 매우 유사했지만, 삼각소간(三角小間)의 공간들에 오직 더 작은 원반 모양의 도표 6개가 삽입되어 있는 것이 다르다. 이어서 나머지 두 매를 확인한 결과, 로빈슨의 것이 델리아가 서술한 것의 복제물과 거의 마찬가지라는 것(다만 그것이 색이 없다는 것만 예외로 하면)을 깨닫게 되었다. 이 두 매 중의 한 매에는 샬 폰벨의 서명이 있고, 행성 원반의 도표 3개와 '적도'라는 잘못된 자막이 붙은 톨레미의 황도혼천의 그림이 들어 있으며, 또 육분의의 그림도 있다. 또 한 매에는 서광계의 서명이 되어 있고, 마찬가지로 '황도'라고 잘못된 자막이 붙은 행성 원반의 도표 3개와 하나의 적도혼천의(티코 브라헤의 더 작은 혼천의를 그대로 복제한 것)가 그려져 있으며, 또 한 경위의(經緯儀)와 사분의도 볼 수 있다. 이 두 매는 또한 서광계에 의한 헌납 본문과 샬 폰벨에 의한 설명 본문을 포함하고 있다.[*56] 로빈슨의 또 다른 소장품은 두루마리 형태의 작은 성도로서, 황도 기준만의 평면천체도를 제시하고 있기 때문에 한국의 병풍천문도와 더욱 가깝다. 제작 날짜나 주제목은 없지만, 설명 본문에는 '황도남북양총성도설(黃道南北兩總星圖說)'이라는 제목이 있다. 이 본문에는 샬 폰벨의 서명이 있으며, 본문이 축무원(祝懋元)에 의해 쓰였고 진응등(陳應登)에 의해 대조되었다는 진술이 적혀 있다. 그것은 또한 예수회 교단의 봉인을 인쇄로서 복사하고 있다. 또한 더 작은 두루마리가 있었는데, '적도남북양총성도(赤道南北兩總星圖)'라는 제목을 가진 두 반구적도(半球赤道) 평면천체도이다. 이 두루마리에는 작은 별 광도기호표 속에 남회인, 즉 페르비스트의 이름이 서명되어 있는데, 제작 날짜가 1672년경일 것으로 생각된다.[*57] 추가로 천문의기의 그림이 그려져 있는 20매 혹은 30매의 묶이지 않은 교정지가 있었으며, 첫 번째 것에 작은 종이쪽 하나가 붙어 있었는데, 'observationes Astronomicae'라는 글자가 목판술로 인쇄되어 있었다.[*58]

3년 후인 1959년에 로빈슨은 다시 우리 중의 한 사람(JN)과 새로 존재가 알려진 판각된 성도에 대하여 논의했다. 이것(그림 5.6에 재현됨)이 바로 한국의 병풍천문도에 그려진 예수회의 평면천체도와 위 명문(1723년)의 원본이었던 것이다. 명문의 두 판본 사이에는 표현에 있어서 약간의 차이가 있을 뿐이다. 로빈슨이 우리에게 알려 준 바에 따르면, 여기에 그의 허락을 받아 출판된 판화는 유명한 중국 천문학 역사학자인 앙투안 고빌[Antoine Gaubil, S.J., 송군영(宋君榮), 1689~1759]의 몇 가지 원본 문서와 자필 편지들, 특히 1725년경 파리에 있는 예수회 대학에서 그의 편집인이었던 소시에트(E. Souciet, S.J.)에게 보낸 편지들 속에서 나온 것이다. 고빌의 편지들 중 하나는 한 편지를 동봉하고 있는데, 그것은 쾨글러에 의해서 라틴어로 1725년경에 쓰인 것으로, 바로 이 성도를 포함하는 동봉 서류를 언급하고 있다. 판화에 나타나 있는 손으로 쓴 짧은 라틴어 낙서(notes)들은 그러니까 아주 새로운 것으로서, 아마도 틀림없이 쾨글러가 썼을 것이다. 이 글 중에는 행성을 나타내는 서양의 흘림글씨의 기호가 있다. 병풍천문도에 있는 그림들은 판화에 있는 것들과 아주 훌륭히 상응한다. 다만 판화에서는 달 표면의 생김새를 재현하려는 시도가 발견되는데, 병풍천문도에서는 그런 것이 거의 보이지 않는다는 것이 다르다. 쾨글러와 모기의 원본 판화 견본이 아직 존재하고 있어서 직접 볼 수 있다는 것이 진실로 다행스럽다.[59]

한국에서 제작된 것으로 쾨글러의 1723년 평면천체도에 바탕을 둔 황도 기준의 성도를 지닌 병풍이 1960년대 초기에 한국의 법주사(法住寺)에서 발견되었다. 1743년에 제작된 이 병풍은 이 장에서 서술하고 있는 병풍과 많은 점에서 유사한데, 다만 그 명문은 덜 포괄적이다. 병풍의 기원을 연구하는 과정에서, 쾨글러의 판각 평면천체도의 견본 하나가 서울의 국립미술관 서류철에서 발견되었다. 이 원작(原作) 성도의 견본은 아마도 조선 조정이 소유하고 있던 것으로서 수십 년간 잊혀진 상태로 있었을 것이다.[60]

한중 관계의 배경

　한국과 중국 그리고 중국에 있던 예수회 천문학자와의 관계는 근대
과학의 역사에 있어서 꽤 멀리 거슬러 올라간다. 1631년 초에 학자
정두원을 정사(正使)로 하는 사행이 북경에 도착했다. 가는 도중에 그들
이 산동(山東)의 등주(登州)에 머물렀을 때 당시 그곳 지사(知事)가 손원화
(孫元化)였는데 기독교 신자로서 이냐시오(Ignatius)라고 불리고 있었다.
이 접촉을 통해서 그들은 포르투갈 신부 로드리게스[João Rodrigues, S.J.,
육약한(陸若漢), 1561~1634][*61]를 만났다. 로드리게스는 천문학에 깊은 흥
미를 가지고 있었으나 일반적으로 예수회 천문학자의 한 사람으로는
간주되지 않았던 인물이다. 실제로도 중국에 있는 선교사의 일원은
아니었는데, 왜냐하면 그가 일본 지역에서 들어왔기 때문이다. 그는
별명으로 통사(通事)라고 널리 알려졌는데 그가 가진 통역으로서의 재
능 때문이었다. 전해에 그는 북쪽에 있는 만주족의 침략 위협에 대항
하여 명을 돕기 위해 테익세이라 · 코레아[Concalo Teixeira-Correa, 公沙的西勞
(效忠)] 대령이 이끄는 포병 파견대와 함께 마카오에서 왔다. 테익세이
라 · 코레아는 다음 해(1632) 손원화가 이끄는 명의 군대가 반란을 일으
켰을 때 목숨을 잃었다. 그러나 로드리게스는 도망을 쳐서 명예롭게
마카오로 돌아갔다. 근대 천문학의 진보를 강조하는 로드리게스가 정
두원에게 보낸 편지 하나가 보존되어 있고, 그것을 델리아의 번역으로

읽을 수 있다.[62]

이 접촉의 결과로 정두원은 후에 1631년에 조선으로 돌아갈 때 많은 책과 의기를 가지고 갔다. 여기에는 아마도 당시까지 예수회 선교사들이 중국에서 출판한 천문학 및 역산학에 관한 모든 논문과 전문서가 포함되어 있었을 것이다. 망원경과 그 성과를 다룬 세 전공 논문도 틀림없이 포함되어 있었을 것이다. 왜냐하면 정두원은 '적 진영에 있는 가장 작은 것까지' 다 포함해서 100리 밖의 대상을 볼 수 있는 천리경(千里鏡)을 자신이 함께 가지고 갔기 때문이다.[63] 이것은 로드리게스의 개인적인 선물이었다. 이 서술에서 천리경을 천문학적 목적으로 사용하는 것보다 전쟁이라는 지상에서의 이용을 더 중요하게 인식하고 있다는 것이 흥미롭다. 또 하나 재미있는 것은 다름 아닌 바로 그때 남쪽으로 멀리 떨어져 있는 중국 중부에서 감시 망원경이 전쟁에 사용되고 있었다는 점이다.[64] 정두원은 또한 서양 여러 나라의 예절과 풍습에 관한 책, 대포와 그 사용법에 관한 전문서적과 함께 도화선 없이 부싯돌로만 발사가 가능한 작은 야전포 하나도 직접 가져갔다. 그의 짐 속에는 또한 유럽의 기계와 과학기기가 몇 개 있었으며 마지막으로, 그러나 결코 가볍게 넘길 수 없는 커다란 천문도표가 한 장 있었다. 우리는 한국의 역사서인 『국조보감(國朝寶鑑)』에 있는 긴 글에서 이 모든 정보를 얻을 수 있었다.[65]

시간이 흐름에 따라 그와 비슷한 접촉이 이어졌다. 1644년에 만주족이

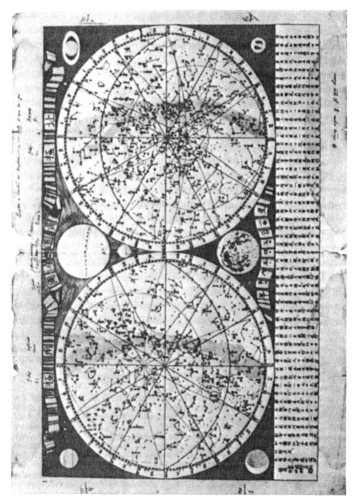

그림 5.6 쾨글러와 페르난도 보나벤투라 모기에 의해 1723년에 발행된, 태양과 달과 다섯 행성의 그림이 함께 들어 있는 황도 평면천체도의 목판인쇄 성도. 한국의 병풍천문도에 예수회가 기여한 부분이 나타나 있는 원본

중국의 권좌를 탈취한 직후, 유형(流刑) 중이던 조선의 젊은 세자(世子)와 천문학자 샬 폰벨 사이에 깊은 우정이 쌓이게 되었다. 세자가 드디어 귀국하게 되었을 때 샬 폰벨에게 받은 선물을 가지고 왔는데, 거기에는 과학과 종교에 관한 서적, 세계지도, 천구의가 포함되어 있었다.[*66] 1645년에 관상감 제조 김육은 역법을 개정하라는 왕의 명을 받아서 젊은 동료 한흥일(韓興一)을 북경으로 보냈고, 거기서 한흥일은 근대천문학에 관한 서적을 입수했다.[*67] 또 한 사람의 조선인 송인용(宋仁龍)이 1648년에 샬 폰벨 밑에서 근대천문학의 방법에 대하여 공부했으며 길이가 10척이 되는 천문도표를 가지고 돌아왔다. 1653년에는 또 다른 조선인 김상범(金尙范)이 또한 북경에서 공부했다.[*68] 그리고 아마도 그와 같은 접촉의 예가 앞으로의 연구로 다수 밝혀질 것이다.[*69]

다행스럽게 우리는 이 장의 주제인 한국의 병풍천문도를 설명하는 데 필요한 바로 그 당시의 또 다른 기록을 가지고 있다. 『증보문헌비고』에 따르면,[*70] 1741년에 중국에 갔던 조선사행 중에는 통역 2명과 서기 안국린(安國麟)과 변중화(卞重和)가 포함되어 있었다. 그들은 북경에 머무르는 동안에 예수회 선교사인 쾨글러 그리고 페레이라와 밀접한 친교를 맺었다. 이들 천문학자에게서 그들은 해와 달, 오행성의 천체력[각월각일의 천체 위치 조견표(早見表)], 계산을 위한 일람표[아마도 대수(對數)], 일식과 월식의 목록 및 수학에 관한 전문서적을 얻었다. 현재 서울의 국립 박물관에 있는 쾨글러의 평면천체도 사본도 틀림없이 이들 문서 중의 하나였을 것이다. 1743년의 법주사의 병풍천문도가 이 성도에 기반을 두고 있다는 것은 의심할 여지가 없다. 안국린과 변중화가 중국에 체류했던 것이 건륭 별-목록과 그의 평면천체도가 폐기되기 불과 14년 전의 일이었다는 것도 유념할 가치가 있다. 이 네 사람의 친교가 두 조선인이 자신의 나라로 돌아간 후까지 이어졌다고 보는 우리의 견해는 아마도 충분히 정당할 것이다. 여기서 서술하고 있는 한국의 병풍천문도 명문에 최신의 정보가 실리게 된 것도, 그 친교를 통해 완벽한 정보 전파 경로가 마련되었기 때문일 것이다.

  마지막으로 역사적인 한 사건이 기이하게도 우연히 동시에 발생한 것에 대해 언급하겠다. 우리가 서술한 병풍은 현재 케임브리지 대학에 있는 휘플 과학사박물관에 소장되어 있다. 이 병풍이 케임브리지 대학의 것이어야 한다는 것은 병풍의 전 소유자 장중태(원문에는 Chang Chung-ti로만 표현되고 있는데, 확인은 불가—옮긴이)의 바람이었다. 그의 조부 민규식은 거기서 공부한 최초의 한국인 중 한 사람이었고, 트리니티홀의 학부 학생이었다. 그러나 이 병풍과 영국의 인연은 더 멀리 거슬러 오른다. 예수회 천문학자 페레이라는 그 이름이 의미하는 대로 진짜 포르투갈 사람이 아니었다. 그의 본명은 앤드류 잭슨(Andrew Jackson)으로서, 중국 주재 예수회 선교회의 고위직에서 봉사한 단 한 사람의 영국인이었다. 아마도 포도주 무역과 관련 있는 가문에서 태어난 것으로 보이며 출생지는 오포르토였다. 그는 귀화하면서 라틴 교회에 가입했고 포르투갈 이름을 얻었

다. 그래서 우리는 한국 병풍천문도의 영원한 안식처가 케임브리지
라고 말할 때, 최근 20세기의 개인적인 연관뿐 아니라 18세기 북경에
서 안국린과 앤드류 잭슨이 맺은 우정도 기념하게 된다고 느끼는
것이다.

후기

한국에서는 18세기 중엽 이후 조선왕조의 긴 황혼기 150년 동안, 전통적인 동아시아 천문학에 대한 집착과 서양의 새로운 사상과 기술의 도입이 함께 계속되었다. 이들 뒷날의 일들은 전상운이 훌륭히 개관하고 있다.[*1] 우리가 이 책에서 논의했던 주목할 만한 의기들은 진실로 한국의 천문학 및 기술의 산물이다. 이 전통은 크게 중국의 영향을 받아 형성되었지만, 그것이 중국에만 한정된 것은 아니었고 후에는 북경의 예수회 선교사와 일본에서 받은 영향도 있었다. 한국의 의기들은 그 기원이 매우 다양하지만, 또한 여러 가지 점에서 그 기원을 초월하고 있다. 바로 앞의 장에서 서술한 18세기의 병풍천문도가 우리의 설명을 마무리할 적합한 주제일 것이다. 왜냐하면 그것은 여러 가지로 조선 시대 후기의 한국 천문학을 상징하기 때문이다.

공적인 차원에서, 예수회의 지식과 기술은 왕립 천문기상대에 돌이킬 수 없는 변화를 초래했고, 그만큼 한국의 천문학은 서서히 과학의 국제적

주류 속으로 걸어 들어가고 있었다. 그럼에도 예수회 천문학 자체는 보수적이었고 또 우주론적으로 오도하는 것이었으며,*2) 그리하여 일층 더 보수적인 한국의 토양에 접목되었다. 한국이 근대과학의 다양성과 급속한 진화에 완전히 노출되는 데에는 수십 년이 더 흘러야만 했다.

조선왕조 초기와 중엽 두 차례에 걸쳐서, 조선의 천문학자들은 조선 조정의 다른 모든 사람들과 마찬가지로 중국 왕조의 멸망이라는 정치적이고 지적(知的)인 충격에 대응해야만 했다. 전통적 한국 천문학의 경질은 중국의 마지막 왕조의 멸망과 일치했다. 1911년의 청의 몰락 후에는 새 왕조의 역법도, 의기의 혁신도, 활기를 되찾은 우주론적 사색도 없었다. 전통적인 중국의 과학은 19세기 후반에 이르러 급속히 시대에 뒤떨어졌고, 청나라의 후계자들은 서양을 따라잡아야 한다는 시급한 필요 속에서 그 잔재를 포기했다. 중국이 다시 과학(이번에는 신흥하는 보편적인 20세기의 과학) 분야에서 우월한 지위를 주장하려면 오랜 세월이 걸릴 것이다.

한국은 어쨌거나 1911년 청의 공화정 후계자들에게 앞장설 위치에는 있지 못했다. 한국의 제후국으로서의 신분 종식은 한국과 일본 사이의 1876년 강화도 조약에 의해 전조(前兆)되었고, 오랜 세월에 걸친 한국과 중국의 관계는 그로부터 20년 후의 청일전쟁으로 종말을 맞았다. 조선왕조는 청나라보다 1년 앞선 1910년에 사라졌다. 그리고 한국은 급속하게 근대화하는 일본에 의해 35년에 이르는 가혹한 점령 아래 근대 세계로 휩쓸려 들어갔다. 왕립 천문기상대는 이제 존재가 없어졌고, 한국의 천문학은 대중적 점성술사와 연감(年鑑) 제작자만의 영역이 되었다.

송이영과 이민철의 혼천시계, 18세기 병풍천문도 그리고 조선 왕립 천문기상대의 다른 의기 몇 개와 유물이 이 모든 격변을 뚫고 보존됨으로써, 우리는 저 자랑스러운 한국 천문학의 전통을 상기할 수 있게 되었다. 또한 이 모든 것에서 전통적 동아시아 과학을 근대 세계의 발전하는 과학 속으로 통합했던 귀중한 역사적 증거를 발견할 수 있었다.

옮긴이의 말

이 책의 저자들─니덤과 그의 학파─은 기회가 있을 때마다 조선 과학기술사의 높은 수준을 칭찬하는 데 인색하지 않았다. 그들은 근대 이전까지 조선이 중국 문명권에 속하는 민족 중에서 과학과 기술에 가장 관심이 높았던 민족이라고 단언했다. 이 책은 우리 전통 과학기술에 대한 이런 경외심의 구현(具現)으로서 쓰여졌다. "15세기 조선은 당시 세계에서 가장 첨단의 관측의기를 장비(裝備)한 천문기상대를 소유했다."라는 그들의 평가는 역자의 민족적인 자긍심을 한껏 높여 주었다.

그런데 이 책은 한편으로 그 속에 논쟁의 불씨 몇 개를 품고 있다.

첫째, 니덤 학파는 조선이 세계 최초로 측우기를 발명하였다는 데 회의적이다. 『세종실록』에는 명확한 치수가 명기된 규격화된 원통형 용기를 대량으로 제작해 전국에 배포하였던 구체적인 사실과 과정이 자세히 기록되어 있다(1441년과 1442년). 조선왕조는 측우기를 전국 도군현의 관청에 나누어 주고 오랜 기간에 걸쳐서 강우량을 측정 · 기록하고 보고하도록 했다. 그러나 (니덤 학파의 주장처럼) 1441년 이전 중국의 어디에서도 이처럼 규격화된 용기를 대량생산하고 광범위한 지역에 걸쳐 강우량을 측정했다는 증거는—기록이든 실물이든—찾아볼 수 없다.

둘째, 조선의 왕립 천문기상대가 자랑하는 핵심적인 의기 중 하나로 자격루가 있다. 이것은 15세기에 그 유례를 찾기 힘든 정밀 기계장치로서, 하루의 시간의 흐름을 자동 시보 장치로 알려 주는 물시계였다. 그래서 오늘날에도 이 물시계를 복원하려는 노력이 끊이지 않지만 여러 기술적인 어려움이 있으며, 작동 원리 설명에 관해 학자들 간에 이견이 대립하는 실정이다. 역자는 여기서 한국의 과학기술사가들과 니덤 학파 간에 나타나는 의견차 하나를 언급해야겠다.

당시는 하루를 12시간으로 나누었고 밤은 5경과 5점으로 나누었다. 니덤 학파는 자격루에 있는 두 개의 수수호가 하나는 12시를 알리고 또 하나는 5경과 5점을 알리는 기능을 한 것으로 단정한다. 그래서 각각 독립된 모듈의 기계장치 두 개가 각각의 수수호에서 떠오르는 두 잣대의 격발 장치 접촉에 의해서 작동한다고 본다. 그러나 역자가 이해하고 있는 바에 의하면, 이 땅의 사가들 대부분은 애초에 두 개의 수수호가 있는 까닭이 한 수수호에 물이 차면 이를 바꾸어 쓰기 위한 것으로 보고 있다. 이 경우에는 하나로 일원화된 기계장치가 작동해서 12시를 알려 주고, 또 동시에 경과 점을 알려 준다는 결론이 나온다. 이런 커다란 차이점 때문에 이 문제가 자격루의 올바른 복원과 연관해서 더욱 중요해질 수밖에 없다.

셋째, 1669년에 제작된 송이영의 혼천시계는 전통적인 동아시아 천문학과 근대적 서양의 기계기술이 결합된 세계 과학기술사상 유일한 유물이다. 이 시계는 크게 혼의 부분과 시계 장치 부분으로 나눌 수 있다. 그런데 이 책의 저자들은 그 시계 장치—실제로 이 혼천시계의 대부분을 차지—가 일본에서 제작된 시계에서 떼어 온 것이라는 충격적인 주장을 펴고 있다. 물론 저자들은 이 가설에 대한 자세한 증거와 설명을 제시한다. 그러나 역자에게는 이 주장 자체보다 더 큰 충격이 있다. 바로 지금까지 한국의 어느 학자도 이 주장에 대해서 (논문 형식 등으로) 정식 대응을 보이지 않는다는 점이다. 역자는 이 자리를 빌려 한국이 자랑하는 국보 제230호에 대한 더욱 철저한 논의가 지체 없이 이루어져야 할 것이라고 주장한다.

역자가 평소에 존경하는 대학자 전상운 교수께서 몇몇 인명과 저서 등의 한자어를 확인해 주셨고, 또 번역 과정에서 몇 차례 의견도 나누어 주셨다. 오직 머리 숙여 감사할 따름이다. 그러나 분명히 밝혀 두자면, 이 저서에서 나타날지도 모르는 오류나 미흡함은 전적으로 역자의 책임이다.

마지막으로 역자는 그다지 많이 팔리지도 않을 전문 서적을 출판해 준 살림출판사와 이 번역에 관계된 여러분에게 고마운 마음을 표한다.

한마디만 추가하겠다. 나는 직역을 원칙으로 삼고 가능한 한 원문의 살을 베는 일을 피하고자 노력했다. 이 책은 문학서가 아닌 난해한 기술서이므로 한 구절 한 구절에 대한 좀 더 정확한 이해가 중요하다고 믿기 때문이다.

2010년 여름
아홉개의달이뜨는골[九月洞]에서
이성규

Notes

서론

1) 이 관서의 이름은 1466년에 관상감(觀象監)으로 바뀌었다. Jeon sang-woon, *Science and Technology in Korea: Traditional Instruments and Techniques* (Cambridge, Mass. and London: MIT Press, 1974), p.105 참조. 이 저서는 이하 Jeon, STK로 표기한다.

2) 조선 역대 왕들의 실록은 일반적으로 통틀어 이조실록 혹은 조선왕조실록이라 부르는데, 각 왕의 사후에 임시 특별관서가 설치되어서 당대에 만들어진 1차 자료를 바탕으로 편찬된다. 어떤 왕은 실록은 없고 일기(日記)만 있다. 실록의 몇 가지 판본에 대해서는 Tu-jong Kim, *A Bibliographical Guide to Traditional Korean Sources* (Seoul: Asiatic Research Centre, Korea University, 1976), pp.61ff와 Benjamin H. Hazard et al., *Korean Studies Guide* (Berkeley: University of California Press, 1954), pp.100-101 참조. 우리는 현대에 출판된 일본의 재간본 *Richō jitsuroku* 李朝實錄 (Tokyo: Gakushuin Institute of Oriental Culture, 1953)을 사용했다.

3) 공식적으로 1790년에 편찬되고 1908년에 출판되었다. 우리는 고서간행회가 1959년에 서울에서 출간한 현대적 재간본을 이용했다.

4) 조선왕조 왕들의 사후 이름과 재위 기간은 부록에 실려 있다.

5) 혼천의는 한 벌의 고리(環)들로 이루어져 있다. 이들은 천구상의 몇 가지 중요한 큰 원들을 대표하는바, 적도환, 황도환, 자오환, 지평환 등이 그것이다. 여기서 우리는 두 유형의 혼천의를 만날 것이다. 우선 하나는 관측용 혼천의로서 천체의 위치와 움직임을 포착하기 위해 설계되었으며 보통 관측을 위한 규형이나 관(管)을 가지고 있다. 또 하나는 실연용(實演用) 혼천의로서 관람자의 관찰·이

해를 위해 천구를 간단하게 모형화한 것이다. 어느 경우이든 혼천의는 일반적으로 여러 환들이 하나의 축을 중심으로 손으로 혹은 기계 작용에 의해 회전할 수 있도록 만들어졌다. Joseph Needham, *Science and Civilisation in China*, vol.IIII (Cambridge: Cambridge University Press, 1959), pp.342-354 이하를 참조하시오. (이후 Needham, SCC라고 함.) 또한 뒤의 2장 미주 11을 참조.

6) 물시계는 (거기서 액체가 측정되는) 어떤 그릇에 조정된 물의 유입('유입형')이나 유출('유출형')의 방법에 의거하여 작동되는 시간 측정기를 말한다. 이 책에서 논의되는 물시계는 유입형이다. 여기서 다루는 특별한 물시계들은 부상물 혹은 부상잣대 물시계를 포함한다. 예로서 수수호 속의 부상물이 시각등분의 표시가 새겨진 잣대를 거느리는 물시계가 있고, 또 부상물에 연결된 끈이 굴대나 북에 회전 운동을 전달하는 수구반복형 물시계가 있다. 두 유형 모두가 타격 물시계의 기계장치에 힘을 전달하여 들을 수 있는 (그리고 때로는 볼 수도 있는) 시보 장치를 작동시킬 수 있도록 되어 있다.

7) 한국의 어떤 천문 관측 기록은, 대부분 공식 역사 기록에 들어 있는 것으로, 이미 중국의 학자들에 의해서 이용되고 있었다. 예로서 다음의 논문을 참조하시오. Hsi Tse-tung (Xi Zezong) 席澤宗 and Po Shu-jen (Bo shuren) 簿樹人, 'Chung Ch'ao Jih san-kuo ku-tai ti hsin-hsing chi-lu chi ch'i tsai she-tien t'ien-wen-hsüeh chung ti I-i' 中朝日三國古代的新星記錄及其在射電天文學中的意義, *T'ien-wen hsüeh-pao* 天文學報 (Acta Astronomia Sinica), 1965, 13.1: 1-22, tr. as S. R. Bo and Z. Z. Xi, 'Ancient Novae and Supernovae Recorded in the Annals of China, Korea and Japan and their Significance in Radio Astronomy', NASA TT-F-388 (Technical Translations Series), 1966. 다른 관측 기록들도 아마도 필사본으로 한국 정부의 고문서 보관소에 남아 있을 것이다. 우리는 앞으로 언젠가 학자들이 그 기록들을 이용할 수 있기를 희망한다.

8) Homer B. Hulbert, *History of Korea*, 2 vols. (1905; repr. ed. Clarence N. Weems, 2 vols., London, 1962), 1: 334.

9) 우리의 참고서적 일람에 있는 루퍼스와 전상운의 저서 참고.

10) Needham, SCC IIII: 298, 302, 389-90, 431, and a special appendix devoted to Korea, pp.682-683; SCC IV.2: 516-22, esp. p.519; SCC IV.3:453; SCC V.2: 201; SCC V.3: 167, 177.

11) 우리는 이 점에 대해서 유익한 논의를 제공해 준 레드야드(G. K. Ledyard) 박사와 시빈(N. Sivin) 박사에게 감사한다.

12) Needham, SCC II: 472 ff, 493 ff.

13) 이것은 김영식의 논문에서 밝혀지고 있다. Yung-sik Kim, 'The World-View of Chu Hsi (1130 to 1200): Knowledge about the Natural World in the *Chu Tzu Ch'üan Shu*' (unpub. doctoral thesis, Princeton University, 1979). 그러나 김영식은 신유교의 원시 과학적 관찰과 결론의 세부적인 내용들에 대해서는 비판적이다.

14) (Cambridge, Cambridge University Press, 1960; 이후 Needham, Wang, and Price, HC.라 함.)

15) W. Carl Rufus and Lee Won-chul, 'Marking Time in Korea', *Popular Astronomy*, 1936, 44: 252-7; also Rufus, 'Astronomy in Korea', *Transactions of the Korea Branch of the Royal Asiatic Society*, 1936, 26: 1-52, pp.38-39 and Fig.26.

16) 김성수는 유명한 골동품 수집가이고 큰 사업가였으며 한국의 주요 신문사의 창설자이자 또 고려대학교를 포함한 몇몇 교육기관의 설립자이다. 제2차 세계 대전 이후 그는 민족주 정치가로서 활약했고 1950~1951년 사이에 대한민국의 부통령을 지냈다. (우리는 이 정보를 레드야드와의 사적인 통신을 통해 얻었다.)

17) Jeon, STK, pp.68-72 and Figs.1.17, 3.11, 3.12, and 5.6. See also Jeon, 'Senki gyokko (tenmon tokei) ni tsuite' 璇璣玉衡 (天文時計)について (On armillary spheres with clockwork in the Yi Dynasty of Korea), *Kagakushi kenkyū* 科學史研究, 1962, 63: 137-41; 'Yissi Choson ui sige chejak sogo' 李氏朝鮮의 時計製作小考 (A study of timekeeping instruments in the Yi Dynasty), *Hyangt'o Seoul* 鄉土 서울, 1963, 17:49-114, pp.102-111.

18) (T. O. Robinson), 'A Korean 17th Century Armillary Clock' (notes on a lecture by J. H. Combrdige on 27 November 1964), *Antiquarian Horology*, March 1965, 4: 300-301.

19) 'A Korean Astronomical Screen of the Mid-Eighteenth Century from the Royal Palace of the Yi Dynasty (Chosŏn Kingdom, 1392 to 1910)', *Physis*, 1966, 8.2: 137-162.

제1장

1) Jeon, STK, p.35. See also Song Sang-yong, 'A Brief History of the Study of the Cliŏmsŏng-dae in Kyŏngju', *Korea Journal*, Aug. 1983, 23, 8: 16-21 비두는 몇 기

지 의미로 해석이 가능하다. 그것은 '북두[(Northern) Dipper]에 비교할 수 있다'는 뜻일 수 있다. 그러나 또한 '북두를 비교하는 (자리)', 즉 북두칠성의 '손잡이' 혹은 'pointer'의 방향 변화를 관측한다는 의미일 수도 있다. 매일 밤의 방향 변화는 1천도(天度, celestial degree), 즉 천원(celestial circle)의 1/365.25도이다. 밑의 주 14를 참조하시오. 다음에는 비슷한 두 단어 비두(比斗)와 북두(北斗, 'Northern Dipper')를 합성하여 일반적으로 널리 쓰이는 말로 관천대의 이름을 정했다고도 상상할 수 있다.

북두칠성('Dipper' 혹은 'Northern Dipper')은 잘 알려진 일곱 개 밝은 별의 무리이다. 그것들은 큰곰자리(Ursa Major) 별자리의 가장 밝은 부분이다. 북두칠성은 미국에서는 그림으로 표현하는 과정에서 우연히 'the Big Dipper'가 되어서 그렇게 널리 불린다. 영국에서는 'the Great Bear'라고 종종 불리는데 정확치 않은 용어이다. 그런 의미에서 덜 일반적인 표현인 'the Plough'(쟁기)가 더욱 정확한데, 이것은 별자리 전체 속에서 그 7개의 별만을 구별해 언급하기 때문이다.

2) 이 정보에 대하여 우리는 일본 교토대학 인문과학연구소의 후지에다 아키라 교수에게 감사한다. 후지에다 교수는 우리 저자 중 한 사람(JSM)을 1975년에 그 유적지의 고고학 발굴 여행에 안내하여 주었다.

3) N. Sivin, *Cosmos and Computation in Early Chinese Mathematical Astronomy* (Leiden: E. J. Brill, 1969).

4) Needham, SCC III: 178-182.

5) 우리가 여기서 이 'Canopy Heaven'이라는 용어를 쓰는 것은 Needham, SCC III에서 개천(蓋天)을 'Heavenly Cover'라고 번역하여 사용한 것에 따른 것이다. 이 개념은 하늘이 평평한 대지를 덮고 있는데, 고대 중국의 청동이나 도자 그릇의 둥근 지붕 모양의 뚜껑[蓋]의 형태나 혹은 중국 수레의 둥근 모양의 양산 덮개[역시 蓋]의 형태를 하고 있다는 것이다. 이 용어는 혼천(渾天), 즉 '둘러싸는 하늘(Enveloping Heaven)'과 유사하다.

6) 이 개념들의 편리한 설명을 얻기 위해서는 다음을 참조하시오. Shigeru Nakayama, *A History of Japanese Astronomy: Chinese Background and Western Impact* (Cambridge, Mass: Harvard University Press, 1969), pp.24-43.

7) Needham, SCC III: 216-217; but see also Nakayama, p.39; and Christopher Cullen, 'Joseph Needham on Chinese Astronomy', *Past and Present*, 1980, 87: 39-53, p.42.

8) Needham, SCC III: 231.

9) Cullen, p.45.

10) Léopold de Saussure, *Les origines de l'astronomiie chinoise* (Paris, 1930), passim.

11) 오행(Five Phases 혹은 'five elements')의 상호연관성에 대해서는 Needham, SCC III: 262-263의 표를 참조하시오. See also John S. Major, 'Myth, Cosmology, and the Origin of Chinese Science', *Journal of Chinese Philosophy*, 1974, 5: 1-20, pp.11-15.

12) 'Chinese Zodiac'이라는 말은 잘못된 인식의 결과이다. See J. H. Combridge, 'Chinese Sexagenary Calendar-Cycles', *Antiquarian Horology*, Sept. 1966, 5.4: 134; and also 'Hour Systems in China and Japan', *Bulletin of the National Association of Watch and Clock Collectors, Inc.*, Aug. 1976, 18.4:336-338.

13) 현존하는 가장 이른 28수 모두의 목록은 대략 기원전 433년의 것으로 칠기 상자 뚜껑에 쓰여 있던 것이다. 최근 중국의 허페이(Hupei) 성(省)에서 발견되었으며 현재 우한(Wuhan)의 허페이(Hupei) 지방 박물관에 있다. See Wang Chien-min 王建民 *et al.*, 'Tseng-Hou-i mu ch'u-t'u ti erh-shih-pa hsiu ch'ing-lung pai-hu t'u-hsiang' 曾候乙墓之出土的二十八宿青龍白虎圖象 (On a picture of the twenty-eight Lunar Lodges, the Blue-Green Dragon, and the White Tiger, excavated from the tomb of the Marquis Yi of Tseng), *Wen-Wu* 文物, 1979.7:40-5. See also Needham, SCC III: 231-59. Some of the extensive literature in Chinese on the origins of the Hsiu is cited in Xi ZeZong, 'Chinese Studies in the History of Astronomy, 1949-1979', *Isis*, Sept. 1981, 72: 456-70, p.463.

14) 서양의 도(度)와 중국의 조금 더 작은 천도(celestial degree)를 구별하기 위해서 이 책에서는 시종일관 서양의 도(度)는 전통적인 방법인 어깨글자 °로, 그리고 중국의 도(度)는 어깨글자 ^{d}로 표기하겠다. 그래서 'degrees'와 '도(度)'를 병용한다. 여기서 예를 들어 보면, 원은 360°와 365$\frac{1}{4}^{d}$로 구성되어 있다.

15) Nakayama, p.67.

16) *Ibid.*, pp.150-151.

17) *Ibid.*, p.67.

18) Jeon, STK, pp.87-91; Needham, Wang, and Price, HC, pp.199-205.

19) 관련된 실제적 시간 간격에 대한 애매함을 피하기 위해서, 우리는 이 책에서 'quarter-hour'와 'minute'의 번역을 현대적 의미가 알맞은 경우에만 한정한다. 각(刻)과 분(分)의 옛날 의미가 연관이 되었을 때는, 'interval'과 'fraction'으로 번역하면서 구체적인 시간적 기간의 중국말을 추가로 쓴다. 각(刻)이란 말은 글자 뜻대로는 '새김눈 notch'이나 혹은 '표시 mark'를 의미한다 우리가 사용

하는 'interval'은 엄밀히 말하면 번역이 아니고, 오히려 이 말이 시간의 정확한 간격을 나타냈음을 강조하려는 의도가 들어 있는 바꾸어 쓰기(paraphrase)이다.

20) Needham, Wang, and Price, HC, pp.37–39; John H. Combridge, 'The Astronomical Clocktowers of Chang-Ssu-hsun and his Successors, A.D. 976 to 1126', *Antiquarian Horology*, June 1975, 9.3:288-301, p.293; Jeon, STK, pp.88–93; Needham, SCC IV.2: 517–518.

21) Donald Harper, 'The Han Cosmic Board(*shih* 式)', *Early China*, 1978–1979, 4: 1–10. See also Christopher Cullen, 'Some Further Points on the Shih', and Donald J. Harper, 'The Han Cosmic Board: A Response to Christopher Cullen', *Early China*, 1980–1981, 6: 31–46, 47–56.

22) Needham, SCC III: 342–354 이하 참조.

23) *Ibid.* 359–366.

24) Needham, Wang, and Price, HC, *passim*; John H. Combridge, 'The Celestial Balance', *Horological Journal*, Feb. 1962, 104.2: 82–86; Needham, SCC IV.2: Fig.658; Combridge, 'Astronomical Clocktowers'; Combridge, 'Clocktower Millenary Reflections', *Antiquarian Horology*, Winter 1979, 11.6: 604–608.

25) Needham, Wang, and Price, HC, p.57, n.2, para, 4; p.94.

26) Donald R. Hill, ed. and tr., *On the Construction Water-Clocks* (London: turner and Devereux, Occasional Paper no.4, 1976); Hill, *Arabic Water-Clocks* (Aleppo, Syria: University of Aleppo Institute for the History of Arabic Science, 1981); Needham, Wang, and Price, HC, pp.88, 97, 121ff, 140, 163, 186–187, and Fig.34.

이 연구를 시작했을 때, 우리는 조선왕조 시기의 기계시계 중에서 적어도 그 일부는 송대의 장사훈 등의 (위의 각주 24번을 보시오) 계시수차 시계탑에서 직접적으로 유래했을 것이라고 기대했다. 그러나 우리는 구동 기계장치에 관한 한 그렇지 않다는 것을 발견하고는 놀랐다. 의심할 바 없이 송의 의기는 송대 이후의 중국에서와 마찬가지로 한국에서 기계장치를 갖춘 시계에 대한 아이디어를 자극했다. 그러나 제2장에서 보겠지만, 한국의 의기는 우선적으로 중국과 아랍의 물시계 전통에 속한다. 다만 조선 시대의 시계의 설계를 보면 송 시계탑의 시간을 알리는 인형 장치가 반영되어 있다.

27) Nakayama, pp.123–150.

28) Needham, SCC III: 367–372; Alexander Wylie, 'The Mongol Astronomical Instruments in Peking', in his *Chinese Researches* (Shanghai, 1897; repr. Taipei, 1966),

part III: 'Scientific' (separately paginated), 1–27.

29) See n.26 above.

30) 달리 표시하지 않는 한, 이 부분(section)은 다음에 의거하고 있음을 알린다. Hatada Takashi, *A History of Korea*, tr. W. W. Smith, Jr, and B. H. Hazard (Santa Barbara: University of California (Santa Barbara) Press, 1969), pp.51–66; and from Wiliam E. Henthorn, *A History of Korea* (New York: Free Press, 1971), pp.117–123, 128–155.

31) Jeon, STK, pp.78–79.

32) 고려 왕은 사실상 1370년에 대통력을 받아들였다. 그러나 대부분의 다른 일에서는 계속해서 원에 친화적이었다. 레드야드(G. Ledyard) 박사는 (사적 의사소통을 통해서) 우리에게 이것은 복잡한 정치적인 주제로서, 1368년부터 1390년 명이 만주에서 몽골을 멸망시킬 때까지 계속되었다고 지적하여 주었다. 1370년 이후 고려 조정에는 친원과 친명의 두 당파가 있었다. See also Jeon, STK, p.79; and Hatada, pp.59–60.

33) Hatada, p.63.

34) Jeon, STK, p.56.

35) Rufus, 'Astronomy in Korea', p.29.

36) Jeon, STK, pp.175–177.

37) Rufus, p.29.

38) Choi Hyon Pae, for the King Sejong [sic] Memorial Society, King Sejong the Great (Seoul, 1970).

제2장

1) Henthorn, *A History of Korea*, pp.140–141; Sohn Pwo-key, Kim Chol-choon, and Hong Yi-sup, The History of Korea (Seoul: Korean National Commission for UNESCO, 1970), p.132.

2) Jeon, STK, pp.177–181.

3) 원래 정음(正音, correct sounds)으로 알려진 한글은 인류가 만들어 낸 가장 쉽고 또 가장 합리적인 표음문자이다. 어떤 학자들은 한글의 창제를 세종대왕 치적에서 단 하나의 가장 위대한 성취로 본다. 그것은 한국의 제 나라 말 문학의 탄생을 가능케 했다. 그러나 고전 한문은 조선왕조 내내 학문과 공공 업무의

언어로서 권위와 공적 지위를 보유하고 있었다. See [Lee Sangbaek], 'The Origin of Korean Alphabet "Hangul"', (Part I of) Ministry of Culture and Information, Republic of Korea, A History of Korean Alphabet and Moveable Types (Seoul, n.d.), pp.7-15.

4) Jeon, STK, pp.189-193, 212-213.

5) 『增補文獻備考』 권I: 5b; Jeon, STK, pp.79-80. 그러나 조선이 중국에 사대하는 제후국의 위치에 있었는데 어떻게 세종이 '합법적으로(legally)' 그렇게 할 수 있었는지는 분명하지 않다. 또한 어떤 '개정(corrections)'이 이루어졌는지도 분명하지 않다.

6) Jeon, STK, p.105.

7) See n.11 below.

8) 이 문장은 표현이 좀 잘못되어 있다고 하겠는데, 왜냐하면 혼상과 혼의가 이 자격루 속에 포함되어 있지는 않기 때문이다. 다만 이 문장은 혼의와 혼상이 하늘의 움직임을 모양으로 나타내는 데 따르고 있음을 의미할 뿐이다. 우리가 뒤에서 보겠지만(Nos.9 and 10, pp.126-129), 물시계의 방법으로 기계적으로 회전하는 혼의와 혼상이 왕립 천문기상대의 재장비 일환으로 만들어졌다.

9) 교착(交錯). 이 어법은 중국의 물시계의 기계 작용을 서술할 때 종종 나타나는데, 여기서는 하늘 자체의 움직임을 표현하고 있다.

10) 『서경(書經, The Book of Documents)』, '요전'(堯典, The Canon of Yao). Tr. Bernahard Karlgren, 'The Book of Documents', Bulletin of the Museum of Far Eastern Antiquities, 1950, 22: 1-81, p.3; also James Legge, The Chinese Classics (Hong Kong and London, 1865), vol. III. part 1, section 'The Shoo King', pp.15-27, esp. pp.18-22.
중국의 신화에서 희와 화는 원래 한 인물이었다. 어떤 전설에서는 희화가 태양신의 여성 전사(charioteer)였다. see David Hawkes, Ch'u Tz'u: Songs of the South (London: Oxford University Press, 1959), pp.38-49. 다른 전설에서는 희화가 태양의 어머니이거나 혹은 열[10] 태양의 어머니였다. see Sarah Allen, 'Sons of Suns: Myth and Totemism in Early China', Bulletin of the School of Oriental and African Studies, 1981, 44.2:290-326, pp.298-300. 신화 속의 신들이 오랜 옛날의 '성황(聖皇)'으로 간주되기 시작하는 주(周) 시대에는, 희와 화가 요 '황제'의 천문 분야를 책임지는 두 궁정 관료로 생각되었다. See Xi Zezong, 'Chinese Studies in the History of Astronomy, 1949-1979', p.469.

11) 『서경』, '순전(舜典, The Canon of Shun)'. Tr. Karlgren, 'Book of Documents', p.5 (Karlgren은 '순전'을 '요전'의 계속으로 보기 때문에 별도로 '순전'이란 제목이 없다); Legge, *Chinese Classics,* III. 1, 'Shoo King', pp.29–51, esp. p.33.

중국 및 동아시아의 천문의기에 관한 논문의 저자들은 전설의 성황인 요와 순으로 거슬러 올라가 자신들의 노력의 계통을 추적하는 것을 끝없이 좋아했다. 뒤의 제5장 pp.244–246에 번역되어 있는 1395년의 태조의 석각천문도의 명문은 이것의 훌륭한 예이다.

유감스럽게도 순임금의 선기(璇璣)와 옥형(玉衡)이라는 '의기'를 확실성을 가지고 동정(identify)하는 것은 불가능하다. 그것들을 가지고 무엇을 했을 것이라고 말하는 것도 또한 불가능하다. 미셸(H. Michel)의 그럴듯해 보이는 종합적인 이론(이에 대해서는 Needham, SCC III: 332–339를 보시오.)은 적어도 한대(漢代)와 연관시켜서 볼 때에 현재에 와서 틀린 것으로 밝혀졌다. 그의 이론에 따르면, 선기는 하늘의 북극을 확정하기 위하여 '야간 시간 측정기(nocturnal)'나 혹은 '극지 주변 별의 보기판(template)'으로 사용된 새김눈이 있는 옥으로 된 원반이라는 것이다. 컬런(C. Cullen)과 패러(A. S. L. Farrer)는 논문 'On the Term *Hsüan Chi* and the Flanged Trilobate Jade Discs', *Bulletin of the School of Oriental and African Studies,* 1983, 46: 52–76에서 이 결론을 지지하는 자세한 증거를 제시한다. see also Cullen, 'Joseph Needham on Chinese Astronomy', p.46. 고(故) 프라이스 박사는 또한 이 옥 원반들에 대해서 논문을 쓰고 있었는데, 그가 우리에게 (사적인 통신을 통해서) 알려 준 바에 따르면, 현재 존재하고 있는 24~25개의 옥 원반 중에서 반 정도는 가짜이고, 나머지 반 정도가 정말로 '야간 시간 측정기'나 혹은 '극지 주변 별의 보기판'으로 사용되었을 것이라 한다. 그러나 그는 미셸의 생각과는 달리, 옥 원반이 미셸이 옥형이라고 동정했던 옥통(玉筒, jade tubes)과 함께 사용되었다고는 보지 않는다. 북극을 확정한다는 기능을 바탕으로 보면, 아무래도 현존하는 옥 원반들은 가짜를 빼고서는 상(商)과 주(周) 시대가 아니라 오히려 대략 300~400년 시기에서 유래했을 것이다. 때문에 하나의 편리한 북극성이 없는 상태에서 하늘의 북극을 고정시키기 위해서 보기판 원반들이 사용되었을 가능성이 있다는 생각은 간단히 전면 부정될 수 없는 것이다. 그럼에도 불구하고 프라이스가 믿을 수 있는 고대의 것이라고 생각한 현존하는 원반들은 『서경』에 나오는 선기와 옥형에 대해서 우리에게 아무 정보도 주지 못한다. 『서경』은 선기와 옥형으로 추정되는 시기보다 거의 1000년이나 일찍이 이들에 대해서 쓰고 있다.

그래서 우리는 주 중기의 중국인에게 선기와 옥형이라는 용어가 무엇을 의미했는지에 대해서 알 수 없다. 몇몇 중국인 논평자(see Legge, *Chinese Classics*, III. 1, 'Shoo King', p.33)들에 따른 1가지 가능성은, 선기나 옥형이 지상의 물건이 아니라 천계의 물건에 대한 신화적 이름이라는 것이다. 컬런은 자신의 논문('Some Further points on the Shih', p.39)에서, 선기[이 말과 발음이 같은 몇 개의 말 중의 하나는 '회전 장치(rotating device)'로 해석될 수 있다]는 북극성을 말할 수도 있고 또한 옥형(the 'jade cross-piece')은 북두칠성을 말할 수도 있다고 주장한다. 이것은 대략 기원전 5세기경에는 선기옥형이라는 용어가 식(式; '주술사의 판' 혹은 '우주 판')과 같은 어떤 천문관측의기의 이름일 수도 있다는 또 다른 가능성을 제기한다. 그 천문의기에서는 북극 축을 선회축으로 하는 둥근 '하늘 판(heaven plate)'이 회전해서 그 판 위에 새겨진 북두칠성의 일곱 별이 '대지 판(earth plate)'인 정사각형의 판 위에 이름이 새겨진 28수(宿)를 연속적으로 가리키도록 한다는 것이다.

분명 이 복잡한 문제는 앞으로도 많은 연구가 필요하다. 그러나 우리의 느낌에는, 현재의 증거에 비추어 볼 때 선기옥형은 아마도 『서경』의 '요전'과 '순전'이 저술된 당시에는 어떤 비(非)천문학적인 성격의 의식용 도구라기보다는 어떤 종류의 천문학적인 의기를 말하는 것 같다.

순은 칠정(七政)을 순서대로 놓기 위하여 선기와 옥형을 손에 집어 들었다고 전해진다. 칠정이란 말은 '일곱 조정자(seven regulators)'나 혹은 '일곱 정부(의 관심)[seven (concerns of) government]'을 의미하는 것으로 이해될 수 있는바, 또한 몇 가지 해석이 가능하다. 천문학적인 의미가 분명히 요구되는 문맥에서는 칠정이 북두칠성의 일곱 별이나 혹은 집합적으로 해와 달과 눈에 보이는 다섯 행성을 의미할 수 있다. 실제로 이 2가지 의미는 밀접하게 연관되어 있다. 만일 선기옥형이 식(cosmic board)과 같은 하나의 의기였다면, 북두칠성 (정 = regulators)의 일곱 별은 해와 달 및 눈에 보이는 다섯 행성(정 = '정부의 관심', 왜냐하면 고대 중국에서는 위치천문학과 길흉점성술이 서로 뗄 수 없이 연관되어 있었기 때문이다)의 28수 사이에서의 위치를 추적하거나 혹은 계산하기 위해서 사용되었을 것이다. 후의 혼의의 발명은 식('cosmic board')을 쓸모없게 만들었고 그리고 같은 이유로 하늘의 '방향 지시자'로서의 북두칠성의 역할의 중요성을 크게 감소시켰다. 따라서 후의 중국 천문학의 교재에서는 '해와 달 및 5개의 눈에 보이는 행성'으로서의 칠정의 의미가 점점 우세해졌다.

만일에 혼의(armillary sphere)가 식(式)을 대신했다면, 또 하나의 이름인 선기옥형이 하나의 의기에서 다른 의기로 옮아가는 것이 자연스러웠을 것이다. 그리고 이제 그것이 정확히 일어났다고 보인다. 어쨌든 간에 선기와 옥형이 대략 기원전 5세기에 무엇을 의미했든, 기원전 1세기에는 이 둘이 합쳐져서 혼의를 표현하는 표준 용어로서 확고히 자리를 잡았을 것이다(Needham, Wang, and Price, HC, pp.17-18, 61, 122). 송 시대부터 시작해서 선기옥형이란 용어는 종종 자동적으로 회전하는 혼의의 의미로 사용되었다. 제5장에서 보겠지만 이 선기옥형이라 용어는 같은 의미로 조선 중기에 천문의기 제작에 대한 설명에서 빈번하게 나타난다.

12) Rufus, 'Astronomy in Korea', p.29.

13) *Ibid.*, Rufus는 이것을 Kyung-chum-kui [즉, 경점기(更點器)]라고 불렀다. See also Jeon, STK, pp.52, 56.

14) 아마도 1398년의 태조의 물시계이거나(see Ch.1, p.41), 혹은 1424년의 세종대왕의 '경점' 물시계 (see p.52, and also Jeon, STK, p.56).

15) 중국의 '척(尺, foot: 한국의 척과 같음)'은 10'촌(寸, inches)'으로 나뉘고, 촌은 다시 10분(分)으로 나뉜다. 천문의기 제작을 위한 표준 자로서의 '척'에 대해서는 see no.17, p.150.
   여기서 그리고 다른 곳에서 한국의 의기들의 크기가 척과 촌 양쪽으로 주어지는 경우에는, 그 숫자를 10진법의 형태로 번역한다. 그래서 '2척 5촌'은 '2.5feet'로 번역한다. 그러나 크기가 촌으로만 주어졌을 때는 'inch'라는 번역을 그대로 유지한다. 독자께서는 중국의 '촌'은 중국 '척'의 10분의 1이지 12분의 1이 아니라는 것을 명심하기를 부탁드린다.

16) 시보(時報)의 목적을 위해서 100각이 12시로 맞아 들어가는 복잡한 체제에 대해서는 see Ch.1, pp.34-35 above, pp.97-99 below, and also Jeon, STK, p.87.

17) 보통의 유입부상식(流入浮上式, inflow-float) 물시계에서는, 경점(과 이에 상응하는 그날의 나머지 시)을 위한 복수의 살대가 필요했는데, 왜냐하면 경은 이름 그대로 황혼부터 여명까지의 사이를 균등하게 나눈 것이기 때문이다. 따라서 한 경의 길이는 1년 내내 변했다. 열두 경(과 열두 낮 시)의 살대들은 첫 번째 반년의 열두 기(氣)를 위해 쓰일 것이다. 그리고 다시 반대 순서로 두 번째 반년을 위해 쓰일 것이다. 또 하나의 시스템은 동지와 하지에 새로이 독특한 살대들을 써서, 합계 13개의 밤(과 13의 낮) 살대가 필요했다. 전(Jeon)은 (STK, p.91에서) 이 시스템의 18세기 노작(elaboration)을 하나 서술하고 있는데, 여기서는 각 기(氣)가 3분되어서 합계 37개의 밤(과 37개의 낮)의 살대가 필요

했다. 세종의 자격루는 살대가 각각 밤과 낮을 위해서 하나씩 단 2개가 필요했는데, 왜냐하면 계절에 따른 조정이 경점을 알리는 구슬 선반(ball-rack)을 바꾸는 방식으로 이루어졌기 때문이다. 이에 대해서는 뒤에 이어지는 절에 서술되어 있다. 그러나 12개의 밤-살대로 되는 완전한 한 벌이 눈으로 보는 시간 읽기를 가능케 하기 위해서 준비되었을 것이다(see p.73 below).

18) 이 중요한 말은 왕립 천문대가 1430년대에 시작한 천문대의 재장비 이전에 이미 곽수경 간의의 복제품을 소유하고 있었을 것이라는 우리의 생각을 확인해 주는 데 이바지한다. See below, pp.114-117.

19) 옛 물시계는 물시계 관리자가 감독하고 있었는데, 관리자는 시와 경점을 종, 북 및 징의 복잡한 시스템을 가지고 알려야 했다. See Jeon, STK, p.56.

20) 김빈의 명문에 따르면, 장영실은 이전에는 동래(東萊)의 관노(官奴)였다. "그는 대단히 창의력 있는 자질을 갖추고 있어서 궁정의 기계공학의 일을 항상 도맡아 했다."

21) 전(Jeon)은 자격루와 그 후계 물시계들에 대한 간략한 설명에서(STK, pp.58, 59), 수수호(受水壺)라는 한자어를 번역하는 데 'water-receiving scoops'라는 표현을 썼다. 우리는 그가 이 표현을 쓰는 근거를 Needham, Wang, and Price, HC, pp.31 and 217, no.44, and Needham, SCC, IV. 2, Fig.458, no.(3)이라고 본다. 거기서 이 표현은 송의 천문 시계탑의 계시수차 위에 있는 물통에 쓰여 있던 것이다(see Chapter 1, n.24). 한국의 원문들에서는 수수호라는 용어가 물시계의 물이 흘러 들어가는 그릇을 표현하는 데 쓰였다. 그래서 우리는 수수호를 말 그대로 'water-receiving vessels'라고 번역했다.

22) 언급된 4개의 시령 중에서 오직 3개에 대해서만 그 기능이 설명되었다. 우리는 네 번째 시령은 뒤에 서술된 회전목마(와 같은 수평 바퀴)의 시보 인형 장치를 움직이기 위한 12개의 더 큰 구슬을 담고 있었다고 본다.

23) 여기서 우리는 주(柱)를 그대로 'pillar'라고 번역했다. 그러나 그것은 영(楹)이라는 말과는 확실히 구분되어야 하겠다. 영은 건조물의 틀을 형성하는 구조적 기둥이고, 주는 (때로는 수직이고 혹은 필요에 따라서 경사지는) '슈트(shute)'나 그 비슷한 것을 의미하는 것으로 이해되어야 할 것이다.

24) 달걀만 한 크기의 구슬 중 하나가 계속 굴러가서 '수평 바퀴의 시보 인형 장치'(carousel jackwork)를 작동시킨다는 이 문장은 겉으로 나타나는 의미가 다음에 오는 절과 모순된다. 그 절의 대부분은 지금 이 각주에서 언급되고 있는 문장에 앞서서 논리적으로 읽혀져야 한다고 우리는 믿는다.

25) '앞에 있는 구슬'(front ball)이란 네 번째 시렁(shelf) 위에 담겨 있는 12개 한 벌의 구슬 중의 하나라고 생각된다. see nn.22 and 24 above.

26) 이 절의 (가정된) 소제목의 함의와는 상반되게 회전 방법은 현존하는 원문에서는 서술되어 있지 않다. 우리는 작동하고 있는 지레가 뒤로 떨어지는 동안에 회전목마(와 같은 수평의) 바퀴를 회전시키는 보조적인 장치가 있었을 것이라고 본다. see p.75 below.

27) Needham, SCC IV. 2: 517–518, 수정되었음.

28) See n.17 above.

29) 다섯 경(更)에 대한 명칭에 대한 출처로서는 『수서(隋書)』 권 19: 26b, 『송서(宋書)』 권 76: 4ab, 및 『옥해(玉海)』 권 11: 10b가 있다. 각 경의 다섯 구분을 동정하기 위하여 사용된 시각적 명칭에 대한 직접적 증거를 우리는 찾지 못했다. 한때 우리는 그 시각적 명칭들은 서술 원문에 사용된 계량수(ordinal numbers)에 직접적으로 상응하는 1부터 5까지의 기수(基數)라고 생각했다. 그러나 송의 역법에서는(see p.99 and n.88 below) 시 안의 각은 '초(初), 1, 2, 3, 4, 5, 6, 7'이라는 글자로 명명되고 있다. 이 연속 속에서 처음의 각은 초로, 두 번째부터 여덟 번째 각들은 1부터 7까지의 기수로서 명명되고 있다. 비록 처음 볼 때는 헷갈리지만, 이 사용법은 사실상 현대 서구의 디지털시계 사용법과 정확히 상응한다. 디지털시계에서는 기수 1, 2, 3, 등이 자정 후의 보통 두 번째, 세 번째, 네 번째 등을 가리킨다. 우리는 경의 구분을 나타내는 시각적 표시는 같은 시스템(즉, 초, 1, 2, 3, 4)을 따랐을 것도 가능하다고 본다.

30) Needham, Wang, and Price, HC, p.140; Needham, SCC IV. 2: 507–508. 그러나 우리는 이제 이 의기가 유체역학적인 연동(連動) 기계장치를 가진 계시수차에 의하여 작동되었다고는 생각하지 않는다. HC와 SCC IV. 2 (인용문 중에) 에 들어 있는 『원사』 권 43: 13b ff의 번역문은 그런 의미를 지닌다. 순제의 궁정 '시계'는 확실히 물시계의 한 종류였다. 세종의 자격루와 마찬가지로 그것은 장치들을 작동시키기 위해 살대와 구슬이 떨어지는 힘을 사용했다고 우리는 추측한다. 또한 SCC IV. 2: 519에서 제시된 바와는 반대로, 한국의 자격루와 옥루(Jade Clepsydra; no.11, pp.76–80 below)는 '수차 연동 기계장치(waterwheel linkwork mechanism)'를 쓰지 않은 것이 분명하다.

31) 순황제의 두 번째 부인 겸 황후는 고려인으로서, 권세 있는 고려 귀족의 딸인 기(奇) 부인이었다. 황후는 정치적으로 매우 활동적이었으며, 많은 고려인과 밀접한 접촉을 가졌다(Dr Gari Ledyard, private comm.; see also Henthorn, *A*

History of Korea, p.128).

32) 『원사』권 5: 2a; Needham, Wang, and Price, HC, p.135, n.6.

33) 『원사』권 48: 7ab; Needham, Wang, and Price, HC, p.135-136.

34) Donald R. Hill, On the Construction of Water-Clocks, pp.11-13, 19-20.

35) Donald R. Hill, *Arabic Water-Clocks*, pp.101, 111-119, esp. 116-118.

36) Needham, Wang, and Price, HC, p.135, n.6.

　안드레 슬리스위크(Andre Sleeswyk)는 (사적 통신에서) 우리에게 다음과 같이 말해 주었다. 중국과 한국의 물시계 장치를 서술하는 데 널리 쓰이는 '강궁(强弓)의 탄환만큼 큰 구슬'이라는 표현은, "알자자리의 서술에 나오는 기계장치 속의 그러한 구슬을 표현하는 'bunḍuqa'라는 단어를 연상시킨다……. 일반적으로 이 말은 강궁의 탄환을 가리켰다. 그것은 'buḍuq', 즉 개암에서 유래했다."

37) Needham, SCC III: 372-4ff; 수학적 정보의 전파에 대해서는, see SCC III: 49-50.

38) Needham, Wang, and Price, HC, pp.87-91; Needham, SCC IV. 2: 534-6ff.

　안드레 슬리스위크는 (사적 통신에서) 우리에게 이 시점에서 장형의 132년의 간이 지진계를 언급하는 것도 적절할 것이라고 일깨워 주었다. 그것은 지진이 일어난 것을 알리기 위한 것으로 구슬이 떨어져서 종을 울리게 되어 있다. 이같이 사건 표시(event-marking)를 위해서 구슬 낙하 장치를 사용하는 것은 이슬람 세계에서 받은 영향이라고 추측되는 것과는 전혀 독립적으로 아주 오래전부터 중국에 알려져 있었다. 그리고 슬리스위크가 지적하는 바와 같이, 시간 표시(time-marking)는 다만 사건 표시의 특별한 사례 중 하나일 뿐이다.

　그렇다면 사건 표시를 위한 구슬 낙하 장치가 각각 독립적으로 장형에 의해서 그리고 '아키메데스'의 물시계의 발명자에 의해서 두 번 발명되었다고 보는 것도 충분히 가능하다. (그러나 후자가 전자에게 어느 정도 영향을 끼쳤을 가능성은 숙고해 볼 가치가 있다.) 그런 의미에서 여기서 서술된 일들은 오랫동안 무관하게 떨어져 있던 두 전통이 합친 것으로 간주될 수도 있겠다. 그렇지만 알자자리가 중국과 조선의 종 치는 물시계에 대해 직접적인 영감을 제공했다고 보는 것이 가장 타당할 것이다. 이들 물시계와 장형의 간이 지진계는 그 연관성이 아주 희미하다.

39) 이 추측은 Needham, SCC IV, 2: 516에서 언급하고 있다.

40) 성구환은 100각(刻, intervals)으로 나뉘었고 1각은 6분으로 나뉘었으니, 즉 합하여 600분이다. 한편 천도원(celestial-degree circle)은 1461개의 ¼도(quarter-degrees)로 나뉘었다.

41) See the schematic drawing(개략도) in Needham, SCC III: 371, Fig.166, letter 'j', and also our Figs.2.14 and 2.15. See also Jeon, STK, p.73.

42) Needham, SCC III: 371, Fig.166, letters 'k, k´'; see also A. Wylie, 'The Mongol Astronomical Instruments in Peking', in his *Chinese Researches*, part III, p.10.

43) Needham, Wang, and Price, HC, p.36; Combridge, 'The Astronomical Clocktowers of Chang Ssu-Hsun and his Successors', p.299.

44) H. Maspero, 'Les instruments astronomiques des chinois au temps des Han', *Mélanges Chinois et bouddhiques*, 1938–1939, 6: 183–370, p.310; authors' tr.

45) Combridge, 'The Celestial Balance', p.83.

46) Combridge, 'Clocktower Millenary Reflections', p.605.

47) 『송사』 권 70: 25a–26a, 76: 4b–7a. 전자의 분(fractions)은 1각의 1/150이고, 후자는 1/60이다. 비록 권 70에서는 이것이 분명하지 않지만, 양쪽 원전에서 각은 시의 중(middles)부터 세었다. 그리고 이 각들은 끊임없이 연속되므로 한 시에서 분명히 8⅓각까지 간다. 그러나 8각이나 그 이상의 기입은 실제로 표에는 나타나 있지 않은데, 춘추분 가까이에서 일출과 일몰의 급격한 변화가 있기 때문이다. 그러나 다음 시의 시작은 언급된 시의 중에서부터 4⅙에 온다. 그리고 각 세기(numbering; see n.29 above)가 이 새로운 초(beginning)를 넘어서 끊임없이 계속되었다는 사실은 아마도 2개의 시가 "거의 반이 서로 겹쳐졌다."라는 표현을 설명해 줄지도 모른다(『송사』 권 76: 4a, tr. in Needham, Wang, and Price, HC, p.93, n.5).

48) Combridge, 'The Celestial Balance'.

49) Nakayama, *A History of Japanese Astronomy*, p.123.

50) Needham, SCC III: 338 and Figs.152–153; F. A. B. Ward, *Time Measurement*, Part 1, 'Historical Review'(1st edn, London, 1936), p.22 and Pl. V; H. O. Hill and E. W. Paget-Tomlinson, *Instruments of Navigation* (London: National Maritime Museum, 1958), pp.50–54 and Fig.9.

51) Needham, SCC III: 451–454; see also Ch.5, n.58(iii and vi–vii) below.

52) Jeon, STK, p.49.

53) Inv. no.(送狀번호) 1981–470.

54) Cat. no.(목록번호) 62–104.

55) Cat. no. D. 137.

56) Needham, SCC III: 370ff and Figs.164–166; Joseph Needham, 'Astronomy in

Ancient and Medieval Chian', *Philosophical Transactions of the Royal Society*, London, 1974, ser. A, 276: 67‑82, Figs.11‑13; Wylie, 'Mongol Astronomical Instruments', pp.7‑13. 와일리는『원사』권 48에 있는 간의에 대한 서술문을 완전히 번역해 놓았다. 곽수경의 혼의, 간의 및 이들 의기의 명대(明代) 복제품의 역사는 다음의 글에 자세히 설명되어 있다. P'an Nai 潘鼐, 'Nan-ching ti liang-t'ai ku-tai ts'et'ien i-ch'i ― Ming-chih hun-i ho chien-i' 南京的兩臺古代測天儀器 ― 明制渾儀和簡儀 [Two ancient astronomical observational instruments at Nanking ― the armillary sphere and Simplified Instrument made during the Ming period), *Wen-wu*, 1975.7: 84‑89.

I Shih-t'ung 伊世同 'Cheng-fang an k'ao', *Wen-wu* 1982.1: 76‑77, 82. 이 글은 정방안이 부분적으로 간의의 남극 밑에 수평으로 누워 있는 정사각형의 판으로 남아 있다는 사실을 알려 준다. 이 판은 전에는 19개 눈금이 새겨진 동심원들에 둘러싸인 수직의 표(gnomon)를 가지고 있어서,『원사』권 48, 7b‑8b에 서술된 대로 균등한 표 그림자 반경(equal gnomon-shadow radius)의 점들 사이에 그려진 직선들을 양분하는 방법에 의해서 바른 자오선을 결정하는(혹은 증명하는) 데 사용되었다. 17세기에 그것은 지평일구로서 사용되기 위하여 다시 눈금이 새겨졌으며, 극을 가리키는 표가 구비되었다. (1958년에 이 같은 형태의 표 하나가 본래의 장소에 있었다. ― JN.)

57) Needham, SCC III: 370‑372.

58) Jeon, STK, p.37.

59) Needham, SCC III: 452.

60) Yamada Keiji 山田慶兒, *Jujireki no michi* 『授時曆の道』 (The principles of the Shou-shih calendrical system) (Tokyo: Mizusu Shobo, 1980).

61) Jeon, STK, Figs.1.6‑7.

62) Needham, SCC III: Figs.190‑191 (following p.450). See also Ch.5 n.58(vi), (vii)..

63) Ibid. 371, Fig.166, letter 'n'.

64) Quoted from Needham, SCC III: 298‑299, 약간 수정했다.

65) Needham, SCC III: 296‑299 and Figs.115‑117; also Chang Chia-t'ai 張家泰, 'Teng-feng Kuan-hsing-t'ai ho Yuan-ch'u t'ien-wen kuan-ts'e ti ch'eng-dhiu' 登封觀星臺和元初天文觀測的成就 (On the observation tower at Teng-feng and the achievements of astronomical observation in the early Yuan period), *K'ao-ku* 考古, 1976.2: 95‑102, repr. in *Chung-kuo t'ien-wen hsüeh shih wen-chi* 中國天文學史文集

(Collected essays in the history of Chinese astronomy) (Peking, 1978), pp.229–241.

66) Needham, SCC III: 299.

67) *Ibid.*, 286; Nakayama, *History of Japanese Astronomy*, pp.25–29.

68) Cf. Jeon, STK, p.38.

69) 이 숫자에 나타난 정확성은 어쩌면 틀렸을지 모른다. 예로서 그 숫자는 혼상의 지름이 3.4주척(周尺)이었다는 것과, 3.2가 그 둘레를 계산하는데 있어서 π의 대략적인 값으로 사용되었다는 것을 가리킬 수도 있다. 그러면 이것은 주어진 10.86보다는 오히려 10.88이라는 숫자를 낳을 것이다. 중국의 일상의 수학에서는 3.2가 종종 π의 대략적인 값으로 사용되었는데, 그러나 π 값의 아주 정확한 계산값은 기원전 5세기까지 올라가는 아주 오래전에 나와 있었다. (see Needham, SCC III: 99–102). 위의 대안으로서, 만일 혼상의 직경이 3.4척이었고 π의 값이 3.1416으로 취해졌다면, 계산된 둘레는 대략 10.681척일 것이다. 그러면 10.86은 10.68의 오식일 수도 있다. 또 한편으로, 원둘레는 tu(중국의 度)에 대하여 명목상의 0.3 tsun(寸)을 지정함으로써 계산되었을 수도 있다. 그 경우, 10.86이라는 숫자는 10.96(즉, 365.25 x 0.03)의 오식일 수 있다. 그 숫자 10.86은 경험적 측정에서 오는 잘못된 '정확성(precision)'에 의해 인용되었다는 것도 가능한 일이다.

70) Jeon, STK, p.66.

71) Needham, SCC III: Figs.156, 163.

72) Rufus, 'Astronomy in Korea', Fig.32, top right.

73) Needham, Wang, and Price, HC, pp.68–70.

74) 「유풍」은 기원전 700년경 혹은 그 이전에 쓰여진 『시경(詩經)』의 한 항이다. 여기서 언급된 것은 특히 '일곱 번째 달'이라는 詩, Mao ode no.154이다; see Bernhard Karlgreen, *The Book of Odes* (stockholm: Museum of Far Eastern Antiquities, 1950), pp.97–99; also Arthur Waley, *The Book of Songs* (London: Allen and Unwin, 1937), pp.164–167 (this poem is no.159 in Waley's revised numbering system).

75) Tr. Jeon, STK, pp.60–61, modified.

76) 사신(四神), 즉 동의 청룡(Blue-Green Dragon), 남의 주작(Red Bird), 서의 백호 (White Tiger) 및 북의 현무 [Dark Warrior (paired turtle and snake)]는 적어도 중기 주(周) 시대부터 중국의 우주관에 있어서 기본방위를 상징했다. See John S. Mayor, 'New Light on the Dark Warrior', N., J. Girardot and J. S. Major, eds., *Myth and Symbol in Chinese Tradition* (Boulder, Colo.: Journal of Chinese Religions

Symposium, volume, 1985).

77) 『元史』, 5: 2a; Needham, Wang, and Price, HC, p.135, n.6.

78) See n.30 above.

79) 『荀子』, 권 28: 1a, tr. and discussed in Needham, SCC IV:1: 34-35.

80) 『壯子』, Chs.27, 33. Burton Watson, *Chuang-tzu: Complete Works* (New York: Columbia University Press, 1968), pp.303, 373. See also Needham, Vang, and Price, HC, pp.84-89, 94.

81) 이 옥루의 구성물들의 상징성에 대한 논의는, see Homer H. Dubs, 'Han Censers', in E. Glahn and S. Egerod, eds., *Studies Serica Bernhard Karlgren Dedicata* (Copenhagen: Munksgaard, 1959), pp.259-264; also Needham, SCC III: 580-581. See also the splendid example illustrated in Wen Fong, ed., *The Great Bronze Age of China* (New York: Metropolitan Museum of Art, 1980), Pl. 95 and Fig.115.

82) Needham, SCC III: 301.

83) See also Needham, SCC III: Fig.123a, and Jeon, STK, Fig.1. 11. 앙부일구에 관한 우리의 현재 연구는 SCC III: 302, n.b를 앞지르고 있는 바, 그것은 이 솥 모양 시계들이 그림자의 방향이 아닌 그림자의 길이에 의거한다고 잘못 말하고 있다.

84) Peter A. Boodberg, 'Chinese Zoographic Names as Chronograms', *Harvard Journal of Asiatic Studies*, 1940, 5: 128-136.

85) 우리는 '극 실표(polar thread-gnomon)'의 기원과 함의에 대하여 뒤에 오는 15번의 천평일구와 연관해서 논한다. see pp.144-147.

86) Jeon, STK, p.49.

87) 비(非)일정수준형의 물시계 파수호와 함께 사용되는 사이펀(siphon)이 불균등하며 또한 감소하는 수압의 효과를 부분적으로 상쇄할 수 있다는 주장은 종종 반복되어져 왔다(예로서 Jeon, STK, p.148과 좀 더 조심스럽게 주장된 예로는 D. R. Hill, *Arabic Water-Clocks*, p.5 참조). 이것이 만일 사실이라면 물그릇의 바닥에 위치한 간단한 유출관(outflow tube)의 사용과 비교하여 볼 적에 사이펀의 사용이 더욱 유리할 것이다.
케임브리지 대학 캐번디시(Cavendish) 연구소의 브라이언 피파드(Brian Pippard) 경이 우리를 위하여 행한 일련의 실험을 통해서 보면, 이 주장된 효과 자체가 나타나지 않았다. 유출 비율은 다양한 상황 아래서 사이펀이나 간단한 유출관이나 둘 다 (1% 이내로) 거의 같은 것으로 발견되었다. 사이펀은 만일 그것 자

체가 물그릇 안에 있는 부표 위에서 운반된다면 파수호 안에서의 불균등하고
감소하는 압력을 상쇄할 수 있다. 우리는 그러한 장치를 갖춘 동아시아의 어
떤 물시계에 대해서도 알지 못한다.

88) Needham, SCC III: Fig.138, top right, and Fig.144, right. Jeon, STK, p.64, favours
this interpretation, basing his description on SCC III: Fig.144.

89) Needham, SCC III: 317-318 and Fig.138 (also Needham, Wang, and Price, HC, 88-
94 and Fig.38), Type C and D. See also John H. Combridge, 'Chinese Steelyard
Clepsydras', *Antiquarian Horology*, Spring 1981, 12.5: 530-535 (이것은 그러나 휴대
용의 문제로 들어가지는 않고 작동 원리에만 관심을 가진다); Richard P. Lorch,
'Al-Khazini's balance-clock and the Chinese steelyard clepsydra', *Archives
Internationales d'Histoire des Sciences*, June 1981, 31: 183-189, 그 지식에 대해서 우
리가 빚지고 있는 것은 Anthony J. Turner, *The Time Museum Catalogue, Volume I,
Part 3: Water-clocks, Sand-glasses, Fire-clocks* (Rockford, Illinois, The Time Museum,
1984), p.20, n.119: and Andre W. Sleeswyk, 'The Celestial River: A Reconstruction',
Technology and Culture, 1978, 19.3: 423-449. 콤브리지와 로어히(Lorch)는 이 의기
에 대한 해설에 있어서 슬리스위크와 크게 다르다. 우리 중 한 사람(JSM)은 상
이한 접근법과 문제 전체의 재검토를 다루는 'The Chinese Steelyard Clepsydra
Reconsidered'라는 제목으로 출간될 비평논문을 준비 중이다.

90) Needham's Type A; SCC III: 31off and Fig.133.

91) Jeon, STK, p.49는 그것이 접힌다고 말하지만, 원문은 이 점에 대하여 구제척
이지 않다.

92) Needham, SCC III: 310.

93) *Ibid*. Fig.131. 두 바탕면을 가진 적도식 해시계의 '양 방향의 극을 가리키는 첨
필표'(both-directions pole-pointing stylus-gnomon)는 아마도 이 시기에는 중국 문
화권 전역에 잘 알려져 있었을 것이다. 이 기기의 1130년경의 발명을 자신의
아버지(혹은 조부), 증남중(曾南中)에게 돌리는 증민행(曾敏行)(1176)이 쓴 수필
일부의 번역과 논의에 대해서는 *ibid*. 308-309를 보시오.

94) *Shan-chü hsin-hua* 『山居新話』, 16b. 이 구절은 다음의 저작에서 번역되었다.
Herbert Franke in 'Beitraege z. Kulturgeschichte Chinas unter der Mongolenherrschaft',
Abhandlungen fur die Kunde des Morgenlandes, 1956, 32: 1-160, p.63. See also
Needham, SCC III: 311.

95) 전상운의 「李氏朝鮮의 時計製作 小考」, pp.57-59와 비교하시오.

96) Partly tr., and discussed, in Jeon, STK, pp.131–134.

97) *Ibid*. p.134.

98) I Shih-t'ung 伊世同, 'Liang-t'ien-ch'ih k'ao' 量天尺考 (On the 'foot' used in celestial measurements), *Wen-wu* 『文物』, 1978.2 10–17; summarised by Xi Zezong in 'Chinese Studies in the History of Astronomy, 1949–1979', p.467.

99) Jeon, STK, p.108.

100) Needham, SCC III: 471–472.

101) Chu K'o-chen 竺可楨, 'Lun ch'i-yü chin-t'u yü han-tsai' 論祈雨禁屠與旱災 (A discussion of praying for rain (by) prohibiting the slaughter of animals, in connection with drought-disasters), originally published in *Tung-fang tsa-chih* 『東方雜誌』 (The Eastern Miscellary), 1926, 23.13: 15–18; repr. in *Chu K'o-chen wen-chi* 『竺可楨文集』 (Collected works of Chu K'o-chen) (Peking: Science Press, 1979), pp.90–99; see pp.92–93.

102) Jeon, STK, pp.108–111.

제3장

1) See, for example, the article by Hsi Tse-tsung (Xi Zezong) and Po Shu-jen (Bo Shuren) cited in our Introduction, n.7.

2) Henthorn, *A History of Korea*, pp.178–179; 이 점도 또한 레드야드 박사에 의해(사적 통신) 우리에게 강조되었다.

3) Henthorn, *A History of Korea*, p.180.

4) Yoshi S. Kuno, *Japanese Expansion on the Asiatic Continent*, 2 vols. (Berkeley, 1937–1940), 1: 340–342.

5) Hatada, *A History of Korea*, pp.79–81.

6) Jeon, STK, p.83.

7) *Ibid*. pp.78–83.

8) *Ibid*. pp.59–60. 『增補文獻備考』, 권 3:1b의 논평. (이후 CMP라 함.)

9) Jeon, STK, pp.60, 68, 87–93.

10) *Ibid*. p.62.

11) CMP, 3: 1b. 우리의 이 견해는 옥루가 1614년에 다시 복원되었다고 진술하는 니덤의 글을 읽고서 바뀌었다; Needham, SCD IV.2: 521.

12) CMP, 3: 2a.

13) Jeon, STK, p.67.

14) *Ibid*. Hulbert, *History of Korea* (1: 334) and Rufus 'Astronomy in Korea' (p.33). 둘 다 혼천시계를 언급하는데 헐버트는 'Heaven Measure'로 루퍼스는 선기옥형으로 표현하면서, 1549~1550년에 만들어졌다고 한다. 이것은 세종의 혼의의 복제품을 언급하는 것임에 틀림없다. 선기옥형이라는 용어에 대하여는 see Ch.2, n.11; see also below, n.17.

15) 홍문관은 같은 이름의 당의 아카데미를 모델로 했으며, 조선에서는 세조(世祖, 1456~1468) 재위 기간에 설립되었다. 이름이 여러 가지로 바뀌면서, 그것은 조선 시대를 통하여 계속해서 기능을 행사했다. 홍문관은 몇 가지 중요한 백과사전적 역사서를 연구하고 편찬하고 출판하는 성과를 이룩했다. 홍문관 회원 자격은 왕의 임명이었다. 홍문관은 인문 분야와 과학 분야의 프로젝트에 대한 왕실의 장려 기구로서 봉사했다. 조선 시대의 후기에는 주로 검열 기관으로서 기능하게 되었다(레드야드 박사와의 사적 통신).

16) CMP, 3: 1a.

17) Jeon, STK, p.16; 이경창, 『주천도설(周天圖說, Illustrated explanation of the Revolving Heaven theory)』. 17세기 중엽에 선기옥형이라는 용어는 일반적으로 물시계 장치에 의하여 자동으로 회전하는 혼의를 의미했다. 여기서 물시계 장치는 인형 장치 및 다른 시보 장치를 포함할 수도 있다. 그 용어의 이런 의미는 이경창의 17세기 초의 의기의 경우에도 역시 적용된다.

18) CMP, 2: 33a.

19) CMP, 3: 1b, commentary.

20) CMP, 2: 33a; Jeon, STK, p.73; Rufus, 'Astronomy in Korea', pp.32‐33; Rufus and Lee, 'Marking Time in Korea', p.255. 루퍼스는 이 의기를 관천기(觀天器)라고 부른다. 이 용어는 아마도 아스트롤라베(astrolabe)에 대한 또 하나의 이름일 것이다. 1267년 현재, 새로 아랍 세계에서 수입된 아스트롤라베에 대한 중국 이름은 결정되지 않았다. See Needham, SCC III: 272‐274. 관천지기(觀天之器)라는 말은 1437년의 간의대에 관한 김돈의 기록에 나타난다(Chapter 2, pp.111‐113 above), 그러나 김돈은 분명히 그 말을 일반적으로 '관측용 의기'를 의미하기 위하여 사용했다. 그러니까 관천기와 관천지기라는 두 용어 사이에 겉으로 나타나는 유사성을 세종대왕의 의기들 중에 아스트롤라베가 포함되었다는 것을 의미하는 것으로 취할 필요는 없다.

21) Jeon, STK, p.73. 이 목륜은 STK의 일본어판에 도해로서 설명되고 있다. *Kankoku kagaku gijutsu shi* 韓國科學技術史 (Tokyo, 1978), Fig.1-33.

22) 3: 15a-16a.

23) 'Astronomy in Korea', Figs.31 and 32.

24) Needham, SCC III: 375-376.

25) Jeon, STK, p.46; see also Ch.2, Table 2.1, nos.2, 4, 12, 13, 15, and 16.

26) STK, p.49. STK의 일본어판(*Kankoku kagaku gijutsu shi*), Fig.1-22는 이 해시계의 후기 판(version)을 보여 준다. 유감스럽게도 이 도해는 매우 불분명해서 자세한 것을 거의 파악할 수 없다.

27) Cf. Needham, SCC III: 311-312 and Fig.137.

28) Jeon, STK, p.47.

29) 'Astronomy in Korea', p.32; CMP, 2: 33a.

30) Jeon, STK, pp.295-296. CMP, 2: 33a에 있는 보충 절은, 이것이 예수회 의기의 등장 이전에 발명된 망원경이라는 함의를 지니는데, 그러나 그것은 분명히 잘못된 사후의(post-facto) 해석이다.

31) Jeon, STK, p.77; see also Ch.5, pp.258-259 below.

32) *A History of Japanese Astronomy*, p.166; see also Needham, SCC III: 449-450.

33) Jeon, STK, pp.83-84. 조선인의 중국 주재 예수회와의 접촉에 관한 더 자세한 내용은 밑의 Ch.5, pp.267-272에 나타난다.

34) CMP, 3:1b-2a. See also Ch.2, no.11, and n.17 in this chapter above.

35) CMP, 3:1b-2a.

36) CMP, 3:2a; Jeon, STK, p.68.

37) 구지속무소차위(晷遲速無少差違). 이것은 잘 움직이는 모든 기계적 계시 장치에 대하여 사용되었던 정해진 문구였다. 이 문구는 해시계 제작에 있어서 한국의 전문적 기술을 상기시켜 주는 역할을 하며 또한 한국인이 정확한 계시의 표준으로 해시계에 의존했음을 알려 준다. 마찬가지로 중국에서 판에 박은 문구는 "부신(符信)의 두 쪽처럼 하늘의 현상과 딱 들어맞았다(與天皆合如符契也)."였다. see for example the *Sui shu* 『隋書』 reference to Chang Heng's armillary sphere, quoted in Needham, Wang, and Price, HC, p.101.

38) Jeon, STK, p.68을 보면 "많은 수의 복제품이 만들어졌다."라고 되어 있다. 그러나 이 정보에 대한 근거는 제시되어 있지 않다. 그것은 아마도 제루국(諸漏局)이라는 문구에서 추론되었을 것이다. 여기서 제루국은 '몇 개의(several) 물

시계 관서' 혹은 '몇 개의(several) 물시계를 보관하고 있는 관서'로 해석되었다. 그러나 이 원전에서는, '제(諸)'는 일관되게 '置之於', 즉 "그것을 …… 속에 놓았다."라는 말의 축약으로 사용되고 있다. 그래서 그 문구는 "그것은 [혹은 그것들은] 누국(들)에 설치되었다.'"를 의미하는 것으로 받아들여졌다. 다른 말로 하면, "최유지의 의기는 둘 혹은 그 이상의 복제품이 또한 있었을 것이다." 라는 의미로 받아들여졌다. 그러나 그러한 가정의 근거는 약하다. 만일에 최의 의기가 단 하나만의 원작으로 만들어졌다면, 1664년과 1669년의 사건에 관해 뒤따라 나오는 문장들 속에서 적절히 조정되었어야만 할 것이다.

39) CMP, 3: 2a; Jeon, STK, p.68.

40) CMP, 3: 2a; 이민철은 유능한 수력(水力)공학자였으며 동시에 혼의 제작자였다. 그는 1683년에 수차(水車)동력식 양수기(揚水機)를 발명했다. See Jeon, STK, p.158.

41) 『현종실록』, 권 17: 35ab. See also Jeon, STK, pp.69, 163. 이 문장의 표현 방식이 흥미롭다. 이민철과 송이영이 각각 '혼천의(armillary instrument)' 하나와 '자명종(self-sounding clock)' 하나를 제작했다고 말하고 있는 것이다. 뒤의 용어는 오직 추동식으로 땡땡 울리는(chiming) 시계에 적용되는 것으로 보인다; see Needham, Wang, and Price, HC, p.142.

42) Jeon, STK, pp.68–69 and Fig.1.17.

43) CMP, 3: 2a–3a.

44) CMP, 3: 3a; 『숙종실록』, 권 19: 13a; Jeon, STK, p.71.

45) 해, 달 및 눈에 보이는 5개의 행성을 의미하는 '7정'이란 용어에 대해서는, see Ch.2, n.11 above.

46) CMP, 3:3b, 6a. 안중태는 1733년과 1735년에 계시 관계의 일을 조사하기 위하여 중국으로 여행을 갔다(레드야드 박사와의 사적 소통).

47) Jeon, STK, pp.71–72.

48) Jeon, STK, p.162; Yamaguchi Ryūji 山口 隆二, *Nihon no Tokei* 『日本の時計』(The Clocks of Japan) (Tokyo, 1942), pp.17–18.

49) 金堉, 『潛谷筆談』(Miscellaneous writings of Chamgok [= 金堉], quoted in 洪以燮, 朝鮮科學史 (History of Korean science) (Seoul, 1946), p.160; see also Jeon, STK, p.163.

50) Nakayama, *History of Japanese Astronomy*, p.123; Yamaguchi Ryūji, *Nihon no tokei*, p.11ff; J. Drummond Robertson, 'The Clocks of Japan', in his *The Evolution of*

Clockwork (London, 1931; repr. Wakefield: S. R. Publishers, 1972), pp.189–287; see esp. pp.195–197.

51) Robertson, pp.217–219; also T. O. R(obinson), 'A Transitional Japanese Clock', *Antiquarian Horology*, 1966, 5: 97.

52) Robertson, pp.239–246.

53) *Ibid.*, p.244. 6개의 시의 각 연속에 있어서, 아홉 번 종 치는 신호는 자정, 즉 자시(子時)와 정오, 즉 오시(午時), 즉 12지(十二支, Earthly Branches)의 연속상에서 자(子)와 오(午)로 표시되는 시[의 (正)]의 순간을 포함한 시를 가리켰다.

54) See n.49 above.

55) Jeon, STK, p.166은 송이영이 그것을 했다고 말하지만, 우리는 그것이 있을 수 없는 일이라는 것을 안다.

56) Compare Robertson, 'Clocks of Japan', Fig.9.

57) CMP, 3: 3a; 『숙종실록』, 19: 13a; Jeon, STK, p.71.

58) Jeon, STK, pp.163–164.

59) *Ibid.* pp.41–42. 전상운은 이 생각의 근거를 『담헌서(湛軒書)』 외집(外集)에 두고 있다. 그러나 우리는 그가 언급하는 구체적인 구절이 어디 있는지 찾아낼 수 없었다. 위에서 제시된 몇 가지 이유로 현재 고려대학교 박물관에 있는 시계는 분명히 송이영과 이민철에게 돌릴 수 있다고 우리는 느끼지만, 그럼에도 불구하고 그것이 대략 1760년에 홍대용이 그의 개인 천문대를 위해 제작한 시계일 수 있다는 가설적 가능성을 제기하고 또 의논할 필요가 있다. 그러나 홍대용은 자신의 천문대를 세우기 전에 이미 북경을 방문하고 있었던바, 그래서 그의 혼천시계는 고려대학교 박물관의 의기처럼 초기의 일본풍의 기계장치를 사용했다기보다는 후기의 유럽풍의 추동식 시계에서 유래했을 가능성이 크다. 유럽풍의 추동식 시계는 18세기 중국에 널리 알려져 있었다. 홍대용은 유럽의 천문학과 천문의기에 대하여 관심이 컸다. 홍대용은 1766년에 북경에 다시 가서 예수회 천문학자 할러슈타인(von Hallerstein)과 고가이슬(Gogeisl)과 일련의 토론을 가졌다; see below, Ch, 5, n.51.

60) Jeon, STK, p.164; '李氏 朝鮮의 時計 製作 小考', pp.107–108.

61) Jeon, STK, p.164.

62) *Ibid.* Fig.1.12.

제4장

1) CMP, 3:2a.

2) 이 연구는 처음에 (T. O. Robinson), 'A Korean 17th Century Armillary Clock'에서 발표되었다.

3) 'Astronomy in Korea', Fig.26; Rufus and Lee, 'Marking Time in Korea', Fig.2; Needham, Wang, and Price, HC, Fig.59; Needham, SCC III, Fig.179.

4) Robert W. Symonds, A History of English Clocks (Harmondsworth and New York: Penguin, 1947), p.38.

5) Robertson, *The Evolution of Clockwork,* part 2, 'The Clocks of Japan', Fig.19.

6) See also Ch.3, pp.181~183 above.

7) 전상운은 (STK, pp.87, 163) 가장 영어로 번역하기 어려운, 12시에 대한 중국의 '12지'(十二支, Twelve Branches) 이름을 중국의 '동물 주기(animal cycle)'에 상응하는 동물의 영어 이름에 의거해서 번역한다. 12지 주기(doudenary Branch cycle) 및 그와 연관된 열두 동물 상징들은 12시를 가리키기 위하여 상호교환적으로 사용될 수 있다. 이는 우리가 세종대왕의 일반 대중을 위한 앙부일구(Ch.2, no.12, pp.136~139)의 경우에서, 그리고 또한 옥루의 경우에서 보았던 대로다. 어떤 때는 12지의 한자들은 마치 그것들이 상응하는 동물들의 이름인 것처럼 발음되기까지도 했다. 이 같은 사용법은 분명히 일본에서는 일반적이다(see Robertson, *The Evolution of Clockwork*, pp.198~208). 그러나 동물 상징을 '12시'(Twelve Double hours)를 나타내기 위하여 사용하는 것은 유감스럽게도 '중국의 수대(獸帶)(Chinese zodiac)'라는 서양이 만들어 낸 신화를 지지하는 것으로 때때로 비추어졌다. 이에 대해서는, see Combridge, 'Chinese Sexagenary Calendar-Cycles', p.134.

8) Rufus, 'Astronomy in Korea', p.39; Rufus and Lee, 'Marking Time in Korea', p.256.

9) Needham, Wang, and Price, HC, pp.146~147 and Fig.53; Needham, SCC IV.2, pp.513~515 and Fig.669. 이들 저서에서 제시된 Wang Cheng의 시계에 대한 설명은 우리가 더 받아들일 수 없다고 느끼는 사변적인 해석을 포함하고 있다. Wang Cheng의 시계는 우리가 여기서 제시하는 새로운 정보에 비추어서 자세히 다시 연구되어야 할 필요가 있다.

10) Robertson, *The Evolution of Clockwork*, pp.197, 200, 244; Jeon, STK, p.163; F. A. B. Ward, *Time Measurement*, Part I (1st edn, 1936), p.43. 각 시(double-hour)가 반시(half-double-hour)에 단 한 번의 타격으로 뒤따라지는 순서는 하나씩 걸러서 두

번 때리는 변형(variant)보다 시기가 이르다. 이것은 송이영 시계의 기계장치가
이른 시기의 것임을 확인하는 데 도움이 된다.

11) Rufus, 'Astronomy in Korea', p.37.

12) Robertson, *The Evolution of Clockwork*, part 2, p.223 and Figs.4, 7, 12, 14.

13) Needham, SCC III: 339ff and Table 31.

14) H. L. Nelthropp, *Catalogue of the Nelthropp Collection* (2nd edn, London, 1900), p.10,
    Cat. no.25; C. Clutton and G. Daniels, Clocks and Watches in the *Collection of the
    Worshipful Company of Clockmakers* (London, 1975), p.96, Cat. no.590 (illustrated).
    이 시계제작회사의 구(球, globe)에는 '무원(Wuyuan)[강서(江西), 전(前) 안휘(安
    徽)]의 제매록(齊梅麓)'이라는 제작자의 이름과 1828년 7월이나 8월이나 해당하
    는 날짜가 새겨져 있다. 이 구는 저자 중의 한 사람(JHC, unpublished)에 의해
    이 제작자와 다른 사람들에 의한 일련의 것들 중의 하나로 확인되었다. 제매
    록이라는 이름은 유명한 지방 관료 제언괴(齊彦槐)의 자(字)로서, 1830년 4월
    이나 5월로 날짜가 기록된 비슷한 구에도 또한 나타난다. 이 구는 전에는 안
    휘 지방 박물관에 소장되어 있었는데 지금은 북경에 있는 국립역사박물관에
    빌려 준 상태이다(SCC IV. 2: 527-528 and Fig.670). 날짜가 1830년의 3월이
    나 4월로 되어 있으며 같은 제매록이라는 자가 변형된 형태로 새겨진 세
    번째 실례는 뉴욕에서 경매되었다(Sotheby Parke Bernet, Inc., Watches, *Scientific
    Instruments. . .* , June 14, 1928, Cat. no.210, illustrated). 다른 두 이름과 1830년
    9월로 날짜가 새겨져 있는 네 번째 실례는 파리에서 팔렸는데, 현대식으로 대
    체된 받침대를 가지고 있다(H. Chayette, *Montres et pendules de collection*, Paris, 24
    November 1980, Cat. no.154, illustrated). 비슷하지만 같지는 않은 그리고 작자
    및 연대 미상의 다섯 번째 실례는 시카고의 애들러(Adler) 천문관의 고대의기
    소장품에 들어 있다. 역시 작자 및 연대 미상의 여섯 번째 실례의, 틀에서 빠
    진 껍데기 모양이 에든버러에 있는 왕립 스코틀랜드 박물관에 의해 1984년에
    얻어졌다(Inv. no.RSM TY 1984.102).
    이 구[혹은 천체의(天體儀, glove)]들은 거꾸로 된 성도가 새겨져 있는데, 서조
    준(徐朝俊)에 의해 출판된 『고후몽구(高厚蒙求)』 4.1부에 있는 '천지도의(天地
    圖儀)'에 있는 24개의 반삼각형 포(布, gores)에 크게 닮아 있다(SCC III: 456 and
    Iv.2: 531, n.d). 시카고와 에든버러의 실례에서 별들은 서조준의 1807년의 대
    이중(大二重) 평면구형 황도성도(黃道星圖)인 『황도중서합도(皇圖中西合圖)』
    의 별들의 개개 번호에 상응하는 개개 번호를 가지고 있다(see Alexander Wylie,

Notes on Chinese Literature (2nd edn, Shanghai, 2902), p.124, and compare the star-numbers in Wylie's 'List of Fixed Stars', c. 1850, reprinted in his *Chinese Researches*, part III, pp.110ff). 이에 대한 한 예가 런던 대학의 동양 및 아프리카 연구소(School of Oriental and African Studies)의 도서관에 있다. 구의 황도 원(ecliptic circles)은 24기에 태양의 위치가 새겨져 있다. 기는 다시 하루 단위의 5일 묶음으로 나뉜다. 구는 내부의 시계 톱니바퀴에 의해 하루에 한 번 회전한다. 시계 톱니바퀴는 용수철 구동 장치, 사슬이 달린 원추활차(fusees) 및 굴대 지동 장치(verge escapements)를 구비하고 있다.

15) 전상운(STK, pp.19, 21, 70)은 극축이 매일 회전하도록 설계되었다고 말하지만, 우리는 이 견해를 지지할 만한 어떤 증거도 볼 수 없다. 혼의는 원래 장형의 혼천설(STK, pp.13-15)에 따라서 회전하는 달, 항성 및 태양의 컴포넌트에 의해 둘러싸인 정지한 지구 모형을 가졌다는 것에 대한 어떤 의문도 현재의 연구는 품지 않는다. 그것은 나중에 개조되었을 것이다; see nn.31 and 38 below.

16) Needham, SCC III: 339ff and Table 31; cf. H. Maspero, 'Les instruments astronomiques des chinois aux temps des Han', p.309.

17) Needham, SCC III: 576; IV.1: 297 and Table 51.

18) Maspero, 'Les instruments astronomiques', p.320.

19) *Hsin I-hsiang fa-yao*, I: 20b; cf. Maspero, 'Les instruments astronomiques', p.319.

20) Needham, SCC III: 367ff and Figs.156 and 163; Edward L. Stevenson, *Terrestrial and Celestial Globes: Their History and Construction*, 2 vols. (New Haven: Yale University Press, 1921), II: Fig.117.

21) E.g. *Liu-chingt'uting ting pen*, 1740 edn, pp.14b-15b. Cf. a reference by Wylie in Sir Henry Yule, *The Book of Ser Marco Polo*, 2 vols. (3rd edn. ed. H. Cordier, London, 1903), II: 450-451, to a *Luh-king-too-kaou*, 'Illustrations and Investigations of the Six Classics'.

22) J. P. G. Pauthier, *Chine* (ancienne), premier partie (Paris, 1839), Pl. IV; H. Medhurst, *Ancient China: The Shoo King* (Shanghai, 1846), pl. facing p.16; Needham, Wang, and Price, HE, Fig.30 (from a copy inserted in an eighteenth-century MS. of *Hsin I-hsiang fa-yao* in the Peking National Library; Cullen and Farrer, 'On the Term *Hsüan Chi* and the Flanged Trilobate Jade Disc', Pl. II.

23) CMP, 3: 2a; see Ch.3, pp.171 and 177.

24) *Hsin I-hsiang fa-yao*, I: 6a, 19a. Cf. Maspero, 'Les instruments astronomiques', Fig.18;

Needham, Wang, and Price, HC, Fig.6; Combridge, 'The Astronomical Clocktowers of Chang Ssu-hsun and his Successors, A.D. 976 to 1126', Figs.3 and 4.

25) *Hsin I-hsiang fa-yao*, I: 19b; Maspero, 'Les instruments astronomiques', p.320.

26) S. W. Bushell, *Chinese Art* (London, 1909), I: 91; cf. Needham, Wang, and Price, HC, p.133, n.2; Needham, SCC IV.2: 408.

27) Needham, SCC III, Figs.156 and 163; Stevenson, *Globes,* II: Fig.117; Yule, Marco Polo, II: 451; Bushell, *Chinese Art*, I: Fig.64; Combridge, 'Astronomical Clocktowers', Fig.18.

28) *Hsin I-hsiang fa-yao*, I: 20a; cf. Maspero, 'Les instruments astronomiques', p.320.

29) *Hsin I-hsiang fa-yao*, I: 19b; Combridge, 'Astronomical Clocktowers', Figs.11, 13.

30) Needham, SCC III, Figs.156 and 163; Stevenson, *Globes,* II: Fig.117; Yule, Marco Polo, II: 451; Bushell, *Chinese Art*, I: Fig.64; cf. Combridge, 'Astronomical Clocktowers', Fig.18.

31) 혼의에 태양의 컴포넌트가 없는 것은 의기를 회전하는 지구 체제로 전환했기 (혹은 전환하려 시도했기) 때문일 수 있다. see n.15 above and n.38 below.

32) 둘 다 영국 그리니치(Greenwich) 소재 국립 해양박물관에 보관되어 있는 견본에 의해 표현되었다.

33) Cf. Hans von Bertele, *Globes and Spheres* (Lausanne: Scriptar S.A., 1961), passim; Henry C. King, *Geared to the Stars* (Toronto, 1978), pp.83-86, Figs.5.22-24; Stevenson, *Globes,* I: Fig.74.

34) Needham, SCC III: 339ff and Table 31.

35) *Ibid.* 405, Table 35.

36) *Ibid.* 231-259 and Table 24.

37) 전상운은, (STK, p.70에서 루퍼스와 리의 'Marking Time in Korea', p.256을 따라서), 달의 고리가 28수를 표시하기 위하여 못(pegs)에 의해 나누어졌을 것이라고 말한다. 그러나 28수는 다양한 각도의 범위를 가지고 있어서 중국의 주천도로 1도부터 34도에 이른다. 반면에 사진은 균등하게 공간이 띄어진 못들을 보여 주고 있으며, 그 숫자는 원래 짝수라기보다는 홀수였던 것 같고, 또 29개나 혹은 25개였기보다는 27개였을 것이다(cf. Rufus, 'Astronomy in Korea', p.39; 그는 숫자를 27개라고 제시하고 있으며, 그 숫자가 수(宿)를 가리킨다고 잘못 생각하고 있다). 백도환의 항성운동 때문에, 27개 못(그러나 54 이하의 어떤 숫자도 안 됨)은 29½의 태양일의 달 주기(週期) 속에서 달의 삭망을 보여

주는 장치를 작동시키기에 충분할 것이다.

38) 회전하는 지구 체제를 나타내기 위해 의기를 개조(혹은 시도된 개조)하려면, 지구의를 움직이는 극축의 위쪽 부분을 고정되어 있는 그 아래쪽 부분에서 분리해야만 했을 것이며, 또한 축(axis)의 위쪽 부분과, 북극의 선회축에 있는 항성 및 태양시 관 사이를 단단히 연결해야만 했을 것이다(see nn.15 and 31 above).

39) See n.37 above.

40) Needham, Wang, and Price, HC, pp.119-122.

41) Rufus, 'Astronomy in Korea', p.37; Rufus and Lee, 'Marking Time in Korea', p.255, Fig.3: Jeon, STK, pp.301-305, Fig.5.6.

42) See nn.15, 31, and 38 above.

43) 이 단락은 Needham, SCC IV.2:520에서 번안된 것이다. '막대저울' 물시계는 Section 2.2 of the Supplement to Needham, Wang, and Price, HC, 2nd edn, 1986에서 더욱 자세히 논하는 주제이다.

제5장

1) 이 장의 이른 버전은 다음과 같이 출판되었다. Joseph Needham and Lu Gwei-djen, 'A Korean Astronomical Screen of the MId-Eighteenth Century from the Royal Palace of the Yi Dynasty (Choson Kingdom, 1392 to 1910)', *Physis,* 1966, 8.2: 137-162

2) 완벽한 일람표에 의한 특정(特定)은 다음의 논문에서 발견될 것이다. W. Carl Rufus and Celia Chao, "A Korean Star Map", *Isis,* 1944, 35: 316-326.

3) See Needham, SCC III: 263. 이 관습은 기원전 5세기 중엽에 시작되었다.

4) 완벽한 원은 $365\frac{1}{4}^{d}$로 나뉜다.

5) Needham, SCC III, 545. 여기서 궁(宮)이라는 용어는 목성의 12역(stations)의 의미로 사용되고 있으며, 이 용어가 일반적으로 적용되는 고대의 하늘을 다섯 구역으로 나누는 의미의 궁이 아니라는 것을 유의하기 바란다.

6) Nakayama, *A History of Japanese Astronomy,* pp.59-62. 현대의 관련 서적들에서 발견되는 표준적 중국의 용어는 병풍천문도에 있는 용어와는 아주 조금 다르다. See also W. Carl Rufus, 'The Celestial Planisphere of King Yi T'ai-Jo', *Transactions of the Korea Branch of the Royal Asiatic Society,* 1913, 4: 23-72 (abridged version

published as 'Korea's Cherished Astronomical Chart', *Popular Astronomy,* 1915, 23.4: 193-198).

7) 수대 기호는 예를 들면 1247년에 돌에 새겨진 1193년의 저 위대한 소주(蘇州) 평면천체도에는 나타나지 않는다. 그렇지만 않았다면 이 평면천체도는 1395 년의 한국의 것과 방위(orientation)에 있어서까지도 매우 비교가 되었을 것이다. See W. Carl Rufus and Hsing-chih Tien, *The Souchow Astronomical Chart* (Ann Arbor: University of Michigan Press, 1945), and more briefly Needham, SCC III: 278, Fig.106. The most thorough study is by P'an Nai 潘鼐, 'Suchou Nan-Sung t'ien-wen t'u-p'ai ti k'ao-shih yü p'i-p'an' 蘇州南宋天文圖碑的考釋与批判 (Study and critique of the Southern Sung planisphere stele at Suchou), *K'ao-ku hsüeh-pao* 考古學報, 1976.I: 47-61.

8) See Rufus, 'Celestial Planisphere', pp.27ff; Jeon, STK, pp.22-24; also Ch.I above.

9) References in Rufus, 'Celestial Planisphere', p.37. 이 평면천체도와 함께 그 명문은 중국의 수(隋)나 당에서 기원한 것이 틀림없을 것이다. 왜냐하면 우리는 7세기 동안의 유사한 과학적 전래의 자세한 기록을 가지고 있기 때문이다. See Rufus, 'Astronomy in Korea', pp.12, 14. 1395년의 한국의 평면천체도와 연관이 있을 수도 있는 역사상의 평면천체도에 대한 최근의 중국의 연구는 다음의 논문에서 인용되고 있다. Xi Zezong, 'Chinese Studies in the History of Astronomy, 1949-1979', pp.464-465.

10) Jeon, STK, pp.26-28.

11) CMP, 3: 29.

12) Rufus, 'Astronomy in Korea', p.31. 이 건물에는 또한 옥루도 수용되어 있었다. see Ch.2 above.

13) Rufus, 'Astronomy in Korea', p.42; Jeon, STK, p.28.

14) 'Celestial Planisphere' and 'Astronomy in Korea'; Rufus and Chao, 'A Korean Star Map'.

15) Tr. Rufus, 'Celestial Planisphere', p.31. 영국 옥스퍼드의 올드 애슈몰린(Old Ashmolean) 과학사박물관에 보관되어 있는 석비의 두루마리 그림 위에 있는 한 원문으로부터 교정되었다. 모든 다른 명문도 또한 이 논문에서 루퍼스에 의해 번역되었다.

16) 『증보문헌비고』(CMP), 3:30ff에 기록되어 있다.

17) Needham, SCC III: 186ff.

18) 이들 의기의 특정(特定)은 2장 n.11에서 논의된다.

19) 설경수의 형 장수(長壽)는 『중성기』 및 잠정적인 평면천체도의 저작자이다. 둘 다 왕에게 헌상되었다(Rufus, "Astronomy in Korea", p.23). 그는 유명한 서예가이기도 했다.

20) 이들 관료의 다양한 직위는 여기서 생략했다.

21) See Ch.2, n.11.

22) 옛날의 중국의 계산에서 우리의 (서양의) 하루 24시 길이는 12시로 나뉘었고 또한 각이라 불리는 100개의 균등한 간격으로 나뉘었다. 그러나 여기서는 나누기가 정수(整數)에 의한 (서양의) 사반시이다. 중국과 한국은 시헌력의 채용과 함께 96사반시 체제로 옮겨 갔다. 시헌력은 중국에서는 1645년에 공포(公布)되었고, 한국은 1651년에 정식으로 받아들였다. See above, Ch.1, pp.34-35, and Ch.3, p.168. 행성의 회전에 대한, 날(days)의 자연수(whole numbers)의 초과에 있어서, 사반시의 정확한 자연수는 실제로 각기 74, 53, 15 및 66으로서 예수회 원전에 있는 것과 같은 73, 53, 16 및 72가 아니다.

23) L. Pfister, *Notices biographiques et bibliographiques sur les Jésuites de l'ancienne mission de Chine* (1552 to 1773), 2 vols. (Varietes Sinologiques, nos. 59-60; Shanghai: Mission Press, 1923-1924), no.297. Kögler의 필명은 대가빈(戴嘉賓)이었다.

24) *Ibid.* no.313.

25) Cf. Needham, SCC III: 423ff. See also references to recent studies of these phenomena by Xi Zezong, Bo Shuren, and others in Xi, 'Chinese Studies'.

26) 이것에 대한 중국어 설명을 갈릴레오의 친구 슈레크(Schreck)가 제시하고 있다. Johann Schreck, S.J. (Teng Yu-han 鄧玉函; Pfister, *Notices,* no.46), in his *Ts'e-t'ien yüeh-shuo* 測天約說 (Brief description of the measurement of the heaven) in 1628 (see Pasquale M. d'Elia, *Galileo in China,* tr. R. Suter and M. Sciascia (Cambridge, Mass.: Harvard University Press, 1960), p.40; Needham, SCC III: 447). 그가 빠뜨린 단 한 가지는 중국인이 적어도 기원전 28년 이래로 태양의 흑점에 대한 조직적 관측을 행해 왔다는 것을 언급하지 않은 것이다. (See Needham, SCC III: 435; Yunnan Observatory, 'Wo-kou li-tai-yang hei-tzu chi-lu ti cheng-li ho huo-tung chou-ch'itit'an-t'ao' 我國歷代太陽黑子記錄的整理和活動週期的探討 (The recording of sunspot activity in Chinese history and an investigation of periods of activity), *Tien-wen hsüeh-pao* 天文學報, 1976, 17.2:217-227; and other recent work cited in Xi, 'Chinese Studies'.) 이들 기록은 11년 주기를 보여 주며,

대략 25일의 태양의 항성 회전 주기도 보여 준다.

27) Notably the *T'ien-wen lüeh* 天文略 (Explicatio spharrae coelestis) by Emanuel Diaz, S.J. (Yang Ma-no 陽瑪諾; Pfister, *Notices,* no.31), published in 1615. See d'Elia, *Galileo,* pp.18ff; Needham, SCC III: 444. Also the *Yüan-ching shuo* 遠鏡說 (The far-seeing optick glass) by Johann Adam Schall von Bell, S.J. (T'ang Jo-wang 湯若望; Pfister, *Notices,* no.49), published in 1626. See d'Elia, *Galileo,* p.36; Needham, SCC III: 445. 목성의 달에 대한 언급은 다음에서 다시 나온다. J. A. Schall von Bell's two tractates of 1634, *Hsin-fa li-yin* 新法曆引 (Introduction of the new calendrical science) and *Hsin-fa piao-yi* 新法表異 (Differences between the old and the new (astronomical and) calendrical systems). 그러나 여기서 토성의 고리들은 아직도 2개의 작은 수행하는 '별(stars)' 혹은 달(moons)로 해석되었다. D'Elica의 *Galileo,* p.45는 이들 두 제목을 '새로운'이 아닌 '유럽의'로 하는 특정의 목적을 지닌 번역을 하고 있다. 이것을 하지 않는 것의 중요성은 Needham의 SCC III: 447ff에서 읽을 수 있을 것이다.

28) 이것은 기원후 130년경의 궁정 천문학자 마속(馬續)의 추정이다. (See Needham, SCC III: 265).

29) Tr. in full by Ho Peng Yoke, *The Astronomical Chapters of the Chin Shu* (Paris and The Hague: Mouton, 1966).

30) Needham, SCC III: 263, 265.

31) Ibid. 201.

32) Pfister, *Notices,* no.124.

33) On this see Needham, SCC III: 452, and n.58 (vii) below.

34) 각 별자리의 중국 이름에 뒤따르는 괄호 속의 숫자는 다음의 저서 속의 색인 번호이다. Gustave Schlegel, *Uranographie chinoise,* 2 vols. (Leiden: E. J. Brill, 1875; repr. Taipei, 1967).

35) 아마도 예수회 선교사의 논문 중 하나의 일부분을 언급하고 있는 것으로 추측되나, 확인할 수는 없었다. 혹은 이렇게 번역해도 좋을 것이다. "전해지는 바에 의하면, 묘수(昴宿)는 7개의 별로 구성되었다고 하나, 실제로는 36개의 별로 되어 있다."

36) 비슷한 진술이 이미 『원경설(遠鏡說)』(1626)과 1634년의 두 『신법(新法)』 논문에 나와 있다; cf. d'Elia, *Galileo,* pp.37, 45.

37) Schlegel, no.198.

38) Schlegel. no.651. Praesepe 성운(星雲)이거나 혹은 열린 성단(星團)이다. 그것의 해결은 『원경설』과 『신법』 논문에서 언급되었다. Cf. d'Elia, *Galileo*, p.37, with illustration from the former text.

39) Schlegel no.252. The 'South Central Star' is not listed in Schlegel's catalogue.

40) *Ibid*. no.714.

41) *Ibid*. no.758.

42) *Ibid*. no.69.

43) *Ibid*. no.686.

44) 이것은 이미 『원경설』에서 언급되었다. Cf. d'Elia, *Galileo*, p.37, with illustration from this text.

45) 중국의 천문학자들이 그들을 아주 관측하지 않았던 것은 아니다. 724년에 탐험대가 남해(南海, South Seas)로 파견되어서, 남천극부터 20°까지 먼 곳(즉, -70° 적위: cf. Needham, SCC III: 274, 여기서 본문이 번역되어 나온다)에 있는 별들의 도표를 만들고자 했다. 그러나 기록은 보존되어 있지 않다. 남쪽 적위 -52°에 있는 노인성(老人星, Canopus, Greybeard: Schlegel, no. 205)은 기원전 1세기 이래로 친숙한 것이었다. 우리는 그 사실을 『사기(史記)』의 권 27(tr. Edouard Chavannes, *Les mémoirs historiques de Se-Ma Ts'iens*, 5 vols. (Paris: Leroux, 1895-1905), vol. 3, p.353)에서뿐 아니라, 또한 『춘추위원명포(春秋緯元命苞)』(p.55b) 와 같은 성서외전(聖書外典)에서도 알 수 있다. 남쪽 적위 -60°에 있는 남십자성은, 비록 고전적인 별 일람표에는 없지만, 중국의 선원들에 의해서 항해의 목적으로 관습적으로 사용되었다(See Needham, SCC IV. 3: 565-566).

46) 이것은 디아즈(Diaz)의 천문략(天文略, *T'ien-wen lüeh*)으로 시작되었으며, 『원경설』(1626)에서 계속되었고, 그리고 비슷한 제목을 가진 두 논문, 1630년에 샬폰벨에 의해 출판된 『항성역지(恒星曆指, A guide to the astronomy of the fixed stars)』와 1634년에 羅雅谷(Giacomo Rho, S.J.; Pfister, *Notices*, no. 55)에 의해 저술된 『오위역지(五緯曆指, A guide to planetary astronomy)』에서 더욱 강조되었다. Further on this, with translations, see d'Elia, *Galileo*, pp.17ff, 34, 37, 39, 97, but correct the dates which d'Elia gives for Rho's book to those which are given by 이엄(李儼), 『중산사논총(中算史論叢, Collected essays in the history of Chinese mathematics)』, 2nd ser., 5 vols. (Peking: Science Press, 1954), III: 37.

47) Needham, SCC III: 452.

48) Cf. Arthur Hummel, *Eminent Chinese of the Ch'ing Period(1644-1912)*, 2 vols.

(Washington: Library of Congress, 1943-1944), pp.285, 569.

49) Alexander Wylie, *Notes on Chinese Literature* (first published Shanghai and London, 1867; 3rd edn, Peking: Vetch, 1939), p.89.

50) 케플러(Kepler)가 자신의 체제를 지지하고 영구화했으면 했던 티코 브라헤의 임종 시 소원이 다만 중국에서만 실현되었다는 것은 반어적이다. 우리는 이 말을 시빈 박사에게 빚진다. see his 'Copernicus in China' (Colloquia Copernicana, vol. II, Torun, 1973).

51) 우리는 레드야드 박사에게 (사적 통신에 의해) 얻게 된 다음의 추가 정보에 대하여 감사한다. 할러슈타인은 한국 사람에게 홍대용의 『연기(燕記)』(Yenching [i.e. Peking] memoir)를 통해 잘 알려져 있다. 홍대용의 18세기의 개인 천문대는 위 Ch.3, p.185에서 언급했다.

홍대용과 한국인 동료는 1766년에 몇 회에 걸쳐 할러슈타인과 그의 협력자인 고가이슬과 긴 대화를 나누었다. 그때 논의한 주제 중의 하나가 천문의기였다. 홍대용의 기록의 원문은, see 『담헌연기(湛軒燕記)』, esp. pp.240ba-245aa, repr. in 『연행록선집(燕行錄選集, Collection of selected records of travels to Yenching)』(Seoul, 1960), 1: 231-430. 레드야드 박사는 친절하게 이 저서의 번역 초본을 우리에게 볼 수 있게 해 주었다.

위싱턴(Washington) 대학의 도널드 베이커(Donald Baker) 박사는 또한 이 주제에 대하여, 특히 예수회 선교사에게 유럽의 우주론을 배우게 된 조선의 신유학자와 과학자의 노력을 연구하고 있었다. 우리는 베이커 박사에게 자신의 논문, 'Jesuit Science through Korean Eyes'의 초본을 볼 수 있게 해 준 것을 감사한다. 이 논문은 현재 출판 준비 중이다.

52) P. Tsuchihashi and S. Chevalier, 'Catalogue d'étoiles fixes observées à Pékin sous l'empereur Kien-Long', *Annalles de l'Observatoire Astronomique de Zô-sè*, Shanghai, 1914 (1911), 7. 4; English summjary by W. F. Rigge in *Popular Astronomy*, 1915, 23: 29-32.

53) 그는 그 위원회의 여덟 번째 유럽인 위원장이 되었다.

54) Pfister, *Notices*, no.313.

55) Pasquale M. d'Elia, 'The Double Stellar Hemisphere of Johann Schall von Bell S.J. (Peking, 1634)', *Monumenta Serica*, 1959, 18: 328-359.

56) 이 두 매로 된 기사는 니덤과 노계진의 1966년 논문(이 장은 그의 수정판)에서 별개의 것으로 논의되었다. 그들이 모르는 사이에, JN의 1956년의 방문 후 어

느 때에 로빈슨은 이 두 매의 기사가 그 여섯 매 한 벌의 양 반구 천체도에 속한다는 것을 확인했다. See Philip Robinson, 'Collector's Piece VI: "Phillipps 1986", The Chinese Puzzle', *Book Collector,* Summer 1976, 25.2: 171-194, pp.188-190.

57) Carlos Sommervogel, *Bibliothèque de la Compagnie de Jésus: Bibliographie* (Paris, 1890-1932), VIII: col. 578, no.18: Pfister, *Notices,* no.17.

58) 종잇조각 하나가 붙어 있는 프린트 물은 페르비스트의 *Compendium Latinum. . .*의 열아홉 도해 ((v) and (vi) below) 중의 하나로 확인되었다(JHC, unpublished). (see (ii) and (iii) below).

런던 대학의 동양·아프리카 연구원 도서관에 소장되어 있는(Acc. no.35409) 페르비스트에 의한 저작의 2절지 크기의 목판인쇄로 된 책(volume)에 대한 예비 조사 후에 니덤과 노계진은 1966년 논문의 note 59를 썼는데, 이것은 그 프린트 물을 페르비스트의 *Astronomia Europaea. . .*라고 잘못 돌리게 했다(cf. (iv) below). 더욱 진전된 조사 후에, 그 책의 내용은 다음과 같이 확인되었다.

(i) 라틴어 제목-쪽 *Liber Oranicus. . .*(cf. Sommervogel, col. 576, no.6; Pfister, *Notices,* no.37), 페르비스트의 1674년의 『의상도(儀象圖)』의 사본들 앞에 붙이기 위하여 1678년경에 목판 인쇄되었으며 서양인 수령자를 위한 것이었다. 날짜가 M.DC.LXXVIII의 명백한 잘못으로 M.DC.LXVIII로 되어 있다.

(ii) 페르비스트의 *Compendium latinum proponens XII posteriores figuras Libri Observationum Nec non VII priores figuras Libri Organici* (Sommervogel, col. 576, no.7; cf. Pfister, *Notices,* no.38)의 제1부의 여섯 쪽의 본문(text)으로 제목-쪽은 없다. 이 본문은 쿠플레(Couplet)에 의해서 약간의 수정이 가해져서 편집되어서는 그의 *Astronomia Europaea. . .*의 판(edition)에서 제12장의 제1부(pp.40-45)로서 다시 나타난다. 이 장의 제목의 표현은 *Compendium latinum. . .*의 제목-쪽의 것을 반복한다. 다만 'latinum'이 생략되었고 'VII'이 'VIII'로 대치되었다.

(iii) 페르비스트의 *Compendium latinum. . .*의 제2부의 11쪽의 본문. 이 본문은 쿠플레에 의해서 약간의 수정이 가해져서 편집되어서는 그의 *Astronomia Europaea. . .*의 판(edition)에서 제12장의 제2부(pp.45-57)로서 다시 나타난다. 이 부는 소제목으로 시작하는데 그 표현은 Liber Organicus의 제목-쪽((i) above)의 것을 반복하고 있지만, 첫째 줄이 'Compendium libri organici. . .'로 읽히도록 바뀌었다.

(iv) 라틴어 제목-쪽 *Astronomia Europaea. . .*(cf. Sommervogel, col. 576, no.8). 1687년에 딜링겐(Dillingen)에서 이 제목으로 쿠플레에 의해 출판된 페르비스트의

자서전적 설명(Sommervogel, col. 580, no.24; Pfister, *Notices*, no.36)의 원고의 손으로 쓴 제목-쪽부터 1678년경에 목판인쇄되었다. 날짜는 명백한 잘못에 의해 M.DXLXXVIII 대신에 M.DCLXVIII로 되어 있다. 이 제목-쪽이 속하는 라틴어 본문은 나타나지 않는데, 결코 목판인쇄되지 않았을 것이지만, 1687년 판의 1부터 11장으로서 편집되어 나타난다.

(v) 페르비스트의 *Compendium latinum*. . .((ii) above)의 제목의 제1부에서 언급된 12장의 프린트 물과 본문의 제1부. 첫 번째 프린트 물은 태양의 고도를 측정하기 위한 표(gnomon)와 그에 딸린 영부(影符)의 사용법을 보여 주는바, p.173에 있는 이 각주의 첫째 절에서 언급된 것의 복제물로서, 그 위에 복제물 종잇조각이 하나 붙어 있다. (문제의 프린트 물은 Bosmans에 의해 재생되었다. H. Bossmans, 'Ferdinand Verbiest, Directeur de l'Observatoire de Peking', Societe Scientifique de Bruxelles, Revue des Questions Scientifiques, 71: 195–273, 375–464, Fig.2, and by A. Damry, 'Le p. Verbiest et l'astronomie Sino-Europeenne', Ciel et Terre: Bulletin de la Societe Belge d'Astronomie (Brussels), 1913,34.7: 215–239, Fig.18.)

(vi) 페르비스트의 *Compendium latinum*. . .의 제목의 제2부에서 언급되고, 또 본문의 제2부(item (iii) above)에서 (결여되고 있는 추가의 판에 대한 약간의 평과 함께) 서술되었던 일곱 장의 프린트 물. 이 일곱 장의 프린트 물은 아래 (vii)에 나오는 105장의 프린트 물의 처음의 일곱 장의 복제물로서, 이 일곱 장은 (다음의 네 장과 함께) 한자 제목과 또 도해 번호에 차례를 나타내는 앞붙임(prefixes)을 가지고 있다는 점에서 나머지 것들과 다르다. (번호가 매겨지지 않은) 첫번째 프린트 물은 *Astronomia Europaea*. . .의 1687년판의 권두화(卷頭畵)를 위하여 멜콰이어(Melchior Haffner)에 의해 다시 [조각이] 새겨진 재장비된 북경 천문대의 전경이다(reproduced in Needham, SCC III: Fig.190). 일곱 장 한 벌로 된 사본은 그 위에 종이쪽 하나가 붙어 있는데, 'Compendium Astronomiae Organicae'라는 글자가 목판술로 인쇄되어 있다.

(vii) 페르비스트의 (*Hsin-chih*) (*ling-t'ai*) *i-shiang t'u* (Pfister, *Notices*, no.9; cf. Sommervogel, col 575, No.4)의 한문 머리말과 105장의 프린트 물로서 제목-쪽은 없다. 첫 번째 프린트 물과 나머지 판 위에 나타나는 (1-117까지 한자로 번호가 매겨진) 각각의 그림들은 '*T'u-shu chi-ch'eng, li-fa tien*, 93-95장에서 (새 목판으로부터) 함께 재판(再版)된다(Needham, SCC III: 452, n.e). 대략 50,000字의 설명 본문―chuan 1-4 of (*Hsin-chih*) (*ling-t'ai*) *i'hsiang chih* (Phister, *Notices*, no.8; cf.

Sommervogel, col. 575, no.3)―은 SOAS 책에는 나타나지 않지만, *Li-fa tien*, 89–92 장에서 재판되며, 각각의 도해에 많은 참조문을 포함하고 있다. Jeon, STK, p.31 에 따르면, 페르비스트의 *I-hsiang chih*는 한국에서 1714년에 재판되었다. 한문으로 된 본문은 *Compendium latinum*. . .((iii) above)의 제2부에 라틴어 사본이 있다. 전체 한문 본문의 라틴어 판은 결코 쓰였거나 목판 인쇄되지는 않았던 것 같지만, *Astronomia Europaea*의 1687년판의 XIII-XXXVIII장은 한문 본문의 여러 부분이 쓰이고 도해된 상황에 대한 광범위한 자서전적 설명이다.

59) 또 하나의 견본(example)이 파리의 국립문서보관소(Bibliotehque Nationale)에 있다. 판화는 피스터(Pfister)가 만든 쾨글러의 저작 목록인 *Notices,* p.647에 실려 있다.

60) 이용범(李龍範) [Lee Yongbum], '法住寺所藏의 新法天文圖說에 대하여' (On the astronomical map of 1743 preserved in the Pŏpchu Temple), 『歷史學報』(Korean Historical Review), 1966, 31: 1–66; 32: 59–119; English summary pp.196–198. See also Jeon, STK, pp.29–30, and the Japanese edition of STK (*Kankoku kagaku gijutsu shi*, Tokyo, 1978), pp.38–41 and Fig.1–8.

61) Pfister, *Notices,* no.71 (p.214, corrected as on pp.23*ff).

62) D'Elia, *Galileo,* pp.42ff.

63) Jeon, STK, p.77.

64) See the study by Joseph Needham and Lu Gwei-djen, 'The "Pptick Artists" of Chiangsu', *Proceedings of the Royal Microscopical Society*, 1967, 2 (part 1): 113–138.

65) 15세기 중엽에 권남(權擥)에 의해 시작되었고 조선왕조의 공적 역사로서 계속되었다. 정두원의 방문에 대하여는 see Rufus, 'Astronomy in Korea', p.26, and d'Elia, *Galileo,* pp.42ff.

66) Rufus, 'Astronomy in Korea', p.37.

67) Jeon, STK, p.83 (Jeon은 김육 자신이 1644년에 북경에 갔다고 말한다).

68) Rufus, 'Astronomy in Korea', p.38; Jeon, STK, pp.83–84.

69) 한편 우리는 고립된 우발적 사건에서 '과학적 교류'를 무리하게 읽어내지 않는 중요성을 인식하는 바이다. 이 장(章)이 의거하고 있는 출판된 논문에서 다음과 같은 진술이 현 시점에서 나타났다. '과학적 관심은 양방적(兩方的)이었다; 예를 들어서 명(明)의 제독 모문룡(毛文龍)은 특별한 요청을 하여 조선의 천문서와 역서(曆書)를 1625년에 얻었다.' 레드야드 박사는 (사적 통신) 친절하게도 우리에게 이것은 상황의 본질을 잘못 표현하고 있다고 가르쳐주었다. 레드야

드에 의하면, 모 제독은 조선의 해안에서 작전 중이었다; 그는 새로운 달력이 필요했고, 그래서 조선의 당국자에게 그것을 요청했고, 궁극적으로 하나를 얻었다(『仁祖實錄』 권 8: 7a). 이 우발적 사건과 연관된 주된 논점은 과학적인 것이라기보다는 정치적인 것이었다. 명(明)의 종주권(宗主權)을 인정하고 있는 조선은 공식적인 명의 역법을 받아들였던 바, (자신의 '제후국'의 신분이라는 조건하에서는) 합법적으로는 자신의 역법을 인쇄할 수가 없었다. 그렇지만 실제적인 일에서는 조선은 자신의 역법을 가져야만 했고, 또 그렇게 했다. 그러면 明의 관료가 朝鮮 조정에 역서를 요청했을 때 무엇이 행해져야만 했을까? 이 문제는 1625년에 조정에서 논의가 되었다; 궁극적으로 모 제독에게 역서를 보낼 것이 결정되었으며, 한편으로는 명(明)의 법에 대한 명백한 위반을 사과하고 또 위법적인 역서의 인쇄가 현실적으로 불가피한 상황이라는 이유를 들어 양해를 구하기로 했다.

70) Cf. Rufus, 'Astronomy in Korea', p.43.

후기

1) Jeon, STK, *pasim*.
2) Sivin, 'Copernicus in China'.

참고문헌

VON BERTELE, HANS. *Globes and Spheres*. Lausanne: Scriptar S.A., 1961.

BOODBERG, PETER A. 'Chinese Zoographic Names as Chronograms'. *Harvard Journal of Asiatic Studies*, 1940, 5: 128-36.

BOSMANS, HENRI. 'Ferdinand Verbiest, Directeur de l'Observatoire de Péking'. Société Scientifique de Bruxelles, *Revue des Questions Scientifiques*, 71: 195-273, 375-464.

BRUIN, FRANS, AND MARGARET BRUIN. 'The Limits of Accuracy of Aperture-Gnomons', in Y. Maeyama and W. G. Saltzer, eds., Prismata: Naturwissenschaftsges-chichtliche Studien. Festschrift für Witty Hartner. Wiesbaden: Franz Steiner Verlag, 1977, pp.21-42.

CHANG CHIA-T'AI 張家泰. 'Teng-feng kuan-hsing-t'ai ho Yüan-ch'u t'ien-wen kuan-ts'e ti ch'eng-chiu' 登封观星台和元初天文观测的成就 (On the observation tower at Teng-feng and the achievements of astronomical observation in the early Yüan period). *K'ao-ku* 考古, 1976.2: 95-102; repr. in *Chung-kuo t'ien-wen-hsüeh shih wen-chi (q. v.)*, pp. 229-41.

Ch'ao t'ien lu — *Ming-tai Chung-Han kuan-hsi shih-liao hsuan-chi* 朝天錄～明代中韓關係史料選集 (Daily court records — historical materials on the relations between China and Korea during the Ming). Taipei, 1978.

CH'EN, K.ENNETH. 'Matteo Ricci's Contribution to, and Influence on, Geographical Knowledge in China'. *Journal of the American Oriental Society*, 1939, 59: 325-59, errata 509.

CHOI HYON PAE (for the King Seijong Memorial Society). *Kins Seijong the Great*. Seoul, 1970.

CHU K'O-CHEN 竺可桢. 'Lun ch'i-yü chin-t'u yü han-tsai' 论祈雨禁屠与旱灾 (A discussion of praying for rain (by) Prohibiting the slaughter of animals, in connection with drought-disasters). Originally published in *Tung-fang tsa-chih* 東方雜誌 (The Eastern Miscellany), 1926, 23. 13: 5-18; repr. in *Chu K'o-chen wen-chi* 竺可桢文集 (Collected works of Chu K'o-chen). Peking: Science Press, 1979, pp. 90-9.

Chŭngbo munhŏn pigo 增補文獻備考 (Comprehensive study of [Korean] civilisation, revised and expanded), 1790, 1908. Officially compiled. Modern repr. edn, Seoul: *Kosŏ*

Kan-haenghoe 古書刊行會, 1959. Enlarged from the *Tongguk munhŏn pigo* 東國文獻備考 (Study of the civilisation of the Eastern Kingdom), 1770, officially compiled by Hong Ponghan 洪鳳漢 *et al*.

Chung-kuo t'ien-wen-hsüeh shih wen-chi 中國天文學史文集 (Collected essays in the history of Chinese astronomy). Peking, 1978.

CLUTTON, C., AND G. DANIELS. *Clocks and Watches in the Collection of the Worshipful Company of Clockmakers*. London: Sotheby Parke Bernet Publications, 1975; repr. 1980.

COMBRIDGE, JOHN H. 'The Astronomical Clocktowers of Chang Ssu-hsun and his Successors, A.D. 976 to 1126'. *Antiquarian Horology*, June 1975, 9.3: 288-301.

'The Celestial Balance: A Practical Reconstruction'. *Horological Journal*, Feb. 1962, 104.2: 82-6.

'Chinese Sexagenary Calendar-Cycles'. *Antiquarian Horology*, Sept. 1966, 5.4: 134.

'Chinese Steelyard Clepsydras'. *Ibid*. Spring 1981, 12.5: 530-5.

'Clockmaking in China: Early History', in Alan Smith (ed.), *The Country Life International Dictionary of Clocks*. Feltham, Middx, 1979.

'Clocktower Millenary Reflections'. *Antiquarian Horology,* Winter 1979, 11.6: 604-8.

'Hour Systems in China and Japan'. *Bulletin of the National Association of Watch and Clock Collectors, Inc.*, Aug. 1976, 18.4: 336-8.

CULLEN, CHRISTOPHER. 'Joseph Needham on Chinese Astronomy'. *Past and Present,* 1980, 87: 39-53.

'Some Further Points on the *Shih*'. *Early China*, 1980-1, 6: 31-46.

CULLEN, CHRISTOPHER, AND ANN S. L. FARRER, 'On the Term *Hsüan Chi* and the Flanged Trilobate Jade Discs'. *Bulletin of the School of Oriental and African Studies,* 1983, 46: 52-76.

DAMRY, A. 'Le p. Verbiest et l'astronomie sino-européenne'. *Ciel et Terre: Bulletin de la Société Belge d'Astronomie* (Brussels), 1913, 34.7: 215-39.

D'ELIA, PASQUALE M. The Double Stellar Hemisphere of Johann Schall von Bell S.J. (Peking, 1634)'. *Monumenta Serica*, 1959, 18: 328-59.

Galileo in Cina: relazioni attraverso il Collegio Romano tra Galileo e i gesuiti scienzati missionari in Cina (1610-1640). Rome, 1947. English tr. with emendations and additions by R. Suter and M. Sciascia, *Galileo in China*. Cambridge, Mass.: Harvard University Press, 1960.

Erh-shih-ssu shih 二十四史 (The twenty-four [officially compiled dynastic] histories).

Po-na-pen 百纳本 edn. Shanghai and Taipei: Commercial Press, various reprints.

FRANKE, HERBERT. 'Beiträge z. Kulturgeschichte Chinas unter der Mongolenherrschaft'. *Abhandlungen für die Kunde des Morgenlandes*, 1956, 32: 1-160.

HARPER, DONALD. 'The Han Cosmic Board (shih 式)'. *Early China*, 1978-9, 4: 1-10. 'The Han Cosmic Board: A Response to Christopher Cullen'. *Early China*, 1980-1, 6: 4-56.

HATADA TAKASHI. *A History of Korea*, tr. W. W. Smith, Jr, and B. H. Hazard. Santa Barbara: University of California (Santa Barbara) Press, 1969.

HAZARD, BENJAMIN H., *et al. Korean Studies Guide*. Berkeley: University of California Press, 1954.

HENTHORN, WILLIAM E. *A History of Korea*. New York: Free Press, and London Collier-Macmillan, 1971; repr. 1974.

HIGGINS, KATHLEEN. 'The Classification of Sundials'. *Annals of Science*, 1953, 9: 342-58.

HILL, DONALD R. *Arabic Water-Clocks*. Aleppo, Syria: University of Aleppo Institute for the History of Arabic Science, 1981.

HILL, DONALD R., ed. and tr. *On the Construction of Water-Clocks: Kitāb Arshimīdas fī 'amal al-binkamāt*. (Occasional Paper No. 4.) London: Turner and Devereux, 1976.

HILL, H. O., AND E. W. PAGET-TOMLINSON. *Instruments of Navigation*. London: National Maritime Museum, 1958.

HO PENG YOKE [HO PING-YÜ]. *The Astronomical Chapters o fthe Chin Shu*. Paris and The Hague: Mouton, 1966.

HONG ISŎP 洪以燮. *Chosŏn kwahaksa* 朝鮮科學史 (History of Korean science). Seoul, 1946.

HONG TAEYONG 洪大容. *Tamhŏnso* 湛軒書 (Works of Tamhŏn [= Hong Taeyong]). Repr. edn, Seoul, 1939.

Hsin i-hsiang fa-yao 新儀象法要 (New design for an astronomical clock), by Su Sung 蘇頌, 1092; ed. Shih Yuan-chih 施元之, 1172. Repr. (4ᵗᵒ) 1844, (8ᵛᵒ) 1889, 1922 (in *Shou-shan-ko ts'ung-shu* 守山閣叢書), 1935-7 (in *Ts'ung-shu chi-ch'eng* 叢書集成), and 1969 (Taipei, *Jen-jen wen-k'u* 人人文庫, no. 1248).

HULBERT, HOMER B. *History of Korea*. 2 vols., Seoul, 1905. Ed. Clarence N. Weems as *Hulbert's History of Korea*, 2 vols. London, 1962.

HUMMEL, ARTHUR W., ed. *Eminent Chinese of the Ch'ing Period* (1644-1912), 2 vols. Washington: Library of Congress, 1943-4.

I SHIH-T'UNG 伊世同. 'Liang-t'ien-ch'ih k'ao' 量天尺考 (On the 'foot' used in celestial measurements). *Wen-wu* 文物, 1978.2: 10-17.

'Cheng-fang an k'ao.' 正方案考 (On the True-Direction Table), *Wen-wu*, 1982.1: 76-7, 82.

JEON SANG-WOON (Chŏn Sangun 全相運). '15 segi chŏnban Yijo kwahak kisulsa sŏsŏl' 15 世紀前半李朝科學技術史序說 (An introduction to the history of science and technology in early 15th-century Korea), in *Islam Kim Tujong paksa hŭisu kinyŏn nonmunjip* 一山金斗鐘博士稀壽記念論文集 (Commemorative papers for Dr Kim Tujong's seventieth birthday). Seoul, 1966.

'Han'guk ch'ŏnmun kisanghaksa' 韓國天文氣象學史 (A history of astronomy and meteorology in Korea), in *Kwahak kisulsa* 科學技術史 (History of science and technology), in the *Han'guk munhwasa taegang* 韓國文化史大綱 (History of Korean culture) series. Seoul, 1968.

Han'guk kwahak kisulsa 韓國科學技術史 (A history of science and technology in Korea). Seoul, 1966. 2nd Korean edn, with revisions and additional illustrations, 1976. *See also* Jeon Sang-won, *Science and Technology in Korea.*

Kankoku kagaku gijutsu shi 韓國科学技术史. Tokyo, 1978. (Japanese edn of Science and Technology in Korea).

'Meteorology in the Yi Dynasty, Korea'. *Theses Collection of Sungshin Women's Teachers College*, 1968, 1: 61-75.

'Richō jidai ni okeru kōuryō sokuteihō ni tsuite' 李朝時代における降雨量測定法について (On the scientific measure of precipitation in the Yi Dynasty). *Kagakushi kenkyū* 科學史研究, 1963, 66: 49-56.

Science and Technology in Korea: Traditional Instruments and Techniques. Cambridge, Mass. and London: M.I.T. Press, 1974. Rev. and tr. from Jeon, *Han'guk kwahakkisulsa*, 1966, q.v.

'Sŏn'gi okhyŏng e taehayŏ' 璿璣玉衡에 對하여 (On armillary spheres with Clock-work in the Yi Dynasty). *Ko munhwa* 古文化, 1963, 2: 2-10. Same article summarised in Japanese, with English résumé, 'Senki gyokkō (tenmon tokei) ni tsuite' 璇璣玉衡(天文時計)について, in *Kagakushi kenyū*, 1962, 6y. 137-41.

'Sŏun Kwan kwa kanŭidae' 書雲觀과 簡儀臺. (The Bureau of Astronomy and the observatory in the Yi Dynasty). *Hyangt'o sŏul* 鄉土 서울, 1964, 20: 37-51.

'Understanding of Science in History of Korea, with Emphasis on che Scientists in the Early 15th Centmy'. *Japanese Studies in the History of Science*, 1967.6: 124-37.

'Yissi Chosŏn ŭi sigye chejak sogo' 李氏朝鮮의 時計製作小考 (A study of timekeep-ing instruments in the Yi Dynasty). Hyangt'o sŏul, 1963, 17: 49-114.

KIM, TU-JONG. *A Bibliographical Guide to Traditional Korean Sources*. Seoul: Asiatic Research Centre, Korea University, 1976.

KIM YANGSŎN 金良善. 'Myŏngmal Ch'ŏngch'o Yasohoe sŏn'gyosa tŭri chejak han segye chido wa kŭ Han'guk munhwasasang e mich'in yŏnghyang' 明末清初耶蘇會宣教師들이 製作한 世界地圖와 그 韓國文化史上에 미친 影響 (Jesuit world maps of the late Ming and early Ch'ing, and their influence in Korea). *Sungdae* 崇大, 1961, 6: 16-58.

KIM YUK 金堉. *Chamgok p'iltam* 潛谷筆談 (Miscellaneous writings of Chamgok [= Kim Yuk]), in *Chamgok chŏnjip* 潛谷全集 (Complete works of Chamgok). Seoul: Taedong munhwa yŏn'guso repr. edn, 1965.

KIM, YUNG-SIK. 'The World-View of Chu Hsi (1130 to 1200): Knowledge about the Natural World in the *Chu Tzu Ch'üan Shu*'. Unpub. doctoral thesis, Princeton University, 1979.

KING, HENRY C. *Geared to the Stars*. Toronto, 1978.

KUNO, YOSHI S. *Japanese Expansion on the Asiatic Continent*. 2 vols. Berkeley, 1937-40.

KWON HYOGMYON. *Basic Chinese-Korean Character Dictionary*. Wiesbaden: Otto Harras-sowitz, 1978.

[LEE SANGBAEK]. 'The Origin of Korean Alphabet "Hangul"' (English summary by Dugald Malcolm printed posthumously as Part I of) Ministry of Culture and Information, Republic of Korea, *A History of Korean Alphabet and Moveable Types*. Seoul, n.d.

LI NIEN 李儼. *Chung suan shih lun-ts'ung* 中算史論叢 (Collected essays in the history of Chinese mathematics). 2nd series, 5 vols. Peking: Science Press, 1954.

LI TI 李迪. *Kuo Shou-ching* 郭守敬. Shanghai, 1966.

Liu ching t'u 六經圖 (Illustrations of the six classics), by Yang Chia 楊甲, c. 1160. *Liu ching t'u ting pen* 六經圖定本, 1740 edn.

LORCH, RICHARD P. 'Al-Khāzinī's "Sphere That Rotates by Itself", *Journal for the History of Arabic Science*, 1980, 4: 287-329.

'Al-Khāzinī's Balance-clock and the Chinese Steelyard Clepsydra', *Archives Internationales d'Histoire des Sciences*, June 1981, 31: 183-9.

LYONS, H. G. 'An Early Korean Rain-Gauge'. *Quarterly Journal of the Royal Meteorological Society*, 1924, 50: 26.

McCUNE, GEORGE M. AND EDWIN O. REISCHAUER. *The Romanisation of the Korean Language Based upon its Phonetic Structure*. Repr. Seoul, n.d. from *Transactions of the*

Korea Branch of the Royal Asiatic Society, 1939, 29. 1-55.

McCUNE, SHANNON B. 'Old Korean World Maps'. *Korean Review*, 1949, 2.1: 14-17.

MAJOR, JOHN S. 'Myth, Cosmology, and the Origins of Chinese Science'. *Journal of Chinese Philosophy*, 1978, 5: 1-20.

'New Light on the Dark Warrior', in N. J. Girardot and J. S. Major, eds., *Myth and Symbol in Chinese Tradition*. Boulder, Colo.: *Journal of Chinese Religions* symposium volume, 1985.

MARUYAMA KIYOYASU 丸山清康 .'Hokēn shakai to gijutsu — wadokei ni shūyaku sareta hōken gijutsu' 封建社會と技術~和時計に集約された封建技術 (Feudal society and technology — feudal technology revealed by Japanese clocks). *Kagakushi kenkyū*, Sept. 1954, 31: 16-22.

MASPERO, HENRI. 'Les instruments astronomiques des chinois aux temps des Han'. *Mélanges Chinois et Bouddhiques*, 1938-9, 6: 183-370.

NAKAMURA, H. 'Old Chinese World Maps Preserved by the Koreans'. *Imago Mundi: A Revue of Early Cartography*, 1947, 4: 3-22.

'Old Chinese World Map Preserved by the Koreans'. *Chōsen gakuhō* 朝鮮學報, 1966, 39-40: 1-73. (Correction to preceding article.)

NAKAYAMA, SHIGERU. *A History of Japanese Astronomy: Chinese Background and Western Impact*. Cambridge, Mass.: Harvard University Press, 1969.

NEEDHAM, JOSEPH. 'Astronomy In Ancient and Medieval China'. *Philosophical Transactions of the Royal Society,* London, 1974., ser. A, 276: 67-82.

'The Peking Observatory in A.D. 1280 and the Development of the Equatorial Mounting'. *Vistas in Astronomy*, 1955, 1: 67-83.

Science and Civilisation in China. 7 vols. projected. Cambridge: Cambridge University Press, 1954-. Vol. III, 1959, and vol. IV.2, 1965.

NEEDHAM, JOSEPH, AND Lu GWEI-DJEN. 'A Korean Astronomical Screen of the Mid-Eighteenth Century from the Royal Palace of the Yi Dynasty (Chosŏn Kingdom, 1392 to 1910)'. *Physis*, 1966, 8.2: 137-62.

'The "Optick Artists" of Chiangsu'. *Proceedings of the Royal Microscopical Society*, 1967, 2 (Part 1): 113-38. Abstract, *ibid.* 1966, 1 (Part 2): 59-60.

NEEDHAM, JOSEPH, WANG LING, AND D. J. DE SOLLA PRICE. *Heavenly Clockwork: The Great Astronomical Clocks of Medieval China*. Cambridge: Cambridge University Press, 1960; 2nd edn, with new Foreword and Supplement, 1986.

NELTHROPP, H. L. *Catalogue of the Nelthropp Collection*. 2nd edn, London, 1900.

NODA CHŪRYŌ 能田忠亮. *Tōyō tenmongaku-shi ronsō* 東洋天文學史論叢 (Collected papers on the history of astronomy in East Asia). Tokyo, 1944.

P'AN NAI 潘鼐. 'Nan-ching ti liang-t'ai ku-tai ts'e-t'ien i-ch'i — Ming-chih hun-i ho chien-i' 南京的兩台古代測天儀器~明制渾儀和简儀 (Two ancient observational astronomical instruments at Nanking — the armillary sphere and Simplified Instrument made during the Ming period). *Wen-wu* 1975.7: 84-9.

'Suchou Nan-Sung t'ien-wen t'u-p'ai ti k'ao-shih yü p'i-p'an' 苏州南宋天文图碑的 考释与批判 (Study and critique of the Southern Sung planisphere stele at Suchou). *K'ao-ku hsüeh-pao* 考古学报, 1976.1: 47-61. English summary, *ibid.*: 62.

PARK SONG-RAE. 'Portents and Politics in Early Yi Korea, 1392-1519'. Unpub. doctoral thesis, University of Hawaii, 1977.

PFISTER, L. *Notices biographiques et bibliosraphiques sur tes Jésuites de l'ancienne mission de Chine* (1552 to 1773). 2 vols. (Variétés Sinologiques, nos. 59-60). Shanghai: Mission Press, 1932-4.

PRICE, DEREK J. 'Clockwork before the Clock'. *Horological Journal*, 1955, 97: 810-14; 1956, 98: 31-5.

'A Collection of Armillary Spheres and Other Antique Scientific Instruments'. *Annals of Science*, 1954, 10: 172-87.

'The Prehistory of the Clock'. *Discovery*, April 1956, 17.4: I53-7.

Richō jitsuroku 李朝實錄 (Veritable records of the Yi Dynasty, 1418-1864). Repr. edn with index and supplementary materials. Tokyo: Gakushūin Institute of Oriental Culture, 1953.

RIGGE, W. F. 'A Chinese Star-Map Two Centuries Old'. *Popular Astronomy*, 1915, 23:29-32.

ROBERTSON, J. DRUMMOND. *The Evolution of Clockwork*. London, 1931; repr. Wakefield: S. R. Publishers, 1972.

ROBINSON, PHILIP. 'Collector's Piece VI: "Phillipps 1986", The Chinese Puzzle'. *Book Collector*, Summer 1976, 25.2: 171-94.

(ROBINSON, T. O.). 'A Korean 17th Century Armillary Clock' (notes on a lecture by J. H. Combridge on 27 November 1964). *Antiquarian Horology*, March 1965, 4: 300-1.

R(OBINSON), T. O. 'A Transitional Japanese Clock'. *Antiquarian Horology*, 1966, 5: 97.

RUFUS, W. CARL 'Astronomy in Korea'. *Transactions of the Korea Branch of the Royal Asiatic Society*, 1936, 26: 1-52.

The Celestial Planisphere of King Yi Tai-jo'. *Ibid.* 1913, 4.3: 23-72.

'Korea's Cherished Astronomical Chart'. Popular Astronomy, 1915, 23.4: 193-8.

RUFUS, W. CARL, AND CELIA CHAO. 'A Korean Star Map'. *Isis*, 1944, 35: 316-26.

RUFUS, W. CARL, AND WON-CHUL LEE. 'Marking Time in Korea'. *Popular Astronomy,* 1936, 44: 252-7.

RUFUS, W. CARL, AND HSING-CHIH TIEN. *The Soochow Astronomical Chart.* Ann Arbor: University of Michigan Press, 1945.

DE SAUSSURE, LÉOPOLD. *Les origines de l'astronomie chinoise.* Paris, 1930. Repr., with review by A. Pogo, Taipei, 1967.

SCHLEGEL, GUSTAVE. *Uranographie chinoise.* 2 vols. Leiden: E. J. Brill, 1875; repr. Taipei, 1967.

SHINJŌ SHINZŌ 新城新藏. *Tōyō tenmongaku-shi kenkyū* 東洋天文學史研究 (Researches on the history of astronomy in East Asia). Tokyo, 1929.

Shu-chuan ta-ch'uan 書傳大全 (Complete commentaries on the Book of Documents). Repr. Korea, c. 1620.

SIVIN, NATHAN. 'Copernicus in China', in Union Internationale d'Histoire et de Philosophie des Sciences, Comité Nicolas Copernic, ed., *Colloquia Copernicana*, II: *Études sur l'audience de la théorie héliocentrique.* Conférences du Symposium de l'UIHPS, Toruń, 1973. Warsaw *et al.*, 1973, pp. 63-122.

Cosmos and Computation in Early Chinese Mathematical Astronomy. Leiden: E. J. Brill, 1969.

SMITH, ALAN, ed. *The Country Life International Dictionary of Clocks.* Feltham, Middx, 1979.

SOHN POW-KEY, KIM CHOL-CHOON, AND HONG YI-SUP. *The History of Korea.* Seoul: Korean National Commission for UNESCO, 1970.

SOMMER VOGEL, CARLOS. *Bibliothèque de la Compagnie de jésus: Bibliographie*, vol. 8. Brussels and Paris, 1893.

SONG SANG-YONG. 'A Brief History of the Study of the Ch'ŏmsŏng-dae in Kyongju'. *Korea Journal,* Aug. 1983, 23.8: 16-21.

STEVENSON, EDWARD L. *Terrestrial and Celestial Globes: Their History and Construction.* 2 vols. New Haven: Yale University Press for Hispanic Society of America, 1921.

SYMONDS, R(OBERT) W. *A History of English Clocks.* Harmondsworth and New York Penguin, 1947. 2nd edn, *A Book of English Clocks*, 1950.

TAKABAYASHI HYOGO 高林兵衛. *Tokei hattatsu shi* 時計發達史 (A history of the development of timekeepers). Tokyo, 1924.

Tokei no hanashi 時計の話 (The story of timekeepers). Tokyo, 1925.

TAMURA SENNOSUKE 田村專之助. 'Chōsen Richō gakusha no chikyū kaitensetsu ni tsuite' 朝鮮李朝學者の地珠回轉說について (On the rotating-earth theory of Yi Dynasty scholars). Kagakushi kenkyū, July 1954, 30: 23-4.

TSUCHIHASHI, P., AND S. CHEVALIER. 'Catalogue d'étoiles fixes observées à Pékin sous l'empereur Kien-Long', *Annales de L'Observatoire Astronomique de Zô-sè*, Shanghai, 1914 (1911), 7-4. English summary by W. F. Rigge in *Popular Astronomy*, 1915, 23. 29-32.

TURNER, ANTHONY J. *The Time Museum Catalogue, Volume 1, Part 3: Water-clocks, Sand-glasses, Fire-clocks.* Rockford, Illinois: The Time Museum, 1984.

WADA, YUJI. 'A Korean Rain-Gauge of the 15th Century'. *Quarterly Journal of the Royal Meteorolosical Society*, 1911, 37: 83-6.

WANG CHIEN-MIN 王建民, *et al*. 'Tseng Hou-i mu ch'u-t'u ti erh-shih-pa hsiu ch'inglung pai-hu t'u-hsiang' 曾侯乙墓土的二十八宿青龙白虎图象 (On a picture of the twenty-eight Lunar Lodges, the Blue-Green Dragon, and the White Tiger, excavated from the tomb of the Marquis Yi of Tseng). *Wen-wu*, 1979.7: 40-5.

WARD, F. A. B. *Time Measurement, Part 1: Historical Review*. 1st edn, London, H.M.S.O., 1936: many later edns.

WHITE, W. C. AND P. M. MILLMAN. 'An Ancient Chinese Sun-Dial'. *Journal of the Royal Astronomical Society of Canada*, Nov. 1938, 32.3: 417-30.

WYLIE, ALEXANDER. *Notes on Chinese Literature*. Shanghai and London, 1867. 2nd edn, Shanghai, 1901; repr. 1902. 3rd edn, Shanghai, 1922; repr. Peking: Vetch, 1939. *Chinese Researches*. Shanghai, 1897; repr. Taipei, 1966.

XI ZEZONG [HSI TSE-TSUNG] 席译宗. 'Chinese Studies in the History of Astronomy, 1949-I979'. *Isis*, Sept. 1981, 72: 456-70.

XI ZEZONG [HSI TSE-TSUNG] AND BO SHUREN [PO SHU-JEN] 薄树人. 'Chung Ch'ao Jih san-kuo ku-tai ti hsin-hsing chi-lu chi ch'i tsai she-tien t'ien-wen-hsüeh chung ti i-i' 中朝日三国古代的新星纪录及其在射电天文学中的意义. *T'ien-wen hsüeh-pao* 天文學報 (*Acta Astronomia Sinica*), 1965, 13.1: 1-22. Tr. as S. R. Bo and Z. Z. Xi, 'Ancient Novae and Supernovae Recorded in the Annals of China, Korea and Japan and their Significant in Radio Astronomy'. NASA TT F 308 (Technical Translations Series), 1966.

YABUUCHI KIYOSHI 藪內淸. 'Chūgoku no takei' 中国の時計 (Timekeeping instruments ancient China). *Kagakushi henkyū,* July 1951, 19: 19-22.

'Richō gakusha no chikyū kaitensetsu' 李朝學者の地転說 (On the rotating-earth theory of scholars in the Yi Dynasty). *Chōsen gakuhō* 朝鮮學報, 1968, 49: 427-34.

YAMADA KEIJI 山田慶児. *Jujireki no michi* 授時曆の道 (The principles of the Shou-shih calendrical system). Tokyo: Mizusu Shobo, 1980.

'Kodai no mizudokei' 古代の水時計 (Ancient water-clocks). *Shizen* 自然, March 1983: 58-66.

YAMAGUCHI MASAYUKI 山口正之. 'Shinchō ni okeru zai-Shi Ōjin to Chōsen shishin' 清朝に於ける在支歐人と朝鮮使臣 (Jesuits and Korean envoys in Ch'ing China). *Shigaku zasshi* 史學雜誌, 1933, 44.7: 1-30 (44: 795-824).

'Shōken Seshi to TōJakubō' 昭顯世子と湯若望 (On Prince Sohyŏn and Adam Schall von Bell). *Seikyū gakusō* 青丘學叢, 1931, 5: 112-17.

YAMAGUCHI RYŪJI 山口隆二. *Nihon no tokei* 日本の時計 (The clocks of Japan). Tokyo, 1942. 2nd edn, rev. with English introduction as *The Clocks of Japan*, Tokyo, 1950.

YANG YU 楊瑀. *Shan-chu hsin-hua* 山居新話 (Conversations in the mountain retreat concerning recent events), c. 1360.

YI KYŎNGCH'ANG 李慶昌. *Chuch'ŏn tosol* 周天圖說 (Illustrated explnation of the Revolving Heaven theory), c. 1601.

YI YONGBOM 李龍範 [Lee Yongbum]. 'Pŏpchusa sojang ŭi sinpŏp ch'ŏnmun tosŏl e taehayŏ' 法住寺所藏의 新法天文圖說에 대하여 (On the astronomical map of 1743 Preserved in the Pŏpchu Temple). *Yŏksa hakpo* 歷史學報 (Korean Historical Review), 1966, 31: 1-66: 32: 59-119; English summary, pp. 196-8.

YOSHIDA MITSUKUNI 吉田光邦. 'Kongi to konshō' 渾儀と渾象 (Celestial globes and armillary spheres [in China]). *Silver Jubilee Volume of the Zinbun Kagaku Kenkyuso, Kyoto University.* Kyoto, 1954.

YU YŎNGBAK 유영박 'Sejong ŭi sahoe chŏngch'aek' 世宗의 社會政策 (Social policies of King Sejong). *Chindan hakpo* 震檀學報, 1966, 29/30: 129-44. Part of *Tugye paksa kohŭi kinyŏm nonmunjip* 斗溪博士古稀記念論文集 (Commemorative papers for Dr Yi Pyŏngdo's seventieth birthday).

YULE, Sir HENRY. *The Book of Ser Marco Polo.* 3rd edn, rev. Henri Cordier. 2 vols. London, 1903; repr. 1921.

조선의 서운관
조선의 천문의기와 시계에 관한 기록

펴낸날 초판 1쇄 2010년 7월 6일

지은이   조지프 니덤·노계진·존 콤브리지·존 메이저
옮긴이   이성규
펴낸이   심만수
펴낸곳   (주)살림출판사
출판등록 1989년 11월 1일 제9-210호

경기도 파주시 교하읍 문발리 파주출판도시 522-1
전화 031)955-1350 팩스 031)955-1355
기획·편집 031)955-4667
http://www.sallimbooks.com
book@sallimbooks.com

ISBN 978-89-522-1462-1 93440

*값은 뒤표지에 있습니다.
*잘못 만들어진 책은 구입하신 서점에서 바꾸어 드립니다.

책임편집 정홍재